适应教育变革的
中小学校教学空间设计研究

Research on the Design of Teaching and Learning Space in Primary and Secondary Schools Adapting to Education Reform

苏笑悦　汤朝晖

著

中国建筑工业出版社

图书在版编目（CIP）数据

适应教育变革的中小学校教学空间设计研究 =
Research on the Design of Teaching and Learning
Space in Primary and Secondary Schools Adapting to
Education Reform / 苏笑悦，汤朝晖著. —北京：中
国建筑工业出版社，2021.7
　　ISBN 978-7-112-26092-8

　　Ⅰ.①适… Ⅱ.①苏… ②汤… Ⅲ.①中小学—教育
建筑—建筑设计—研究 Ⅳ.①TU244.2

　　中国版本图书馆CIP数据核字（2021）第074491号

责任编辑：刘　静
责任校对：焦　乐
版式设计：锋尚设计

适应教育变革的中小学校教学空间设计研究

Research on the Design of Teaching and Learning Space in Primary and
Secondary Schools Adapting to Education Reform

苏笑悦　汤朝晖　著

*

中国建筑工业出版社出版、发行（北京海淀三里河路9号）
各地新华书店、建筑书店经销
北京锋尚制版有限公司制版
北京建筑工业印刷厂印刷

*

开本：787毫米×1092毫米　1/16　印张：20½　字数：434千字
2021年7月第一版　　2021年7月第一次印刷
定价：**78.00**元
ISBN 978-7-112-26092-8
（37657）

前言

　　时代的变迁对劳动力市场产生冲击，社会对于人才培养目标的新要求促使全球中小学教育体系发生深刻变革。世界各国纷纷审视教育培养的目标与方向，新的教育理念、教育形态与教学实践不断涌现。在此背景下，我国中小学校教学空间的设计也面临全新的挑战。一方面，经济社会的转型、新一轮科技革命与人们对美好教育的追求为中小学教育的变革创造了条件。在一系列相关政策的推动下，全国各地的教育研究者与实践者针对传统教育的弊端研究出一大批教育新成果，这些新成果对教学空间的设计提出了新需求。另一方面，传统设计思维与习惯使教学空间的设计创新面临问题与困境。当下，教育变革的新发展与传统教学空间设计之间的矛盾日益突出，新的设计理论、设计方法的研究具有迫切性。

　　基于上述问题，笔者以教学空间为研究对象，以教育变革为研究视角，聚焦一线城市。从建筑师参与的角度，采取教育学与建筑学跨学科的研究方法，强调教育因素在教学空间设计中的重要作用。充分借鉴国内外设计经验，基于国内既有的教育变革新型成果分析教学需求，并以此作为教学空间设计的教育学基础和重要创新驱动，构建适应教育变革的中小学校教学空间设计理论框架。随后，按照从宏观到微观的顺序，从教学空间框架、教学空间要素两个层面，分别对教学空间集、功能场室与共享空间的设计策略进行研究，以此构建适应教育变革的中小学校教学空间设计策略体系，使教学空间的研究顺应教育的新变革，有助于对我国整个中小学校教学空间设计研究系统进行补充与拓展，为新时期应对教育变革对教学空间设计带来的挑战提供思路与指导。本书内容包括上、下两篇。

　　上篇：设计理论建构（第1~4章）。

第1章，对研究的背景、对象、综述、方法、创新点与框架等内容进行总体概括。第2章，以在教育实践层面对教学空间设计产生重要影响的课程设置与教学方式为切入点，对我国当代中小学教育变革与教学空间的理论与实践的发展历史、新型成果及发展趋势进行研究，深化对教育变革和教学空间发展创新的规律性认识，发现二者之间的内在关联与作用机制。第3章，采取层层递进的方式，根据建筑设计研究的特点对教育学领域的教学方式进行适应性整合与归纳，引入教学行为研究。运用整合理论构建"教学方式整合模型"，将我国教学方式新成果整合到四个象限中，以此为工具分析适应教育变革的教学需求，总结共性与趋势。第4章，提出以教学需求作为教学空间设计的重要创新驱动，构建适应教育变革的中小学校教学空间设计理论框架，从理论基础、设计原则、设计程序与设计内容方面对传统教学空间的研究与设计进行适应性调整，建立主体研究框架。

下篇：设计策略研究（第5~7章）。

第5章，从教学空间框架层面，对教学空间集的设计策略进行研究。对传统研究与设计中采取的单一"功能区"概念进行改良，提出适应教育变革的教学空间集模式、指标区间与组合方式，为多样化的教学需求提供全面的教学空间框架类型。第6、7章，从教学空间要素层面，分别对功能场室和共享空间的设计策略进行研究。基于教学需求归纳十条设计原则，对各空间要素的传统教学需求与设计、新型教学需求与功能、功能模块设计与功能模块空间整合进行研究，梳理各空间要素的新功能、新定位、新场景与新形态。在功能场室方面，提出功能复合化的"教学中心"概念，优化传统研究中的"专用教室"，共构建十五大"教学中心"；在共享空间方面，分别对室内开放空间、校园景观与室外运动场地/设施的设计策略进行研究。

最后，在结论部分总结了本书的成果——适应教育变革的中小学校教学空间设计研究核心内容，指出研究的不足与后期研究展望。

目录

第7章 适应教育变革的共享空间设计策略

上篇

适应教育变革的中小学校教学空间设计理论建构

第 1 章 绪论

1.1 研究缘起

国运兴衰，系于教育。

教育，是一个敏感的话题，同时又是关乎国家前途、民族命运的重要问题。教育是科技进步、经济发展的基础，直接影响综合国力的竞争。因此，顺应时代要求的教育改革一直是我国政府的主要工作。新中国成立至今的七十余年，也是我国中小学在教育与建筑方面不断发展的七十余年，所取得的成就瞩目：在教育上，从新中国成立之初的全国超 80% 的文盲率到 2018 年九年义务教育的 94.2% 巩固率[1]，并在第七次国际学生能力评估计划（The Programme for International Student Assessment，简称 PISA，2018 年）中包揽阅读、数学与科学三项第一[2]。在建筑上，从 1949 年的百废待兴到 2018 年，我国普通中小学校共计 22.75 万所，校舍建筑面积 197193.71 万 m^2，在校生 17367.21 万人（其中义务教育阶段学校 21.38 万所，校舍建筑面积 142987.66 万 m^2，在校生 14991.84 万人；普通高中 1.37 万所，校

---

① 九年义务教育巩固率计算方式：初中毕业班学生数占该年级入小学一年级时学生数的百分比。具体数据来源：中华人民共和国教育部. 2018 年全国教育事业发展统计公报 [R]. 北京：中华人民共和国教育部，2019.

② 国际上存在很多种教育评估系统，如 PISA，国际数学和科学趋势研究 TIMSS（Trends in International Mathematics and Science Study，TIMSS）等，而 PISA 则更为普遍与权威。国际学生能力评估计划，是由世界经济合作与发展组织（Organization for Economic Co-operation and Development，OECD，以下简称"经合组织"）于 2000 年筹划的对全世界 15 岁学生学习水平的测试计划。测试内容分为阅读、数学和科学三项指标，每三年测试一次，旨在提供可比数据，促进各国改进教育政策和成果。根据公布的最新数据，2018 年全球共有 79 个国家（含中国）和地区约 60 万学生参与了测试。2019 年 12 月，经合组织公布了第七轮 2018 年 PISA 结果，中国学生（由北京、上海、江苏和浙江组成）包揽了阅读、数学和科学的三项第一，其中阅读和科学成绩更是在所有测试国家和地区中唯一进入第四阶段的国家。虽然参与测评的四个地区并不能代表我国中小学生的整体水平，但这四个地区在收入水平远低于经合组织国家平均水平的情况下仍取得如此优异的成绩实属不易。当然，PISA 的指标只有阅读、数学和科学三项，不能全面反映参与国或地区的教育水平。而 PISA 2021 也将引入创造性思维指标，我国学生表现如何还需时间验证。详见：https://www.oecd.org/pisa/；SCHLEICHER A. PISA 2018 Insights and Interpretations [R]. Paris: Office of the OECD Secretary-General, 2019.

舍建筑面积 54206.05 万 m^2，在校生 2375.37 万人）[①]。

基于新的起点，新时期我国中小学教育的发展目标有了新定位。2019 年，《中国教育现代化 2035》制定了"到 2035 年，总体实现教育现代化，迈入教育强国行列"的总体目标。新的目标为我国中小学教育带来了挑战，也同样影响中小学校建筑的发展。适应教育变革的中小学校教学空间设计研究，源于新时代社会背景下，教育变革与教学空间之间关系的反思与疑问。

1.1.1 时代变迁引发全球人才培养的新趋势

教育的本质是什么？不同的历史时期人们对于教育的理解也不尽相同。农业社会，教育是为了文化的延续和知识的传播，因此教育从少数人的特权变为大众普及化教育；工业社会，教育是为了适应社会生产需要，因此教育注重效率，将学生培养为熟悉并掌握生产技能的工具；信息社会，为了应对未知的社会发展，教育注重个体的发展，实现每个人的成功[②③]。

因此，教育具有极强的时代性。教育与社会之间的关系紧密，尤其自第一次工业革命以来，教育理念、人才培养目标的转变也往往以经济社会的改变为动力。时代的每次变迁都改变着社会生产的方式，同时也影响着教育的方式与内容。当今，无处不在的互联网、人工智能、大数据、云技术成为社会变革的四大驱动力，科技孕育了新变革，重塑了社会生产的方式。劳动市场因而面临新的冲击，即职业的计算机化（Computerisation）。很多研究表明，随着计算机技术的不断更迭，计算机也从最初只能胜任有规则的技术劳动[④]，到因大数据算法与人工智能的不断提升，逐渐在非常规认知和手工工作中取代人类，改变了相关行业的发展方向与工作性质[⑤⑥]。

社会对于人才需求的变化直接影响教育的发展方向：未来社会更需要具有创新能力、独立思考能力与问题解决能力的人才，以适应未知的社会、解决未知的问题，而过去以经验知识传授为主的教育方式已满足不了新时代对于人才的新需求。如何培养适应 21 世纪的新型人才也成为各国进行教育改革的核心焦点，世界范围内掀起了新一轮教育理论、教学实践变革新浪潮。各国纷纷思考教育发展方向，并出台本国教育的 21 世纪核心素养（21st Century

---

① 中华人民共和国教育部. 2018 年全国教育事业发展统计公报 [R]. 北京：中华人民共和国教育部，2019.

② 梁国立. 什么是 3.0 的学校 [J]. 中国教师，2016（14）：15-19.

③ 宋立亭，刘可钦，梁国立，等. 学校 3.0 的空间设计与营造初探 [J]. 教育与装备研究，2016（4）：29-33.

④ AUTOR D H, DORN D. The Growth of Low-Skill Service Jobs and the Polarization of the US Labor Market [J]. American Economic Review 2013, 103（5）：1553–1597.

⑤ BRYNJOLFSSON E, McAfee A.Race Against The Machine: How the Digital Revolution is Accelerating Innovation, Driving Productivity, and Irreversibly Transforming Employment and the Economy [M]. Lexington: Digital Frontier Press, 2011.

⑥ MANYIKA J, CHUI M, BUGHIN J, et al. Disruptive technologies: advances that will transform life, business, and the global economy [R]. U.S.: McKinsey Global Institute, 2013.

Core Competencies）[①]。

每个核心素养框架由于针对的具体国情不同，所涉及的内容也十分丰富，但仍具有诸多共同点。学者从当今 29 个素养框架中提取出 18 项被普遍提及的核心素养[②③]；荷兰学者再次浓缩成为八大核心素养，即协作、交往、信息通信技术素养、社会与文化技能的公民素养、创造、批判性思维、问题解决能力、开发高质量产品能力，被称为"世界共同核心素养"[④]；有研究在此基础上再次浓缩为协作技能（Collaboration Skills）、沟通技能（Communication Skills）、创造性思维（Creative Thinking Skills）和批判性思维（Critical Thinking Skills）的 4C 素养[⑤]。

21 世纪核心素养勾画出了新时代新型人才的形象，同时也指引着教育的发展方向[⑥]。各国纷纷基于核心素养框架，对本国中小学教育进行新一轮的改革。

1.1.2　教育变革新成果对教学空间的新需求

人才培养新趋势重塑了中小学教育的含义、形态、内容与方式，改变了知识存储方式、获取方式、教师与学生的关系，引发全球中小学教育新一轮的深刻变革，并产生出阶段性成果。

在国际上，2020 年 1 月，世界经济论坛发布《未来学校：为第四次工业革命定义新的教育模式》（*Schools of the Future: Defining New Models of Education for the Fourth Industrial Revolution*），探讨了适应第四次工业革命的中小学教育模式。报告对世界各个国家的中小学教学方式特征进行了归纳与对比，展现出教育发展的新形势。

在国内，寻求适应新时代发展的中小学教育变革新形态也一直是包括政府、社会各团体、教育研究者与实践者的重要工作。尤其自 2010 年以来，以政府为主导的新一轮教育改革对过去中小学教育发展的难点问题提出针对性解决策略。从 2010 年发布的《国家中长期教育改革和发展规划纲要（2010-2020 年）》，到 2019 年的《关于深化教育教学改革全面提高义务教育质量的意见》和《关于新时代推进普通高中育人方式改革的指导意见》，一系列教育改革纲领性文件对中小学教育环节中的考试制度、教学方式、课程设置、教师发展、教学管理等方

---

① 不同的国家和组织对此使用不同的名词，如欧盟的关键素养（Key Competences），美国的 21 世纪技能（21st Century Skills），澳大利亚的综合能力（General Capabilities），芬兰的跨界素养（Transversal Competence）等，但含义相同，即表示 21 世纪公民该具有的素质与能力。

② 师曼，刘晟，刘霞，等. 21 世纪核心素养的框架及要素研究 [J]. 华东师范大学学报（教育科学版），2016（3）：29-37+115.

③ 周镭，赵瑛瑛. 主要国家（地区）及国际组织学生发展核心素养比较及对我国的启示 [J]. 北京教育学院学报，2019（2）：21-26.

④ VOOGT J, ROBLIN N P. A comparative analysis of international frameworks for 21st century competences: Implications for national curriculum policies [J]. Journal of Curriculum Studies, 2012（3）：299-321.

⑤ 张华. 论核心素养的内涵 [J]. 全球教育展望，2016（4）：10-24.

⑥ 钟启泉. 基于核心素养的课程发展：挑战与课题 [J]. 全球教育展望，2016（1）：3-25.

面进行了全方位的改革。在政策的推动与保障下，以及全国各地一线教师、教育研究者与社会各团体的共同努力下，10年间取得了大批优秀的教育改革新成果。"选课制""走班制""新高考"等教育改革新成果逐步推广，为我国中小学教育变革的方向提供了较好示范。

这些教育变革新成果所体现的个性化新理念、新方向对教学空间的建设提出了新需求，而传统"趋同"的教学空间设计模式与策略已适应不了教学需求的新转变。

1.1.3　教学空间设计创新面临的问题与困境

起源于工业社会的现代教育体系自在我国推广以来，其本身缓慢的发展对于教学空间的需求几十年如一日。教学方式以"教师→学生"的单方向灌输为主，采取行政班、班主任制，按照学生的年龄进行班级划分，采取统一的课程、统一的教学与统一的评价，追求教学效率，使教学行为主要发生在课堂上。因此教学要求有一间间标准化的、固定的教室，方便管理、以教为本、满足最基本健康要求的自然采光与通风一直是教学对于教学空间的主要需求。反映到设计上，用连廊串联起各功能教室的"廊式"教学空间模式，因其与教学需求吻合，同时具有便捷的流线组织、高效的空间利用率与经济的建设成本等优点被广泛采用，并长时间成为教学空间的"范式"与设计习惯。

建成之后，这一空间范式反过来再次强化了传统教育模式，使新型教育探索很难开展。长此以往，导致教育学与建筑学出现脱节：教育的发展忽视空间的作用，而空间的设计也忽视教育因素的影响，教育者与建筑师之间的信任度缺失。在设计程序上，为简化工程流程，经常采用"交钥匙"工程建设模式[1]，教育者在设计前期的参与度较弱甚至没有参与。同时，范式使教学空间的设计与评审都大为简化，并被认为是建筑设计中最简单的类型。设计的过程常常以基于范式的各类标准、指标指导下的"设计强排"工作为主；评审则以范式为依据进行验证与核对。深圳大学建筑与城市规划学院教授龚维敏对此批评说：中小学整个投资设计建造管理系统都是反设计的[2]。按照前文提及的职业计算机化，缺乏创造性的教学空间设计也很容易被算法所取代。在此影响下，建筑师在中小学校教学空间设计中的地位也受到挑战。

为此，突破教学空间设计的范式与瓶颈、追求设计创新是近年来众多建筑学者与建筑师所探讨的共同主题。而对于服务于教育的教学空间，因教育本身的复杂性与综合性也给设计创新带来了巨大的挑战。随着当下教育不断进行的深层次变革，传统设计思维与习惯的弊端不断显现，新的设计理论、设计方法的研究具有迫切性。

---

[1] "交钥匙"建设模式：即为了简化学校建设程序，学校在设计与建造过程中，省去一些对设计影响不大的评审程序，如校方的参与。建筑师与代建方交流密切，而代建方往往并不是运营学校的主体，学校建成之后直接交由校方使用。很多学校建筑在建成之前，甚至都没有确定使用的学校，这一模式下的教学空间创新只能以建筑师为主导。

[2] 周红玫. 福田新校园行动计划：从红岭实验小学到"8+1"建筑联展 [J]. 时代建筑, 2020（2）: 54-61.

1.2 研究边界

1.2.1 主要学科：教育学与建筑学

学校因教育而生并服务于教育。从原始社会耳提面命的前学校时代到公元前3500年人类历史上第一所学校"泥版书屋"的诞生，教育的形成远超前于学校[1]。从农业社会的私塾官学到工业社会的现代学校，学校的发展始终依附于教育的发展。学校肩负起支撑教育，进而影响教育的使命，教育与学校是个紧密相连的整体。

因此，本书一个重要的观点即为强调教育学与建筑学的融合，在研究与写作上这两门学科贯穿始终，并基于"先教育，后建筑"的论述顺序。此外，研究中也会借鉴和运用与教育学、建筑学相关学科的研究理论、方法与成果，如与教育学相关的学习科学[2]、心理学、脑科学、社会学、统计学等；与建筑学相关的景观建筑学、环境心理学等，这些主要学科与辅助学科共同构建起本书的理论框架。

1.2.2 研究对象：教学空间

国内研究中的学校建筑、学校校舍、学校设备、教育建筑、建筑空间等，国外研究中的 School、Education、School Architecture、School Building、School Facility、School Plant、School House[3] 等都是国内外中小学建筑学研究领域经常提及的概念。但这些概念更加偏重建筑学上的理解。也有研究采用"学习环境"（Learning Environment）概念，但所牵涉的内容很宽泛，包括空间内的声、光、热、空气质量等各方面[4]。为此，本书立足建筑学，采用"教学空间"（Teaching and Learning Space）的概念，强调教育学与建筑学的融合关系。教学空间包含两个部分内容，"教学"代表着教育学方面的需求和行为：教授与学习；"空间"则是建筑学方面提供的载体。

参考经合组织2007年下的定义，教学空间是指支持多样化教学计划和教学方法的物理空间[5]。教学空间具有广义和狭义概念上的区别。广义上的教学空间是所有可以进行教与学活动的场所与环境的总和。这大大超出学校的范畴，社会空间、家庭空间等都是教学空间重要的组成部分。尤其在信息时代，高新技术在教学活动中的运用更是将教学空间拓展到虚拟空间，使不同类型教学空间的边界变得模糊。

---

① 朱永新. 未来学校：重新定义教育［M］. 北京：中信出版社，2019：5.

② 学习科学（Learning Sciences），是近30年来兴起的、关于教与学的跨学科研究学科，包含教育学、脑科学、心理学、认知科学、生物医学等众多研究领域，以适应教学研究的复杂性与综合性。

③ JOSEPH D S. School（house）Design and Curriculum in Nineteenth Century America: Historical and Theoretical Frameworks［M］. Berlin: Springer International Publishing, 2018.

④ IMMS W, Cleveland B, Fisher K.Evaluating Learning Environments: Snapshots of Emerging Issues, Methods and Knowledge［M］. Rotterdam: Sense Publishers, 2016.

⑤ BANNISTER D.Guidelines on Exploring and Adapting: LEARNING SPACES IN SCHOOLS［M］. Brussels: European Schoolnet, 2017: 4.

本书所研究的教学空间加上了限定词"中小学校"，因此主要关注其狭义上的概念，即在研究的物理范围上主要为中小学校内（学校管理领域内[①]）的教学空间。在研究的类型上，并非仅仅关注"建筑"的部分，还包括供各类教学活动开展的所有场所与设施，如校园景观、运动场地 / 设施等。本书秉持一种观点：整个学校即是一个完整的教学空间，学校的方方面面均是相互联系并可作为教学活动的载体。在研究的内容上包括三个部分：教学空间集、功能场室与共享空间。前者属于教学空间框架层面，后两者属于教学空间要素层面。其中，共享空间又根据空间环境与特质的不同，分为室内开放空间、校园景观与室外运动场地 / 设施三类。随着教育与空间的不断发展，各类型教学空间之间的边界愈发模糊。对于空间要素概念上的区分仅出于方便研究的角度，并非对不同要素类型进行强制归类。本书强调设计依据教学需求，限于篇幅较少涉及总体规划、绿色设计、建筑形式、立面造型设计等内容。

1.2.3　研究视角：教育变革

教育变革是研究对象的特定视角。教育界对描述教育发展变化的名词主要有"教育改革"和"教育变革"，二者在很多情况下可以互用，但也有区别。相比而言，教育改革的目的性更加强烈，是个褒义词，指的是教育朝积极方向的变化，第二次世界大战后被国内外相关政策与研究普遍使用；教育变革则是相对中性的词汇，强调教育是动态发展而不是静态的，一直处于改变之中[②]。因此，教育变革并不是凭空出现的，而是起源于传统教育，并在此基础上的传承与发展。著名教育变革理论家 R. G. 哈维洛克（Ronald G. Havelock）对"教育变革"作出定义：教育变革就是教育所发生的任何有意义的转变，并将其分为自然变革和有计划变革[③]。对于当下社会环境而言，诱发教育发展的因素众多，集合了自然变革与有计划变革于一体。有学者认为"教育改革"是"教育变革"的下位概念[④][⑤]，也被中外众多研究所采用。鉴于此，本书采用"教育变革"一词，但后文根据研究需要（如国内外教育变革历史研究）部分内容采取更加有针对性的"教育改革"一词。

本书所涉及的教育变革案例，主要针对与传统教育相比具有明显不同教育特征的学校类型。我国地域辽阔，城乡发展差异大，各地中小学教育发展水平极不平衡。即使在国家统一的教育改革政策指导下，各地区因经济水平、教育观念等因素的差异，教育的发展层次、发展重点与发展方向参差不齐，也使政策的落实程度有所不同。即便是在同一个地区、同一座城市中各中小学教育的发展水平也各有差异。从最基本的知识教育到面向未来的教育变

---

① 主要以围墙为边界。随着教学理念的发展，国内外有些学校取消了围墙，但仍具有管理上的领域概念。

② 王万俊. 略析教育变革理论中的变革、改革、革新、革命四概念 [J]. 教育理论与实践，1998（1）：10-16.

③ HAVELOCK R G. The Change Agent's Guide to Innovation in Education [M]. New Jersey: Educational Technology Publications, 1973: 4.

④ 张猛猛. 内涵发展的多维探索：改革开放以来基础教育学校变革研究（1978-2015）[D]. 上海：华东师范大学，2019.

⑤ 朱丽. 教育改革代价研究 [D]. 上海：华东师范大学，2008.

革，这其中所包含的教育发展的各个阶段、各个层次几乎同时存在。而每个教育发展阶段对于教学空间设计所提出的需求与问题是不同的，解决问题的方法与策略也各有侧重。本书则将研究的视角重点界定于教育发展的最新阶段：教育变革，以在此背景下所产生的教育新成果为基础进行教学空间的设计研究。这部分的研究也是目前缺乏却又十分紧迫的，以此补充和拓展我国整个教学空间设计系统，构建面向未来的中小学校教学空间设计理论与策略体系，使教学空间的研究顺应教育的新发展，并为其他教育变革和教学空间后进地区提供示范与参考。

1.2.4 地域界定：一线城市

一线城市，是对研究对象在地域上的界定。地域的界定并非人为划定，而是因研究视角的特点和国情使然。本书主要着眼于教育变革背景下的教学空间设计，从世界各国现当代中小学教育发展历史经验可知，教育固有的客观发展规律使新的教育变革并不会凭空出现，在本身没有取得较好基础的前提下，很难进行进一步的革新。由于我国中小学教育变革尚处于初级阶段，以一线城市为代表的经济发达城市往往是教育变革与新型教学空间建设的前沿阵地。这些地区的教育经费水平、政府管理水平、社会和家长对于新型教育理念的接受度、生源师资水平等因素都为教育的变革提供了基础保障，更能将国家的宏观政策较好地落地实施。加之丰富的设计资源与较高的设计水平，也有利于教学空间的发展。最典型的案例即为深圳市于2017年起举办的由政府部门、建筑师、教育家等多方共同参与的"走向新校园：福田新校园行动计划"一系列相关活动，创造出一大批新型教学空间案例[1][2]。这些案例的切入点虽主要集中于高密度环境，但为我国中小学校教学空间的创新提供了管理、设计经验。

这些地区的教育发展程度和教学空间建设明显优于经济欠发达地区，新型成果也更加丰富，也具有较好的国外相关经验的借鉴基础。换句话说，一线城市很多学校无论是教育现状还是教学空间的现状，都已经是其他经济欠发达地区部分学校的"未来状态"或"未来参考状态"。因此，本书所涉及的国内新型案例调研的范围则主要以北上广深的一线城市为代表，以其他经济发达城市为补充。这些地区在教育变革和教学空间建设方面所取得的经验也为其他经济欠发达地区提供了示范，目前也确已形成区域的帮扶效应。

这一特点在国外也有类似体现。从各国中小学现代教育与教学空间的发展历史来看，新型教育与城市尤其是经济发达城市之间的关系十分紧密。从最早因工业革命的推进，新型的教育体系在城市中产生，并逐渐发展成熟；第二次世界大战后，城市人口的快速增长对教育的需求与日俱增，为教育的发展提供了较好条件；当下，新型教育理念往往在城市尤其是经济发达的大城市中率先实施，并依附于城市发展。如美国典型的两种新型学校：磁石学校和

---

① 周红玫. 福田新校园行动计划：从红岭实验小学到"8+1"建筑联展［J］. 时代建筑，2020（2）：54-61.
② 周红玫. 校舍腾挪：深圳福田新校园建设中的机制创新［J］. 建筑学报，2019（5）：10-15.

特许学校，均主要分布在城市中①。

1.2.5　时间语境：当代

当代，是本研究的主要时间语境。本书强调与传统研究的差异性，以应对新时期教学空间面临的新挑战。在相关研究内容上重点把握国内外当代教育变革与教学空间的新成果、新趋势，为研究提供前沿成果。当然，在教育与教学空间的发展历史研究方面，对于教育体系起步较早、发展较成熟的国家，如美国、英国等，则将时间线适当前移至近现代，以更加全面地把握教育发展规律，总结经验与教训。

1.2.6　教育阶段：中小学教育

中小学教育（Primary and Secondary Education）是本书对研究对象在教育阶段上的界定。

教育在狭义上包含不同的阶段，而各个阶段所面对的教育目标、教学方式、受教育者等均有差异，因此在教育学与建筑学领域，常根据教育阶段的不同加以区分进行针对性研究。对于高等教育之前的教育阶段，常用的概念有义务教育（Compulsory Education）、基础教育（Basic Education）和中小学教育，但这三个概念所包含的教育阶段并不相同。义务教育，在国际上具体到某个国家所界定的教育阶段十分清晰，但由于各国国情的不同，所指代的教育阶段有所区别。如我国义务教育特指小学教育与初中教育共 9 年，美国则大部分地区实行 K-12 义务教育（幼儿园～12 年级）等。基础教育，虽然在概念理解上各国基本相似，指对国民进行的最基本的文化教育。但在教育阶段的理解上最为丰富，即便在国内也没有统一。在国内近几年最新的研究中，有的指代义务教育和高中教育②；有的指代学前教育、义务教育和高中教育③；有的指代学前教育、义务教育、普通高中教育和特殊教育④。在国际上，根据联合国教科文组织的概念，基础教育只包含小学和初中⑤。

---

① 磁石学校（Magnet School），顾名思义，指像磁石一样对家长和学生具有吸引力的学校，这是针对传统公立学校体制所显露出来的弊端而探索出的新型公立学校模式。

特许学校（Charter School），根据美国教育委员会（Education Commission of the States）的定义，特许学校是由教师、家长、教育团体或其他非营利私人团体与州机构签订特许状，通过合同条款履行教育职能的学校类型，即通常所说的"教育家办学"。据统计，53% 的美国大城市学区拥有磁石学校；在 2016～2017 学年，约 56% 的特许学校位于城市，而传统公立学校仅有 25% 位于城市。详见：GOLDRING E, SMREKAR C. Magnet Schools and the Pursuit of Racial Balance [J]. Education and Urban Society, 2000 (11): 17-35. 和 Institute of Education Sciences. The Condition of Education 2019 [R]. Washington, D.C.: U.S. Department of Education, 2019: 66.

② 朱永新. 未来学校：重新定义教育 [M]. 北京：中信出版社，2019: 6.

③ 在我国教育部所颁发的各类文件中，常把学前教育、义务教育和普通高中教育视为新时代我国基础教育。我国有中华人民共和国教育部下设的基础教育司，负责学前教育、义务教育和普通高中教育的相关建设工作。

④ 江立敏，刘灵，等. 新时代基础教育建筑设计导则 [M]. 北京：中国建筑工业出版社，2019.

⑤ http://uis.unesco.org/en/glossary-term/basic-education

相比而言，"中小学教育"所界定的教育阶段则更加清晰，在国际上更具通用性，也被更多的研究所采用。在国际上，为了便于检测各国教育的发展情况，使数据具有可比性，联合国教科文组织（United Nations Educational, Scientific and Cultural Organization，简称UNESCO）制定了国际教育分类标准（International Standard Classification of Education，简称ISCED）。最新的分类标准于2011年在联合国教科文组织第36届大会上通过，称为ISCED 2011。ISCED根据教育的不同阶段分为ISCED 0~ISCED 8共九级，分别为ISCED 0幼儿教育（Early Childhood Education）、ISCED 1初等教育（Primary Education）、ISCED 2中等初级教育（Lower Secondary Education）、ISCED 3高等初级教育（Upper Secondary Education）、ISCED 4大专教育（Post-secondary Non-tertiary Education）、ISCED 5短期高等教育（Short-cycle Tertiary Education）、ISCED 6学士或同等学力教育（Bachelor's or Equivalent Level）、ISCED 7硕士或同等学力教育（Master's or Equivalent Level）、ISCED 8博士或同等学力教育（Doctoral or Equivalent Level）[①]。这与我国在教育阶段上的规定具有很大相似性，《中华人民共和国教育法》（2015年修正）中提出："国家实行学前教育、初等教育、中等教育、高等教育的学校教育制度。"因此，本书以ISCED 2011标准为基础，结合我国国情，采用"中小学教育"和与之相应的"中小学校"两个概念。

"中小学教育"其所对应的英文"Primary and Secondary Education"则清晰地指代ISCED 1、ISCED 2和ISCED 3[②]（表1.2-1），分别对应国内常用的小学教育、初中教育和高中教育的概念；为不同教育阶段所服务的学校则分别称为小学学校、初中学校和高中学校。其他诸如九年一贯制教育、十二年制一贯制教育等特殊的中小教育类型，也属研究的范围。

ISCED 1~ISCED 3教育阶段的特点   表1.2-1

级别	教育阶段	教育特点
ISCED 1	初等教育	在课程上主要为学生提供阅读、写作和数学方面的基本技能，为中等教育作准备。这一阶段通常按照年龄入学，入学年龄大多在5~7岁。教育时间为4~7年，大多国家和地区实行6年制
ISCED 2	中等初级教育	在课程上通常以ISCED 1为基础设计，为学生的今后发展奠定基础。学生入学年龄大多在10~13岁之间，教育时间大多为3年
ISCED 3	高等初级教育	为学生面对未来的高等教育或就业提供相关课程，或两种课程兼有。课程内容注重深度与广度。学生入学年龄在14~16岁，教育时间为3~4年

资料来源：根据UNESCO, UNESCO Institute for Statistics. International Standard Classification of Education: ISCED 2011 [R]. Paris: UNESCO, 2012. 整理。

---

① UNESCO, UNESCO Institute for Statistics. International Standard Classification of Education: ISCED 2011 [R]. Paris: UNESCO, 2012.
② 初等教育又被称为小学教育，Primary和Elementary意思互通。

1.2.7　教育类型：公办、普通教育

公办、普通教育主要是对研究对象在教育类型上的界定。在我国，以中国公民为主要招生对象的学校类型中，根据办学主体的不同，中小学教育主要分为公办教育（Public Education，又称公立教育）和民办教育（Private Education，又称私立教育）两大类型，分别对应公办学校（Public School，又称公立学校）和民办学校（Private School，又称私立学校）[①]。此外，还有公民联办教育（如公办民助教育）、宗教学校教育等其他类型，但占比较少。这也是当今世界各国主要的中小学教育类型。

将研究对象进行类型上的界定，主要是从公办、民办教育在教育发展方向上的差异性出发。从国际上看，包括我国在内的绝大多数国家，办学目的与使命的不同使公办、民办教育发展的方向与条件都有很大差别（也有一些国家公办与民办教育没有明显区别，如芬兰）。公办教育承担着提升国民整体教育水平、实现教育公平的使命，受到政府资助，因此一般需严格遵守政府颁布的各项教育政策。而民办教育由于经费主要自理，相对而言具有更多的办学自主权，在教育方向上则主要实施小范围的精英教育、个别化教育[②]，以作为公办教育的补充，应对社会不同群体的特殊教育需求。但随着时代和教育的不断发展，二者之间的界限也逐渐模糊，相互学习的情况屡见不鲜。

公办教育学校往往在数量上占有绝对优势，如在中国、美国等国家，公办教育学校无论在数量还是就读人数上一直占学校总数和学生总数的90%左右[③]。因此，一个国家的公办教育直接影响该国家整体教育水平，世界各国的教育改革工作也往往着重于公办教育开展。

同时，教育还因受教育者的不同分为普通教育与特殊教育等类型，本书则主要针对普通教育。因此，为使世界教育比较研究更具针对性与可比性，更好把握公办中小学教育变革的趋势，本书对研究对象在教育类型上做了统一：无特殊说明外，研究内容中所涉及的中小学教育学相关研究，特指公办、普通教育，不含民办、特殊教育等其他内容。而在教学空间设计经验的借鉴上，因民办学校的教学空间在微观层面的一些细部设计，如材料选择、家具设计、灯光设计等内容仍具极大参考价值，研究则根据需要进行补充。

[①] "公办"和"民办"在我国较常用，"公立"和"私立"在国外很多国家较常用，因此本书据研究需要会采用不同的表述方式。

[②] 比较有名的是英国的公学、受助民办学校、特殊协议学校、独立学校等。

[③] 在我国，根据2003~2018年《全国教育事业发展统计公报》显示（1998~2002年缺乏民办教育相关指标），我国公办学校在数量上一直占90%以上；根据美国教育部（U.S. Department of Education）2019年数据显示，从1999~2015年，就读于公办学校与民办学校的学生人数之比始终保持在9∶1左右。详见：Institute of Education Sciences. The Condition of Education 2019 [R]. Washington, D.C.: U.S. Department of Education, 2019: 50.

1.3 研究内容

适应教育变革的中小学校教学空间研究的内容是教育变革与教学空间之间关系，更深层次的是人与教育、人与教学空间的关系。在研究内容上，主要包含三个方面。

1.3.1 影响教学空间设计的教育要素：课程设置与教学方式

教育变革并非直接对教学空间产生影响，而是改变教育本身的相关要素。组成完整教育体系的教育要素众多，包括教学管理、课程设置、教学方式、教育评价等，但与教学空间关系最密切的教育要素为课程设置与教学方式。相关政策只是在宏观层面进行指导，而落实到具体的教育实践中则主要依靠课程设置与教学方式，这是教育改革实施的关键，也是体现不同学校之间特色的关键。教育变革首先改变这两个要素的形态与形式，进而对教学空间的设计提出新的需求。同时，这两个要素是一个紧密联系的整体，教学方式紧紧围绕课程设置展开[1]，并通过一定的组织形式来实施。与其他教育要素相比，更能体现"人"的需求和教育的本质原理。在当下，即使世界各国因为体制、文化的不同使中小学教育的发展方向各有侧重，但落实到课程设置与教学方式实践层面，仍具有很大的共性，在此影响下的教学空间设计也对我国具有很强的借鉴意义。

两个教育要素对教学空间的影响方式不同。首先，教学方式是对教学空间提出需求，产生直接影响的教育要素。教学空间为教育服务，其中最重要的一点即为教学方式服务。其次，课程设置作为直接指导教学方式的要素，间接对教学空间提出需求[2]。因此，本书着重于在教育变革影响下，国内中小学教育在课程设置与教学方式方面呈现出的新成果与新趋势，以此为基础总结教学需求，为教学空间的设计理论建构与设计策略研究奠定教育学基础。

1.3.1.1 课程设置

学校教育与其他形式的教育最大的区别是具有明确的目的性、科学的梯度和精准的指导，课程设置（Curriculum Setting）即按照一定原则对教学内容、课时进行安排。

教学内容即课程（Curriculum）。课程作为中小学教育中的核心部分[3]，一直受到国家和学校的重视，我国当代历次教育改革也都以课程作为切入点。课程的概念有广义上和狭义上的区分。广义上的课程概念是一项系统工程，包括课程目标、结构、内容、评价、管理等内容；狭义上的课程概念则具体指开发和实施的教学内容。由于本书所涉及的课程内容只是为

---

① 易斌. 改革开放 30 年中国基础教育英语课程变革研究（1978~2008）[D]. 长沙：湖南师范大学，2010.
② VITIKKA E, KROKFORS L, HURMERINTA E. The Finnish National Core Curriculum: Structure And Development [M] // NIEMI H, TOOM A, KALLIONIEMI A. Miracle of Education: The Principles and Practices of Teaching and Learning in Finnish Schools. Rotterdam: Sense Publishers, 2012: 83-96.
③ VITIKKA E, KROKFORS L, HURMERINTA E. The Finnish National Core Curriculum: Structure And Development [M] // NIEMI H, TOOM A, KALLIONIEMI A. Miracle of Education: The Principles and Practices of Teaching and Learning in Finnish Schools. Rotterdam: Sense Publishers, 2012: 83-96.

教学方式的研究提供基础，因此主要关注课程的狭义概念。课程设置另外一个内容是课时的安排，教学空间是为各类课程的教学行为提供发生的场所，而课时则是给予师生足够的时间去使用。因此，课程决定教学空间的种类，课时则决定教学空间的利用率。

课程根据行政权力主体的不同，可分为国家课程、地方课程与校本课程（School-Based Curriculum，或学校课程①），这也是世界上大部分国家中小学教育课程的分类标准。在实践过程中三者的分配上，各国因国情不同、学校的办学自主权的大小，占比也会不同。当前，我国中小学教育实施由国家课程、地方课程与校本课程组线的三级课程体系②③，各级课程信息对比如表 1.3-1 所示。

我国三级课程体系概述　　　　　　　　　　　　　表 1.3-1

课程类型	行政权力主体④	课程特点	课程目的⑤
国家课程	中央政府	统一性与强制性，宏观指导中小学课程实施	确保全国整体中小学的教育公平和教育质量
地方课程	地方政府	地方自主开发实施的课程	促进国家课程的有效实施，弥补国家课程的空缺，加强教育对地方的适应性
校本课程	学校本位	具有自主研发、民主开发、根据教育目的开发的特点⑥	促进国家课程与地方课程的有效实施，照顾学生个体差异

课程在内容方面种类更加丰富。在 2001 年教育部印发的《义务教育课程设置实验方案》中列出了义务教育阶段的课程，主要有语文、数学、外语、品德与生活（或品德与社会）、科学（或生物、物理、化学）、体育、艺术（或音乐、美术）、综合实践活动、地方与校本课程等；选修课有艺术及其他地方与学校课程等。

传统的教育一直强调知识的重要性⑦。在过去很长一段时间里，全国各地区的中小学采用统一的课程大纲、课程体系，教学内容与课时安排均注重一致性，学校教育失去了个性特征，逐渐趋同⑧。但随着教育的不断发展，课程所包含的内容与课时安排则变得更加丰富，具体的课程设置也极富多元化。各地方在国家课程标准的要求下，分别制定本地区的课程，而学校

---

① "校本课程"与"学校课程"两个名词在教育界并没有达成共识，在概念的理解上也有争论，但在实践中并不会影响多层面的探索。本书选用"校本课程"一词。
② 郑玉飞. 改革开放 40 年三级课程管理概念的演化及发展 [J]. 教育科学研究，2019（5）：54-59+65.
③ 中华人民共和国教育部. 基础教育课程改革纲要（试行）[R]. 北京：中华人民共和国教育部，2001.
④ 陈桂生. 何谓"校本课程"？[J]. 河北师范大学学报（教育科学版），1999（4）：57-59+105.
⑤ 许洁英. 国家课程、地方课程和校本课程的含义、目的及地位 [J]. 教育研究，2005（8）：32-35+57.
⑥ 刘庆昌. "校本课程"新释 [J]. 教育科学研究，2018（12）：1.
⑦ 郭元祥. 课程观的转向 [J]. 课程. 教材. 教法，2001（6）：11-16.
⑧ 约翰·I. 古德莱得. 一个称作学校的地方 [M]. 苏智欣，胡玲，陈建华，译. 上海：华东师范大学出版社，2006：409.

则根据办学理念与学生个性化差异，积极开发种类丰富的校本课程，成为国家课程重要的补充。甚至有些学校将国家和地方课程校本化，在区域内形成特色的课程[①]。

1.3.1.2 教学方式

教学方式（Teaching and Learning Method）是为达到教学目的，以课程为载体，通过一定的教学组织形式，运用教学手段和策略进行的师生相互作用的教学活动与教学行为。教学方式是对教学空间产生直接影响的教育要素，是本书的研究重点。教育学领域的相关研究对于实现教学目的的概念有教学方式[②]、教学方法（Teaching and Learning Approach，Pedagogy）[③]、教学策略（Teaching and Learning Strategy）[④]、教学活动/行为（Pedagogical Activity）等，这些概念之间各有差异也有共性。本书作为建筑学领域研究，对教育学的内容研究只是为设计研究服务，因此主要关注微观层面的教学表现形式，注重各概念之间的共性。因此采用更普遍的"教学方式"这一概念，其含义在狭义方面与教学方法、教学策略、教学活动/行为等概念相近。

教学方式包含两个参与主体，即教师（教育者）与学生（受教育者）[⑤]，二者是紧密相连的整体。因此本书涉及的"教学方式"包含两个概念，即教育方式与学习方式。

教学方式具有两个特点。第一，为课程服务。这也是判断一种教学方式是否恰当有效的主要依据。教学方式是带着教学目的而实施的，不同的教学目的则会采取不同的教学方式。如基础知识的传授，往往采用教师讲授式；学生创新思维的培养，则偏重探究式。笔者在调研中也发现，很多学校所标榜的新型教学方式，因没有与课程相结合而只停留在形式上。如很多学校引入的创客教育、STEM教育等，在教学方式上仍采取传统的灌输式教育，激发学生自主创作的课程变为模仿老师操作的手工课程。第二，为学生服务。归根结底，教育的对象是人，因此教学方式要与学生的特点及学习类型相联系[⑥]。学生的生理、心理、学习特点等因素均会对教学方式的实施效果产生影响。因此，教学方式是一项十分复杂且综合性强的研究内容，不仅涉及教育学，更与脑科学、心理学、神经科学、语言学等所有与理解个体心理直接有关的领域紧密结合。随着教育的发展，课程的多样化也促使教学方式的种类变得极其丰富，有学者总结了150余种教学方式，以应对不同课程的教学需要[⑦]。

一所学校经过上述两个特点决定具体教学方式，这些教学方式由教学组织形式整合在一起，共同呈现学校的教学方式特征，并对教学空间提出需求。教学组织形式主要包括行政班制、包班制、走班制与混班/混龄制。

---

① 刘可钦，等. 大家三小：一所学校的变革与超越［M］. 北京：中国人民大学出版社，2019：78.
② 温恒福. 论教学方式的改变［J］. 中国教育学刊，2002（6）：45-48.
③ 钟启泉. 教学方法：概念的诠释［J］. 教育研究，2017（1）：95-105.
④ 和学新. 教学策略的概念、结构及其运用［J］. 教育研究，2000（12）：54-58.
⑤ 随着教育的不断发展，教育者与受教育者之间的界限也逐渐模糊。
⑥ WESTWOOD P. What Teachers Need to Know About Teaching Methods［M］. Camberwell：ACER Press，2008.
⑦ https://teaching.uncc.edu/

1.3.2 我国教育变革与教学空间的理论与实践

本书从教育学与建筑学两个方面，对我国当代中小学教育变革与教学空间的理论与实践的发展脉络、现状、趋势进行研究，掌握中小学教育变革与教学空间的发展历史、新型成果与发展趋势。

当然，教育作为一项牵涉范围广、利益群体多的事业，政治、经济及教育本身的原理都成为影响教育发展的因素。本书研究重点基于教育本质原理下的教育变革内容（课程设置与教学方式），并从时代背景、教育政策、教育理论入手，全面而详细地介绍我国教学空间设计背后的教育学逻辑。以便吸收与借鉴不同时期教育变革与教学空间的设计经验，为本书及其他相关研究提供翔实的理论与实践基础。

1.3.3 适应教育变革的教学空间设计理论建构与设计策略研究

在理论建构方面，以适应教育变革的教学需求为设计的教育学基础，构建适应教育变革的中小学校教学空间设计理论框架。该理论框架以教育学与建筑学相关理论为理论基础，包括"做中学"理论、建构主义理论、问题求解理论、情境认知与学习理论、学校城市理论、空间环境教育理论，以两条设计原则为指导，在多方协同的设计程序中，对教学空间框架和教学空间要素设计进行指导。

在设计策略研究方面，以适应教育变革的教学需求为基础，按照从宏观到微观的顺序，从教学空间框架、教学空间要素两个层面，分别对教学空间集、功能场室与共享空间进行研究，建立教学空间的空间框架与空间要素模块。在内容上注重与传统研究和设计之间的差异，研究适应教育变革的中小学校教学空间的设计模式、设计原则、设计标准与设计策略。

1.4 研究综述

当代中小学教育变革发展是世界各国所关注的重点，也一直是包括教育学、建筑学在内的众多学科研究的热点，相关研究成果极其丰富。即便在相同的领域内其研究的视角也十分多样，这些成果对本书的研究起到了巨大的支撑作用与重要的启发作用。为贴合研究内容，本书着重研究国内外现当代教育学领域对教学空间产生重要影响的两个教育要素：课程设置与教学方式的相关理论与实践，以及建筑学领域中教学空间的相关理论与实践。

1.4.1 教育变革研究综述

该部分内容注重国内外研究的共性，以发展阶段为叙述框架，融合国内外相关研究成果。

1.4.1.1 第一阶段：现代中小学教育体系的发展与成熟（19世纪~20世纪中）

现代中小学教育体系起源并成熟于工业革命时期，以英国、美国为主要发源地，在世界范围内产生了巨大影响，并延续至今。如今被国内外研究所抨击的"应试教育""标准化教育""灌输式教育"等教育弊端，几乎都是在这个阶段形成的。当然，这一教育体系的特点产生于特定的时代背景，是适合当时的社会需要的。尤其是第二次工业革命时期，科学开始对工业产生巨大影响，生产技术与生产力得到大幅度提升；同时，城市的快速发展需要大量的技术人才，这就促使社会尤其注重教育的效率。为了短时间内以较经济的方式大量培养人才，在教学管理上，由英国教育家安德鲁·贝尔（Andrew Bell）和约瑟夫·兰开斯特（Joseph Lancaster）开创的"检测教育系统"（Monitorial Systems）被推广[①]。这一系统为了降低教育成本，让先进生带后进生，进而实现每位教师可以教授更多的学生。

这一教育体系为社会发展培养了大批人才，以美、英为代表的西方工业国家在 19 世纪末逐渐成为世界强国。但随着科学的不断发展，人们开始对因循守旧的教育方式进行反思。以"发展主义者"（Developmentalists）为代表的团体致力于对教育提出改革，并在教学理念、课程设置与教学方式上均提出与传统教育不同的观点。在课程设置上，提出以学生为中心设置课程；在教学方式上，"发展主义者"更加关注的是针对不同类型的学生采用适宜的教学方法[②]。

"发展主义者"对于教育不一样的理论并没有成为中小学教育发展的主流，因为当时快速发展的工业社会仍急需大量掌握熟练技能的人才，教育主要为国家和社会发展服务，教育效率受到重视。20 世纪初以约瑟夫·迈尔·赖斯（Joseph Mayer Rice）为代表的"社会改良主义者"（Social Meliorists）推行"社会效益运动"（Social Efficiency Movement），这一运动提倡教育应从社会需求出发，针对不同的群体设置不同的教学内容，以此培养出符合社会需求的公民[③]。在这一教育思想的影响下，学校的形态也发生了变化。在组织架构上，校长与教师的关系变为雇佣关系：校长制定教学目标，教师在此目标下设计和实施课程，用以指导和评估学生的学习；学生则成为实现这一教学目标的员工，学校教育按照类似工厂的流水线方式运作[④][⑤]。至此，现代教育体系发展成熟，并影响了 20 世纪欧美大多数国家中小学教育，延续至今。

1.4.1.2 第二阶段：当代中小学教育体系的改进发展（20 世纪中～20 世纪末）

第二次世界大战结束后，世界政治格局呈现两极发展，以美国、苏联为代表的两大阵营在政治、经济和科技上都进行了激烈的竞争。作为各类竞赛中比较有名的太空竞赛，对人才提出了全新需求，教育则肩负起打赢这一系列竞赛的使命。尤其当苏联于 1957 年率先将人造卫星成功送上太空时，美国政界与教育界纷纷指责本国教育质量的落后，并出台了一系列政策、措施促使教育发生改变。而世界其他国家也在战后重建与不断增长的国际竞争压力背景

① TANNER C K, LACKNEY J A. Educational Facilities Planning: Leadership, Architecture, and Management [M]. Boston: Pearson Allyn and Bacon, 2006: 5.

② KLIEBARD H M.The Struggle for the American Curriculum, 1893-1958 [M]. Abingdon: Routledge, 2004: 11.

③ WILLIS G, SCHUBERT W H, BULLOUGH R V, et al. The American Curriculum: A Documentary History [M]. Westport, CT: Greenwood Press, 1993.

④ BOBBITT J F. The Curriculum [M]. Boston: Houghton Mifflin, 1918.

⑤ BOBBITT J F. How to Make a Curriculum [M]. Boston: Houghton Mifflin, 1924.

下，纷纷对本国的中小学教育进行全方位改革。在 20 世纪中到 20 世纪末的半个世纪时间里，中小学教育改革过程以 80 年代为界，大概可分为两个阶段：前期以教育的角度进行全新探索阶段和后期以国家政策为主导的教育改革阶段。

1. 以教育的角度进行全新探索

在 20 世纪 80 年代之前，以经合组织的"国际学校改进项目"（International School Improvement Project，简称 ISIP）为标志，世界各国在教育研究领域，对中小学教育的组织、课堂等方面进行探索，但成果较零散[①]。比较有名的是以英美两国为代表的"开放式教育"（Open Education）的相关研究。如美国的教育设备实验室（Educational Facilities Laboratory，简称 EFL）对于"开放式规划"的研究，相关开放式教育理念有"胡安妮塔理念"（Juanita Concept）等。研究者将这些成果积极运用到教育和教学空间实践中，并创造出了一批新型教育和教学空间形式，如美国的迪士尼学校（Disney School）[②]和胡安妮塔高中（Juanita High School）[③]。但这些开放式的教育与教学空间探索仍没有成为教育发展的主流，主要原因还是社会需求使然。首先，开放式教育无论在课程设置与教学方式上都与传统教育有很大不同，而教师由于缺乏必要的培训，无法适应新型教育理念的变化。大部分家长也普遍接受传统教育方式，认为教育的主要职责就是为孩子在未来顺利找到工作或深造服务，对新理念认可度不高[④]。其次，战后的婴儿潮与重建工作使中小学校的建设朝向经济、快速化发展，而开放式教育等新型教育理念需要投入大量经费，在当时并不现实。

2. 以国家政策为主导的教育改革

20 世纪 80 年代之后，由科学技术的迅猛发展所带来的技术革命对教育的发展又提出了新的需求。以美国为代表的世界大国开始不断反思传统教育的弊端，并在全球范围内掀起自上而下的、以国家政策为主要干预手段进行教育改革的新浪潮，以应对即将到来的 21 世纪。如美国 1983 年的《国家处于危机之中：教育改革势在必行》（*The National Commission on Excellence in Education*）[⑤]、英国 1988 年的《1988 年教育改革法》[⑥]、法国 1983 年的《为建立民主的初中而斗争》[⑦]、中国 1985 年的《中共中央关于教育体制改革的决定》[⑧]等。这些政策主

---

① 楚旋. 30 年来国外学校改进研究述评 [J]. 现代教育管理，2009（12）：97-100.

② WALDEN R. Schools for the Future: Design Proposals from Architectural Psychology [M]. Berlin: Springer International Publishing, 2015: 33-34.

③ Rebel Rebel. The Juanita System [EB/OL]. (2013-12-31) [2020-01-09]. http://www.moderatebutpassionate.com/2013/12/rebel-rebel-juanita-system.html.

④ BARTH R S. Open Education and the American School [M]. New York: Agathon, 1972.

⑤ The National Commission on Excellence in Education A Nation at Risk: The Imperative for Educational Reform [R]. Washington, D.C.: The National Commission on Excellence in Education, 1983.

⑥ 白彦茹. 论英国中小学课程改革与发展 [J]. 外国教育研究，2004（3）：18-21.

⑦ 吕达，周满生. 当代外国教育改革著名文献：德国、法国卷 [M]. 北京：人民教育出版社，2004: 253-259.

⑧ 中国共产党中央委员会. 中共中央关于教育体制改革的决定 [R]. 北京：中国共产党中央委员会，1985.

要针对传统公立学校因循守旧、官僚主义盛行、缺乏教育创新精神等问题，寻求公立学校的全新发展方向。

1.4.1.3　第三阶段：新时代推动下的当代中小学教育新变革（21 世纪至今）

进入信息时代后，随着脑科学有关人的认知机制的研究不断深入[①]、以信息技术为核心的互联网的发展、教育界对于学习本质的研究，使得教育研究朝向跨学科、多学科、交叉学科方向发展。包括教育学、心理学、脑科学、生物科学、环境科学、社会科学、经济学、建筑学等，积极运用其他学科成果于教育之中，甚至产生新的交叉学科，如学习科学。在学习理论相对短暂的发展历史上，研究者对于当代学习理论形成从未有过的关注度[②]。

21 世纪之初，经济学与社会学领域学者针对技术进步对劳动市场的影响做了很多研究，不断证实信息技术对劳动市场进行了剧烈冲击，并促使劳动市场的转型[③][④]。时代的巨大变迁使全球各国之间的竞争从生产水平的竞争转化为更深层的人才竞争，使其逐渐认识到国家的真正财富是由全体国民的教育程度所决定的[⑤]，致力于公民素养的提升成为各国发展的共同主题[⑥]。

1. 国外研究

课程设置和教学方式理论一直是国外研究的重点，研究的角度也十分多元，包括以技术手段引发教育变革的角度、以未来社会需求的角度、以心理学和神经科学的角度和以课堂实践为基础的角度等。

（1）以技术手段引发教育变革的角度

众多研发机构与学者从技术对于课程设置和教学方式的影响方面进行研究，并探讨教育变革的趋势与实践策略。如 2012 年欧洲学校网（European Schoolnet）设立的"未来教室实验室"（Future Classroom Lab，简称 FCL），开发了 iTEC 项目（Innovative Technologies for Engaging Classrooms，简称 iTEC），将主流的技术运用于课堂教学中。致力于探索新技术与新媒体在教育上运用的国际组织新媒体联盟（New Media Consortium，简称 NMC）于 2012~2013 年先后发表了关于技术对于不同阶段、不同类型教育影响的系列报告，其中 2012 年发布的《NMC 视野报告：K-12 教育卷》（*The NMC Horizon Report: 2012 K-12 Edition*）[⑦]对全球范围内，未来 5 年可能对中小学教育产生影响的 12 项新兴技术和概念做了

---

① 詹纳里·米勒. 脑研究已冲击教育政策 [J]. 蒋志峰，译. 世界教育信息，2003（10）：33-36.

② 戴维·H. 乔纳森. 学习环境的理论基础 [M]. 郑太年，任友群，译. 上海：华东师范大学出版社，2002：序.

③ ACEMOGLU D. Technical Change, Inequality, and the Labor Market [J]. Journal of Economic Literature, 2002 (1): 7 72.

④ ACEMOGLU D. Labor-and capital-augmenting technical change [J]. Journal of the European Economic Association, 2003 (1): 1-37.

⑤ 横滨國立大学现代教育研究所. 中教审与教育改革 [M]. 東京：三一书房，1973：288.

⑥ 林崇德. 21 世纪学生发展核心素养研究 [M]. 北京：北京师范大学出版社，2016.

⑦ JOHNSON L, KRUEGER K, CONERY L, et al. The NMC Horizon Report: 2012 K-12 Edition [R]. Texas: The New Media Consortium, 2012.

汇总，包括云计算、协作模式、移动端和 APP、游戏化学习、个性化学习等。这些概念在教育中不断被实践，优化了教育形态。鉴于技术对教育的巨大影响，近两年在西方国家中掀起了"自带设备"（Bring Your Own Device，简称 BYOD）运动，鼓励学生运用电子设备进行学习[①]。在此影响下，基于科技的进步对中小学教育发展的趋势研究"未来学校"（Future School）也在近两年成为学术热点。

（2）以未来社会需求的角度

相关研究有英美两国学者肯·罗宾逊（Sir Ken Robinson）和卢·阿罗尼卡（Lou Aronica）2016 年的《创意学校：改变教育的草根革命》（*Creative Schools: The Grassroots Revolution That's Transforming Education*），提出实施个性化的教育代替过去的工业教育体系，以此培养学生对学习的热情，并能较好地面对 21 世纪的挑战[②]；美国教育创新先锋泰德·丁特史密斯（Ted Dintersmith）2018 年的《学校将会怎样：美国教师的见解和启示》（*What School Could Be: Insights and Inspiration from Teachers Across America*）一书，通过对 70 多个案例的分析，总结出新时代教育需要培养学生的新内容[③]。

（3）以心理学和神经科学的角度

相关研究有美国心理学家戴维·铂金斯（David Perkins）2014 年的《未来的智慧：教育我们的孩子适应一个不断变化的世界》（*Future Wise: Educating Our Children for a Changing World*），则重新审视 21 世纪教学内容，以应对复杂的世界[④]；克莱顿·克里斯滕森（Clayton M. Christensen）等人 2016 年的《颠覆性创新将如何改变世界学习方式》（*Disrupting Class, Expanded Edition: How Disruptive Innovation Will Change the Way the World Learns*），则基于神经科学的研究成果，分析传统教育方式与学习方式的弊端，提出全新的教学方式[⑤]。

（4）以课堂实践为基础的角度

美国中学教育领域的权威专家保罗·乔治（Paul S. George）等人 2002 年的《模范中学》（*The exemplary middle school*），将理论和当前的实践联系起来，并以美国许多模范中学具体有效的实践为例，对中学的历史、课程开发过程、教学方式和评估等方面做了详细论述[⑥]；美国教育改革家戴维·H. 乔纳森（David H. Jonassen）2011 年的《学会解决问题：支

---

① ATTEWELL J.BYOD-Bring Your Own Device: A guide for school leaders [M]. Belgium: European Schoolnet, 2015.

② ROBINSON S K, ARONICA L. Creative Schools: The Grassroots Revolution That's Transforming Education [M]. London: Penguin Books, 2016.

③ DINTERSMITH T. What School Could Be: Insights and Inspiration from Teachers Across America [M]. Princeton: Princeton University Press, 2018.

④ PERKINS D. Future Wise: Educating Our Children for a Changing World [M]. San Francisco: Jossey-Bass, 2014.

⑤ CHRISTENSEN C M, HORN M B, JOHNSON C W . Disrupting Class, Expanded Edition: How Disruptive Innovation Will Change the Way the World Learns [M]. New York: McGraw-Hill Education, 2016.

⑥ GEORGE P S, ALEXANDER W. The exemplary middle school [M]. 3rd ed. Belmont: Wadsworth Publishing, 2002.

持问题解决的学习环境设计手册》（*Learning to Solve Problems: A Handbook for Designing Problem-solving Learning Environments*），提出基于问题解决的学习环境构建方法，对课程教学设计提供参考[①]；美国教师盖尔·H.格雷戈里（Gayle H. Gregory）2016年所著的《教师作为学习的催化剂》（*Teacher as Activator of Learning*），对教师提高教学氛围、唤起职业激情做了详细论述[②]。

经过20年的发展，很多国家的中小学教育改进项目与计划已产生阶段性成果，并为其他国家和地区带来了经验参考。如美国新型公立学校的典型代表：特许学校和磁石学校，因其具有较大教学自主权，无论在教育还是教学空间方面都对传统公立学校的弊端进行了改良；"教育大国"芬兰在2014年的课程大纲中，创新性地提出现象式教学（Phenomenon Based Learning，简称PBL），为新时代的教育变革提供了一个全新的发展方向。典型的学校案例有美国的高科技中学（Hign Tech High）、桑迪胡克小学（Sandy Hook Elementary School）、达·芬奇学校（Da Vinci Schools）、荟同学校（Whittle School & Studio）；丹麦的奥雷斯塔预科学校（Ørestad Gymnasium）；芬兰的罗素高中（Rossall School）等，这些成果为世界中小学的发展提供了较好示范。

这些丰富的研究成果都是对在工业社会建立起来的教育体系在当下的适应性反思，并结合时代的进步、社会的需求重新审视教育的发展方向与实践策略，塑造教育新形态。

2. 国内研究

在研究类型上，除了翻译、学习国外经典研究成果之外，也有很多学者纷纷针对国情进行教育变革在地性探索。近两年，国内各地区、高校先后成立了众多相关研究机构，如"移动学习"教育部——中国移动联合实验室、北京师范大学未来教育高精尖创新中心、北京大学基础教育研究中心、教育部学校规划建设发展中心、未来学校研究院等，共同产出一大批研究与实践成果。

基于技术创新带来的教育变革研究，代表性的有文化部"十三五"时期文化改革发展规划重大课题，对互联网背景下的教育发展进行了全面研究，包括教育理念、教学方式等。相关成果如杨剑飞的《"互联网＋教育"新学习革命》[③]；互联网＋教育系列丛书，如杨现民等的《互联网＋教育：中国基础教育大数据》[④]和《互联网＋教育：学习资源建设与发展》[⑤]、于鹏等人的《互联网＋教育：云智能教育探索》[⑥]等，研究从教育的各个方面探讨科技促进教育升级变革的方式方法。此外，还有余胜泉的《互联网＋教育：未来学校》[⑦]、朱永新的《未来学校：

---

① JONASSEN D H. Learning to Solve Problems: A Handbook for Designing Problem-solving Learning Environments [M]. Abingdon: Routledge, 2011.

② GREGORY G H. Teacher as Activator of Learning [M]. Thousand Oaks: Corwin, 2016.

③ 杨剑飞. "互联网＋教育"新学习革命 [M]. 北京：知识产权出版社，2016.

④ 杨现民，田雪松. 互联网＋教育：中国基础教育大数据 [M]. 北京：电子工业出版社，2016.

⑤ 杨现民，王娟，魏雪峰. 互联网＋教育：学习资源建设与发展 [M]. 北京：电子工业出版社，2017.

⑥ 于鹏，陈三军，倪小伟，等. 互联网＋教育：云智能教育探索 [M]. 北京：电子工业出版社，2017.

⑦ 余胜泉. 互联网＋教育：未来学校 [M]. 北京：电子工业出版社，2019.

重新定义教育》①、张治的《走进学校3.0时代》②等，都探讨了在新一代信息技术的推动下教育变革的方向，对教学方式、课程设置等内容进行全面升级转型。其他还有教育家钟启泉的《课堂转型》③、娄华英的《跨界学习：学校课程变革的新取向》④等著作。这些学者都认为教育将朝灵活、开放、终身、泛在和个性化教育方向发展，智慧化学习、泛在的学习体验、人机结合的教学方式、多元立体的整合型课程都改变了学习和学校的内涵，从而构建教育新生态。这些研究以多角度对课堂各要素进行转型研究，为教育的变革提供思路。

1.4.2　教学空间研究综述

该部分内容注重国内外研究的差异性，分别对国外和国内各个发展阶段的研究进行梳理。

国外研究以美国和英国为代表，起步最早、成果丰富且系统；战后日本相关研究后来居上，发展迅猛，成为世界教学空间研究的重要组成部分；到了新世纪，以发达国家为代表，教学空间在教育变革取得阶段性成果的影响下也产生了较大突破。此外研究视角变得多样，除建筑学领域学者之外，教育学、神经学等其他领域的学者也纷纷从各自视角对教学空间的设计作出探讨。

国内研究在新中国成立之初着重于"多快好省"的建设方面的策略研究；随后，由于教育缓慢发展等原因，导致教育学与建筑学融合度不够；到了新世纪，教育变革与教学空间之间的关系逐渐受到重视，并在相关研究与实践中不断体现。

1.4.2.1　国外研究

1. 第一阶段：基于现代教育发展的教学空间初步探索（19世纪中～20世纪中）

这一阶段，以《耶鲁报告》为基础的现代中小学教育体系建立起来，根据课程设置和教学方式特点，教学空间主要在规模和场室的种类上发生变化。随后在"社会改良主义者"的"科学管理"课程影响下，学校功能不断完善，种类丰富。教学空间的设计上，也逐渐从工业社会之前功能较简单的"一室学校"（One-Room School Houses）变为"多室学校"⑤⑥。教学空间组织上也从用必要交通空间组织各功能教室（如美国斯特林学校⑦），到用大空间作为整

① 朱永新. 未来学校：重新定义教育［M］. 北京：中信出版社，2019.

② 张治. 走进学校3.0时代［M］. 上海：上海教育出版社，2018.

③ 钟启泉. 课堂转型［M］. 上海：华东师范大学出版社，2018.

④ 娄华英. 跨界学习：学校课程变革的新取向［M］. 上海：华东师范大学出版社，2018.

⑤ MCCLINTOCK J, MCCLINTOCK R. Henry Barnard's School Architecture［M］. New York：Teachers College Press，1970.

⑥ WALDEN R. Schools for the Future：Design Proposals from Architectural Psychology［M］. Berlin：Springer International Publishing，2015：24-26.

⑦ C. 威廉姆·布鲁贝克，雷蒙德·鲍德维尔，格雷尔·克里斯朵夫. 学校规划设计［M］. 邢雪莹，张玉丹，张玉玲，译. 北京：中国电力出版社，2006：3.

个学校教学空间的核心（如英国乔森杰学校^①、斯科基学校）。

在研究方面，以美国建筑师相关研究为代表，全面而系统地介绍当时中小学校教学空间的设计案例、标准与策略。如建筑师沃伦·理查德·布里格斯（Warren Richard Briggs）于 1899 年所著的《现代美国学校：学校论述与设计》（*Modern American School Buildings: Being a Treatise Upon, and Designs For, the Construction of School Buildings*）^②，结合大量案例对中小学校建筑的设计作了详细论述，包括学校选址、功能布局、结构形式、建筑材料等；建筑师 A. D. F. 哈姆林（A. D. F. Hamlin）1910 年的《现代学校建筑》（*Modern School Houses*）^③、建筑师威尔伯·T. 米尔斯（Wilbur T. Mills）1915 年所著的《美国学校建筑标准》（*American School Building Standards*）^④ 则对美国数百所中小学校案例进行详细分析，包括功能组织、设备、造价、细部装饰、室内教具等方方面面。相似的研究还有很多^{⑤⑥⑦}，这些都是早期关于现代中小学校教学空间方面的研究，起到指导设计实践的标准作用。

2. 第二阶段：对传统教学空间的改良实践（20 世纪中至今）

（1）美国研究

第二次世界大战之后，以美国为代表的国家教育研究者开始对传统教育进行反思，也影响到教学空间的设计上。如美国的"开放式规划"研究，其成果影响了 20 世纪 60 年代美国上千所学校的设计^⑧，比较典型的案例是芝加哥的迪士尼学校和华盛顿柯克兰的胡安妮塔高中。但这些探索并没有形成主流，传统追求效率的教育和教学空间形式因能较好满足社会需要仍占主导地位。此时的研究仍主要以建筑师视角，探讨中小学校建筑各方面的设计，为实践提供标准和范例。如 B. 卡斯塔尔迪（B. Castaldi）《教育设施规划》（*Planning of Educational Facilities*）^⑨、美国校舍建设委员会（National Council on Schoolhouse Construction，简称

---

① HARWOOD E. England's Schools: History, architecture and adaptation [M]. England: Historic England, 2010: 38.

② BRIGGS W R. Modern American School Buildings: Being a Treatise Upon, and Designs For, the Construction of School Buildings [M]. NewYork: J. Wiley & Sons, 1899.

③ HAMLIN A D F. Modern School Houses [M]. NewYork: The Swetland Publishing Co., 1910.

④ MILLS W T. American School Building Standards [M]. Columbus: Franklin Educational Pub. Co., 1915.

⑤ HOLY T C. Needed Research in the Field of School Buildings and Equipment [J]. Review of Educational Research, 1935, 5（4）: 406-411.

⑥ HAMON R L. Needed Research in the School-Plant Field [J]. Review of Educational Research, 1948, 18（1）: 5-12.

⑦ LUCE H R. Schools [J]. Architectural Forum, 1949, 91（4）.

⑧ C. 威廉姆·布鲁贝克，雷蒙德·鲍德维尔，格雷尔·克里斯朵夫. 学校规划设计 [M]. 邢雪莹，张玉丹，张玉玲，译. 北京：中国电力出版社，2006: 20-22.

⑨ CASTALDI B. Creative Planning of Educational Facilities [M]. Chicago, IL: Rand McNally & Co., 1969.

NCSC）出版的《校舍规划指南》（*NCSC Guide for Planning School Plants*）①等。

　　20世纪80年代后，随着以政府为主导的新一轮教育改革的推进，各地中小学在教育上开始出现新类型，并影响了教学空间的设计。如美国在中小学校设计领域较著名的事务所Perkins & Will 成员 C. 威廉姆·布鲁贝克（C. William Brubaker）等人1997年的《学校规划设计》（*Planning and Designing Schools*）②，则系统地回顾了美国中小学校教学空间自19世纪到20世纪末的发展历史，并对设计过程中所涉及的场地规划、建筑设计、建造过程、声光设计等方面作了详细探究；美国建筑师协会（The American Institute of Architects，简称AIA）于2000年编著的《学校建筑设计指南》③，对1995年之后具有创新设计的校园空间案例进行了搜集，其中包括数十所新建中小学校，研究归纳出15项中小学校设计指标，包括工程质量、社区环境的融合、场地设计、经济考量等，这些指标除了针对建筑学本身之外，开始重视教学需求在建筑设计上的表达；建筑师艾伦·福特（Alan Ford）2007年的《可持续发展的学校设计》（*Designing the Sustainable School*）④与AIA建筑师丽莎·格尔芬德（Lisa Gelfand）2010年的《可持续的中小学校设计》（*Sustainable School Architecture: Design for Elementary and Secondary Schools*）⑤，则重点对中小学校教学空间的绿色设计进行探究。这些研究往往以"标准"为目的，涉及内容全面而具体，以更好地指导设计实践。

　　到了21世纪，随着中小学教育变革取得的成果不断丰富，使教学空间的研究和实践也出现了繁荣。在研究上，学者更加注重教学的变化对教学空间的影响，并总结各类设计策略。这些研究仍主要以案例分析的方式呈现。如建筑设计机构 Gensler 2010年出版的系列丛书《为教育而设计》（*Design for Education*）⑥强调教学空间应适应教育的发展，并对其进行有效的支持；建筑师普拉卡什·奈尔（Prakash Nair）等人2005年的《学校设计语言：21世纪学校的设计模式》（*The Language of School Design: Design Patterns for 21st Century Schools*）⑦、2014年的《未来蓝图：重新设计以学生为中心的学习学校》（*Blueprint for Tomorrow: Redesigning Schools for Student-Centered Learning*）⑧、AIA建筑师和教育者

---

① RICHARD F. NCSC Guide for Planning School Plants [M]. U.S.: NCSC, 1964.

② BRUBAKER C W, BORDWELL R, CHRISTOPHER G. Planning and designing schools [M]. NewYork: McGraw-Hill Professional, 1997.

③ 美国建筑师协会. 学校建筑设计指南 [M]. 周玉鹏，译. 北京：中国建筑工业出版社，2007.

④ FORD A. Designing the Sustainable School [M]. Melbourne: The Images Publishing Group Pty Ltd, 2007.

⑤ GELFAND L, FREED E C. Sustainable School Architecture: Design for Elementary and Secondary Schools [M]. Hoboken: John Wiley & Sons, 2010.

⑥ Gensler Monograph Series. Design for Education [M]. San Francisco: Gensler, 2010.

⑦ NAIR P, FIELDING R, LACKNEY. J. The Language of School Design: Design Patterns for 21st Century Schools [M]. 3rd ed. Designshare, Inc., 2009.

⑧ NAIR P. Blueprint for Tomorrow: Redesigning Schools for Student-Centered Learning [M]. Cambridge: Harvard Education Press, 2014.

T·希勒（T. Hille）2011 年的《现代学校：教育设计新世纪》（*Modern Schools: A Century of Design for Education*）[①]等成果，都探讨了中小学教育和教学空间环境之间的基本关系，强调在教学空间设计中体现教育的变化，增强教育设施设计的合理性。

此外，还有其他领域的研究者对教学空间进行研究。如教育者德怀特·卡特（Dwight L. Carter）等人 2016 年的《改善学校和教室设计的 5 个步骤》（*What's in Your Space?: 5 Steps for Better School and Classroom Design*）[②]、教育者与管理者罗伯特·W. 狄龙（Robert W. Dillon）等人 2016 年的《重新设计学习空间》（*Redesigning Learning Spaces*）[③]，探讨教学空间应对 21 世纪教学变化的策略。

（2）日本研究

日本当代教育体系因受美国的强烈影响，具有与亚洲其他相似文化圈的国家不同的特点。加之第二次世界大战后政府对教育事业的大力支持，使日本中小学教育和教学空间在短时间内都形成较成熟的体系。

参与日本中小学校教学空间相关研究的主体主要以研究机构为主，如日本建筑学会（Architectural Institute of Japan，简称 AIJ）、教育环境研究所（Institute of Educational Environment，简称 IEE）等；在中小学校教学空间设计领域研究较多且系统的学者主要有日本建筑学会原地球环境委员会委员长中村勉、日本首都大学东京教授上野淳、教育环境研究所所长长泽悟等。尤其是日本中小学校建筑设计与研究领域的著名专家长泽悟先生，笔者曾专门前往日本向其请教，并针对中日中小学的教育变革和教学空间设计理念与其进行了深入交流，深受启发，这些交流成果对本书的研究具有切实的指导作用。

上述研究机构与学者对第二次世界大战之后至今的日本新型中小学校教学空间设计进行了大量研究，在不同时期都产出了很多经典成果。加之日本各地身处设计一线的设计机构的实践，共同组成了日本中小学校教学空间设计研究的理论与实践体系。

较早的研究主要以资料集的形式，对当时的典型中小学校案例进行汇总。如建筑思潮研究所分别于 1987 年[④]、1998 年[⑤]、2006 年[⑥]编著的"建筑设计资料"系列中的《学校：小学校·中学校·高等学校》，日本建筑学会于 1993 年编著的"建筑设计资料集：空间"系列中

① HILLE T. Modern Schools: A Century of Design for Education [M]. Hoboken: John Wiley & Sons, 2011.

② CARTER D L, SEBACH G L, WHITE M E. What's in Your Space?: 5 Steps for Better School and Classroom Design [M]. Sauzend aux: Corwin Press, 2016.

③ DILLON R W, GILPIN B D, Juliani A J, et al. Redesigning Learning Spaces [M]. Sauzend aux: Corwin Press, 2016.

④ 建筑思潮研究所. 学校：小学校·中学校·高等学校（建筑设计资料）[M]. 東京：建築资料研究社，1987.

⑤ 建筑思潮研究所. 学校 2：小学校·中学校·高等学校（建筑设计资料）[M]. 東京：建築资料研究社，1998.

⑥ 建筑思潮研究所. 学校 3：小学校·中学校·高等学校（建筑设计资料）[M]. 東京：建築资料研究社，2006.

的《幼稚园·小学校：儿童空间》(幼稚園·小学校：子供の空間)①等。这些研究不同版本的内容变化也可对比出不同时期日本中小学校教学空间设计的特点与关注点。

到了20世纪末21世纪初，相关研究逐渐关注教育变革对中小学校教学空间设计的影响，并积极学习欧美国家先进经验，为本土化教学空间的建设提供参考。如上野淳1999年的《未来的学校建筑——教育改革的空间》(未来の学校建築：教育改革をささえる空間づくり)②，积极借鉴英国经验，对在教育上注重个性兴趣教学影响下的教学空间设计作出总结，提出教学空间灵活性设计策略，以改变传统教学空间的封闭和均质。上野淳相似的研究还有2004年针对美国新型中小学的著作《美国的学校建筑》(アメリカの学校建築)③，对美国创新型的中小学校教学空间案例进行分析，吸收先进理念；2008年的《学校建筑文艺复兴》(学校建築ルネサンス)④，探讨创新性教学空间设计。其他研究学者和成果还有长泽悟与中村勉2001年的《学校改革：培养个性的学校》(スクール·リボリューション：個性を育む学校)⑤，根据优秀案例研究教育变革下的教育环境设计原理；长泽悟2008年的《现代学校建筑集成：安全舒适的学校建设》(現代学校建築集成：安全·快適な学校づくり)⑥，对教育内容与方法变化下的教学空间设计进行研究，并列出未来学校建筑设计标准。其他还有建筑师小嶋一浩2000年的《设计活动！以学校空间为轴心的研究》(アクティビティを設計せよ！学校空間を軸にしたスタディ)⑦，强调教学空间与学生活动之间的紧密关系；建筑师工藤和美2004年的《创建学校：儿童心仪的空间》(学校をつくろう！子どもの心がはずむ空間)⑧，梳理市立博多小学的空间营造全过程，以叙述的方式提出具有活力的教学空间设计方法。

在当下，教育的巨大变革使教育学的研究成果不断被引入建筑学研究领域，符合教育变革的教学空间设计和研究成为热点。各地建筑师也纷纷投入到实践中，将新型的教育理念转化为理性的教学空间。这些最新设计实践往往以杂志的形式刊出，比较常见的杂志有《新建筑》《GA JAPAN》《建筑文化》《建筑知识》《近代建筑》《Eye-Span》等。其中，教育环境研究所自1989年创立《Eye-Span》刊物以来至2018年已刊出30期，每期都对当下创新的教学空间实践（以中小学为主）进行总结，详细介绍了不同时期中小学校教学空间设计的侧重点与设计策略；《近代建筑》从2009~2019年每年出版一部学校建筑特刊，对各年度最新教学空间实践（以中小学为主）进行归类研究，不同年度的研究主题也不尽相同。

其余杂志不定期刊登当时典型的中小学校设计案例，也有若干特刊。除了杂志之外，也

① 日本建築学会. 幼稚園·小学校：子供の空間 [M]. 東京：彰国社，1993.
② 上野淳. 未来の学校建築：教育改革をささえる空間づくり [M]. 東京：岩波書店，1999.
③ 柳沢要，上野淳，鈴木賢一. アメリカの学校建築 [M]. 東京：ボイックス，2004.
④ 上野淳. 学校建築ルネサンス [M]. 東京：鹿島出版会，2008.
⑤ 長澤悟，中村勉. スクール·リボリューション：個性を育む学校（建築デザインワークブック）[M]. 東京：彰国社，2001.
⑥ 東京自治研究センター，学校施設研究会. 現代学校建築集成：安全·快適な学校づくり [M]. 東京：学事出版，2008.
⑦ 小嶋一浩. アクティビティを設計せよ！学校空間を軸にしたスタディ [M]. 東京：彰国社，2000.
⑧ 工藤和美. 学校をつくろう！子どもの心がはずむ空間 [M]. 東京：TOTO出版，2004.

有以专著的形式对案例进行系统梳理与深入探讨，如日本板桥区教育委员会 2017 年编的《板桥教育改革：新学校这样建立》（板橋教育改革：新しい学校はこうしてつくる）①，对板桥区教育改革下的三所既有学校的教学空间进行适应性改造研究；此外，还有板桥区新学校研究会 2014 年编著的《东京都板桥区立赤塚第二中学校改建文献》（新しい学校づくり、はじめました。教科センター方式を導入した、東京都板橋区立赤塚第二中学校の学校改築ドキュメント），特别针对赤塚第二中学校改建个案进行详细分析②，这些成果详细地展示了日本当代最新中小学教育的改革方向与教学空间适应性设计方法。笔者也因这两本书献的内容而前往现场调研了板桥区立第一小学校和赤塚第二中学，并与建筑师、校长、教师和学生深入交流，对其教育的发展与教学空间的设计有了更深刻认识。

除了这些关注某一历史时期的研究之外，近两年以日本建筑学会为代表的研究机构对中小学教育和教学空间的发展历史进行了系统归纳。如 2017 年出版的《以通俗历史为题材的战后学校建筑：学校如何规划？》（オーラルヒストリーで読む戦後学校建築：いかにして学校は計画されてきたか）③，以第二次世界大战后学校建筑的研究成果为基础，对当下学校教学空间的设计原则进行总结；2019 年新编的《小型建筑设计资料集成》（コンパクト建築設計資料集成）④，详细介绍了 1945 年至今的中小学教育与教学空间发展历史，书中选取大量各时期的中小学校教学空间典型案例，为设计实践和理论研究提供了详细资料；教育环境研究所刊发的机构杂志《30 周年纪念号：未来学校》（30 周年記念号：未来をつくる学校）⑤，对日本自 1992～2012 年的 27 所典型设计实践进行汇总，对不同教学需求下各案例的规划设计、建筑设计、防灾设计及细部设计做了详细分析。

（3）其他国家研究

①德国方面研究

德国建筑师西比勒·克莱默（Sibylle Kramer）2009 年的《学校：教育空间》（*Schools：Educational Spaces*）⑥ 和 2018 年的《教育建筑：学校建筑与设计》（*Building to Educate：School Architecture & Design*）⑦，均选取以欧美国家为主的最新中小学校教学空间实践案例，强调当代教育理念转化为建筑空间的多样化解决策略；德国建筑师纳塔夏·梅厄（Natascha Meuser）2014 年的《学校建筑：建造与设计手册》（*School Buildings：Construction and*

① 板橋区・板橋区教育委員会. 板橋教育改革：新しい学校はこうしてつくる [M]. 東京：フリックスタジオ，2017.
② 板橋区新しい学校づくり研究会. 新しい学校づくり、はじめました。教科センター方式を導入した、東京都板橋区立赤塚第二中学校の学校改築ドキュメント [M]. 東京：フリックスタジオ，2014.
③ 日本建築學會. オーラルヒストリーで読む戦後学校建築：いかにして学校は計画されてきたか [M]. 東京：学事出版，2017.
④ 日本建築學會. コンパクト建築設計資料集成 [M]. 3rd. 東京：丸善出版，2019.
⑤ 教育環境研究所. 30 周年記念号：未来をつくる学校 [R]. 東京：教育環境研究所，2019.
⑥ KRAMER S. Schools：Educational Spaces [M]. Switzerland：Braun Publishing，2009.
⑦ KRAMER S. Building to Educate：School Architecture & Design [M]. Switzerland：Braun Publishing，2018.

Design Manual)①，对中小学校教学空间的建造与设计过程中遇到的各类问题进行总结，尤其强调了设计与当代学习理念的融合；德国建筑心理学家罗特劳特·瓦尔登（Rotraut Walden）2015 年的《未来学校：建筑心理学的设计建议》（*Schools for the Future: Design Proposals from Architectural Psychology*)②，从建筑心理学的角度，通过对美国、日本和德国中小学校的发展历史进行梳理，强调使用者在教学空间后续设计中的重要作用，以适应未来教育发展。

②英国方面研究

英国建筑师尼克·米尔钱达尼（Nick Mirchandani）等人 2015 年的《未来学校：既有和新建学校创新设计》（*Future Schools: Innovative Design for Existing and New Buildings*)③，列举了英国大量最新中小学项目实例，对这些项目的政治与经济背景进行分析，认为学校的设计将会受到学生数量的增长、学习内容与方式多样化的巨大影响；英国 Grand Neals Studio 创始人默里·哈德逊（Murray Hudson）等人 2019 年的《规划学习空间：建筑师、设计师和学校领导的实用指南》（*Planning Learning Spaces: A Practical Guide for Architects, Designers and School Leaders*)④，研究了在网络社会中教学空间设计要点，并认为良好的教学空间设计能帮助学校实现教育愿景，在内容上涉及教学空间的各方面，包括照明、色彩设计、装置和家具等；英国教育研究者帕梅拉·伍尔纳（Pamela Woolner）2010 年的《学习空间设计》（*The Design of Learning Spaces*)⑤与 2014 年的《一体化学校设计》（*School Design Together*)⑥，均从教育者角度出发，针对教学空间设计中经常出现的问题进行探讨，强调教学空间的设计应采取建筑师、教育工作者与使用者共同参与的模式。

③丹麦方面研究

丹麦建筑师罗森·博世（Rosan Bosch）2018 年的《以学校为始设计一个更美好的世界》（*Designing for a Better World Starts at School*)⑦，认为学习环境作为支持学习者多样化的载体，应能激发学生的创造力。书中最大的概念是"没有教室"（No More Classrooms），用更加自由化的空间代替过去规整的教室设计。这些研究十分注重教育学与建筑学的融合，并提倡在工作中将教育家与建筑师联合为一体。

除了这些纸质文献之外，随着互联网的发展，很多最新的观点与实践往往第一时间在相关研究与设计机构的官网上展示。为此，笔者除了阅读相关研究的纸质文献之外，更是利

① MEUSER N. School Buildings: Construction and Design Manual [M]. Berlin: DOM Publishers, 2014.

② WALDEN R. Schools for the Future: Design Proposals from Architectural Psychology [M]. Berlin: Springer International Publishing, 2015.

③ MIRCHANDANI N, WRIGHT S . Future Schools: Innovative Design for Existing and New Buildings[M]. London: RIBA Publishing, 2015.

④ HUDSON M, WHITE T. Planning Learning Spaces: A Practical Guide for Architects, Designers and School Leaders [M]. London: Laurence King Publishing, 2019.

⑤ WOOLNER P. The Design of Learning Spaces [M]. London: A & C Black, 2010.

⑥ WOOLNER P. School Design Together [M]. Abingdon: Routledge, 2014.

⑦ BOSCH R. Designing for a Better World Starts at School [M]. Copenhagen: Rosan Bosch Studio, 2018.

用工作和研究为契机，时刻关注世界各地在中小学校教学空间研究和设计领域的先锋设计与研究机构的网络信息，把握研究前沿。这些成果都为本书提供了翔实的经验基础与一手资料。

1.4.2.2　国内研究

国内中小学校教学空间相关研究相比于欧美国家起步较晚；同时由于基础薄弱，社会背景复杂，几乎从零开始建立起现代教育体系[①]。这一背景也决定了相关研究的基本形式：集国外先进案例的学习借鉴与基于国情的在地研究于一体。

在研究主体上，理论研究主要以各高校建筑学领域的学者为主，设计实践则以国内大型设计院为主。随着当下中小学研究与实践逐渐成为热点，理论方面其他研究力量开始加入，如建筑学领域之外的教育学、社会学、心理学等学者；实践方面新兴事务所不断发挥创新作用并设计出一系列创新案例。这些研究者与团体的成果共同组成了我国中小学校教学空间研究体系，并成为世界中小学校教学空间研究的重要组成部分。

从1949年至今的研究历史可分为三个发展阶段，每个阶段因社会背景、教育发展的不同而呈现出不同的侧重点。

1. 第一阶段：注重教学空间标准统一的初步发展期（1949～1999年[②]）

新中国成立之后，相关学者与建筑师积极对以美国、英国、苏联、日本等为主的发达国家中小学校教学空间新案例进行研究与学习，这一过程一直持续到今天。最早的有1964年张钦仪的《国外学校建筑简介》[③]，对当时苏联、英国、波兰、捷克的新型中小学校教学空间案例与模式进行总结。鉴于当时的社会、经济背景，此时的学校研究和实践均十分注重经济性，力图"多快好省"地设计和建造学校。这些研究也往往关注国外案例在经济性方面的设计策略，如比"廊式"更加经济的"厅堂式"和"单元式"。随后，刚起步的中小学研究受到"文化大革命"的影响而停滞，直至1977年恢复高考之后步入正轨。接下来的改革开放促进了我国中小学教育事业的发展，同时因城市的不断发展、人口的不断涌入使城市教育需求不断增长。这一时期教育事业表现为以缩小教育发展不均衡和以提高教育质量的"两手抓"，这也影响到教学空间的研究与实践。

一方面，我国为了缩小教育发展不平衡而普及九年义务教育，使各地教育需求增加。为应对教育资源缺口，各地中小学建设如火如荼。在此背景下，统筹各地中小学建设的指导性标准呼之欲出。1986年，由天津市建筑设计院同全国各有关单位编制的、新中国第一部全国性中小学校设计规范《中小学校建筑设计规范》GB J99—86颁布实施；随后，西安建筑科技

---

① 新中国成立之始，国内中小学教育体系就存在多种形态，有沿袭了几千年封建传统教育体系、源自西方但带有浓厚封建专制的资产阶级教育体系、解放区无产阶级新民主主义教育体系、从苏联引进的教育体系等多种形式。

② 以1999年《中共中央国务院关于深化教育改革全面推进素质教育的决定》文件颁布为界。

③ 张钦仪. 国外学校建筑简介 [J]. 建筑学报，1964（4）：38-39.

大学的张宗尧等人1987年的《中小学校建筑设计》[①]、1999年的《托幼、中小学校建筑设计手册》[②]，全面论述了我国中小学建筑的设计原理与方法，包括选址布局、建筑设计、室内外环境等方面，为我国中小学校设计实践提供了标准、参考与指导。

另一方面，为顺应国家"素质教育"的改革要求，学者对"素质教育"影响下的教学空间设计作出探索。此时对于"素质教育"的标准，在教育界与建筑界并没有形成共识，但普遍认识到校园环境对于教育的重要性，因而关注学生的"课下"生活成为研究的主要出发点。如1984年举办的"全国城市中小学设计方案竞赛"中，参赛者对室内外教学空间均作出积极探索，都强调室内外教学空间的融合，甚至出现了"开放式"教学空间的概念[③]，这些创新性的探索时至今日都仍具启发性。但由于时代背景因素，"经济性"仍是这一阶段中小学校教学空间主要的设计原则，这些研究对当时的实践并没有起到太大的指导作用。

2. 第二阶段：素质教育下的教学空间研究探索期（1999～2010年[④]）

素质教育推广如火如荼，同时，这一时期经济的快速发展促进城镇化进程加快，人口向城市的不断涌入使城市中小学教育资源愈发紧缺，弥补学位缺口成为中小学建设的主要出发点。建筑行业在该时期的"疯狂"发展使教学空间的理论研究与设计实践产生了脱节。

在理论研究方面，为响应国家政策要求，对素质教育影响下的中小学校教学空间进行了有意义的探索。研究成果包括三个类型。第一，国外经典专著的翻译与借鉴。相关研究对国外发达国家的先进经验作梳理，翻译相关国外研究著作[⑤⑥⑦⑧⑨]、择取典型案例[⑩⑪⑫]等。第二，国内建筑学领域的学者基于国情的中小学校教学空间研究。在这些研究中，以西安建筑科技大学李志民为代表的高校研究团队，对素质教育下的教学空间进行了广泛研究。在国家自然科学基金"适应素质教育的中小学校建筑空间及环境模式研究（2006～2008年）"的支持下，产生出一系列研究成果，包括诸多硕士、博士论文与专著。代表的成果有李曙婷

① 张宗尧，闵玉林. 中小学校建筑设计 [M]. 北京：中国建筑工业出版社，1987.
② 张宗尧，赵秀兰. 托幼、中小学校建筑设计手册 [M]. 北京：中国建筑工业出版社，1999.
③ 吕振瀛，沈国尧. 建筑师要为开发智力做贡献——全国城市中小学建筑设计方案竞赛评述 [J]. 建筑学报，1985（3）：44-53.
④ 以2010年国务院常务委员会审议并通过《国家中长期教育改革和发展规划纲要（2010-2020年）》为界.
⑤ 罗伯特·鲍威尔. 学校建筑：新一代校园 [M]. 翁鸿珍，译. 天津：天津大学出版社，2002.
⑥ 长泽悟，中村勉. 国外建筑设计详图图集10 教育设施 [M]. 滕征本，滕煜光，周耀坤，等，译. 北京：中国建筑工业出版社，2004.
⑦ C.威廉姆·布鲁贝克，雷蒙德·鲍德维尔，格雷尔·克里斯朵夫. 学校规划设计 [M]. 邢雪莹，张玉丹，张玉玲，译. 北京：中国电力出版社，2006.
⑧ 美国建筑师协会. 学校建筑设计指南 [M]. 周玉鹏，译. 北京：中国建筑工业出版社，2007.
⑨ 日本建筑学会. 建筑设计资料集成：教育·图书篇 [M]. 天津：天津大学出版社，2007.
⑩ 陈晋略. 教育建筑 [M]. 沈阳：辽宁科学技术出版社，2002.
⑪ 迈克尔·J. 克罗斯比. 北美中小学建筑 [M]. 卢昀伟，译. 大连：大连理工大学出版社，2004.
⑫ 埃里诺·柯蒂斯. 学校建筑 [M]. 卢昀伟，赵欣，译. 大连：大连理工大学出版社，2005.

2008 年的《适应素质教育的小学校建筑空间及环境模式研究》①，对素质教育影响下的小学校建筑与环境设计进行了全面论述；张宗尧与李志民 2009 年的《中小学校建筑设计》，在当时最新研究成果的支撑下，对中小学建筑的设计方法、策略作了详细论述。第三，国内其他领域的学者对于中小学校教学空间的研究。最典型的是教育学领域的学者，如台湾政治大学教育学院汤志民的诸多专著，包括 2005 年的《台湾的学校建筑》②、2006 年的《学校建筑与校园规划》③ 等，以台湾中小学为对象，研究中小学校在规划、建筑及细部建设上的方法；浙江大学教育学院邵兴江 2009 年的《学校建筑研究：教育意蕴与文化价值》④，以教育学研究者的跨学科方式对新型中小学校建筑设计进行探讨，为本书研究提供了教育者视角。

在设计实践方面，标准教学空间"范式"的运用成为实践中最常用的设计策略，"廊式"教学空间类型在全国各地大量建设。"范式"泛滥的原因有三个。首先，城市巨大的教育资源缺口极大压缩了中小学校建筑设计与建造周期，短时间内建造大量中小学校成为政府、建设部门的工作重点；其次，建筑行业的"疯狂"发展使建筑师对于中小学校建筑类型有所忽视，"范式"的运用可有效提升设计效率；其三，"素质教育"在实施过程中受阻，教育本身并没有出现突破性发展，教育对于教学空间的需求与过去没有发生太大变化，使传统设计模式仍具有生命力。在此影响下，上述教学空间理论研究并没有在实践中得到充分运用。

当然，也有对"范式"不满的建筑师积极进行新型教学空间的探索。所采取的切入点大多是非教育因素，如从学生的健康、心理角度出发，注重学生"课下"的活动质量⑤⑥；从城市高密度环境影响下的教学空间设计⑦⑧ 等。

这一现状在汶川"5·12"大地震之后的学校重建工作影响下，或多或少地产生了转变。重建工作汇集了国内外众多知名设计机构与研究团队，这些团队将新理念、新手法和工作新模式运用到实践中，在短时间内产生一系列新型的中小学校教学空间类型。如剑阁下寺新芽小学⑨、什邡市红白镇中心小学⑩、四川德阳孝泉镇民族小学⑪、四川汶川卧龙特区耿达一贯制学

① 李曙婷. 适应素质教育的小学校建筑空间及环境模式研究 [D]. 西安：西安建筑科技大学，2008.
② 汤志民. 台湾的学校建筑 [M]. 台北：五南图书出版股份有限公司，2006.
③ 汤志民. 学校建筑与校园规划 [M]. 台北：五南图书出版股份有限公司，2006.
④ 邵兴江. 学校建筑研究：教育意蕴与文化价值 [D]. 上海：华东师范大学，2009.
⑤ 娄永琪，李兴无. 理论、实践和反思——嘉善高级中学设计 [J]. 建筑学报，2002（10）：39-41.
⑥ 叶依谦. 空间·对话——怡海中学设计构思 [J]. 建筑学报，2003（10）：32-33.
⑦ 宋源. 深圳南山中心区第二小学 [J]. 建筑学报，2004（12）：47-49.
⑧ 钟中. "城市型小学"建筑创作的"平衡"之道——深圳实验学校小学部（重建）设计 [J]. 建筑学报，2009（2）：96-99.
⑨ 朱竞翔. 震后重建中的另类模式——利用新型系统建造剑阁下寺新芽小学 [J]. 建筑学报，2011（04）：74-75.
⑩ 王承龙. 走出灾难的阴霾——什邡市红白镇中心小学设计 [J]. 建筑学报，2010（9）：67+64-66.
⑪ 华黎. 微缩城市——四川德阳孝泉镇民族小学灾后重建设计 [J]. 建筑学报，2011（7）：65-67.

校①等。这些学校虽大多处于乡村，但由于极强的创新性为其他地区的中小学校教学空间的设计提供了较好示范。更重要的是，这些实践使中小学校这一被忽视的建筑类型重新得到建筑师、教育者与政府部门的重视，对接下来教学空间的研究和实践产生了积极影响。

3. 第三阶段：教育变革下的教学空间多元化发展期（2010年至今）

时代的巨大变迁迫使教育必须做出改变，同时经济与技术的快速发展为教育的变革提供了条件。以2010年《国家中长期教育改革和发展规划纲要（2010-2020年）》为始，全国范围内掀起新一轮的教育改革浪潮，探寻我国中小学教育变革的方向与实践策略。这次改革力度与广度前所未有，"新高考""走班制""综合评价"成为已落实的教育改变。中小学教育成为社会热点问题，受到越来越多人的关注，而基于教育发展的中小学校教学空间也成为理论和实践热点。经过十余年的发展，以一线城市为代表的经济发达地区在教育变革的探索上形成阶段性成果，并对教学空间产生了巨大影响。不同的研究机构、设计单位产出了大批研究成果，在"知网"以"中小学、建筑设计、教学空间"为关键词搜索，在2010~2020年间，仅硕士、博士论文就有200余篇，这些成果对教学空间进行了多角度、全方位的研究。

在理论研究方面，基于教育新发展成为各研究的前提，但侧重不同。有针对高密度环境教学空间的研究，即基于城市高密度开发背景下，研究用地集约型的中小学校教学空间适应性设计策略②③④⑤；有针对某一类型的中小学校教学空间研究，如西安建筑科技大学李志民团队主持的"西部超大规模高中建筑空间环境计划研究"国家自然科学基金，对超大规模高中的设计进行针对性研究⑥；有基于教育新实践个案下的教学空间研究，如针对北京十一学校选课走班制下的教学空间设计的研究⑦。其他领域（尤其是教育学）对于教学空间的研究，如邵兴江2012年的《学校建筑：教育意蕴与文化价值》⑧、汤志民2014年的《校园规划新论》⑨、刘厚萍2019年的《中小学学校空间变革研究》⑩等，均以教育者的视角探讨教学空间的设计。

此外，这一时期对于国内外典型案例的研究也有很多。这些成果对新时期国内外典型创新中小学校教学空间案例进行汇总、梳理与详细分析，包括中国、美国、英国、法国、德国、芬兰、瑞典、日本、韩国、新加坡、葡萄牙、西班牙、澳大利亚等在内的近20个国家和地区（表1.4-1）。这些成果都为本书的研究形成详细的案例支撑。

① 张颀，解琦，张键，等. 灾后重建：四川汶川卧龙特区耿达一贯制学校 [J]. 建筑学报，2013（8）：56-57.
② 林余铭. 当代中国城市小学建筑交往空间设计研究 [D]. 广州：华南理工大学，2011.
③ 王欢. 城市高密度下的中小学校园规划设计 [D]. 天津：天津大学，2012.
④ 苏笑悦. 深圳中小学建筑环境适应性设计策略研究 [D]. 深圳：深圳大学，2017.
⑤ 林闻琪. 城市中小学接送空间设计研究 [D]. 广州：华南理工大学，2019.
⑥ 罗琳. 陕西超大规模高中建筑空间环境计划研究 [D]. 西安：西安建筑科技大学，2016.
⑦ 刘琪. 走班制中学教学空间配置研究 [D]. 北京：中央美术学院，2019.
⑧ 邵兴江. 学校建筑：教育意蕴与文化价值 [M]. 北京：教育科学出版社，2012.
⑨ 汤志民. 校园规划新论 [M]. 台北：五南图书出版股份有限公司，2014.
⑩ 刘厚萍. 中小学学校空间变革研究 [D]. 上海：华东师范大学，2019.

时间	专著信息	主要内容
2011 年	江海滨. 中国现代建筑集成Ⅱ：教育建筑［M］. 天津：天津大学出版社，2011.	选取 2008~2010 年国内中小学校 25 所，以资料集的形式对这些案例的设计资料进行分析
2011 年	徐宾宾. 学校印象［M］. 南京：江苏人民出版社，2011.	选取德国、中国、奥地利、挪威、葡萄牙、意大利等国家 2008~2011 年的中小学校近十所，对这些案例的设计思想作了汇总
2012 年	凤凰空间·北京. 成长空间：世界当代中小学建筑设计［M］. 南京：江苏人民出版社，2012.	选取澳大利亚、英国、南非、巴西、德国、挪威、美国、荷兰、瑞士、法国、匈牙利、葡萄牙、冰岛、印度等国家的 2005~2010 年中小学校 46 所，逐一分析这些案例的在多样化交流空间、室外环境方面的设计策略
2012 年	高迪国际出版有限公司. 中小学建筑［M］. 何心，译. 大连：大连理工大学出版社，2012.	强调教学空间的社会层面属性，涉及美国、英国、日本、芬兰、法国等国家的中小学校案例 29 项，并对这些案例在促进交往、可持续性设计等方面做了研究
2013 年	佳图文化. 建筑设计手册：学校建筑［M］. 天津：天津大学出版社，2013.	包括中国、澳大利亚、哥伦比亚等国家的中小学校 10 余所，并分析这些案例的规划布局、建筑设计、景观设计
2013 年	曾江河. 当代世界建筑集成：教育建筑［M］. 天津：天津大学出版社，2013.	以教学空间的多元化发展为导向，选取法国、英国、荷兰、西班牙、美国等国家 2008~2013 年的中小学校 20 余所，分析人性化教学空间设计理念
2013 年	殷倩. 中小学校建筑设计［M］. 沈阳：辽宁科学技术出版社，2013.	选取法国、英国、芬兰、澳大利亚、美国、中国等国家 2008~2010 年的中小学校 42 所，对这些案例的创新手法与理念做了详细分析
2013 年	覃力. 中国建筑当代大系：学校［M］. 沈阳：辽宁科学技术出版社，2013.	选取 2000~2010 年全国多个城市典型的创新中小学校案例 11 所，对这些案例的创新手法做了分析
2014 年	韩国 C3 出版公社. C3 建筑立场系列丛书（NO.40）：苏醒的儿童空间［M］. 刘懋琼，王晓华，曹麟，等，译. 大连：大连理工大学出版社，2014.	强调教学空间对学生意识构建的重要作用
2018 年	米祥友. 新时代中小学建筑设计案例与评析（第一卷）［M］. 北京：中国建筑工业出版社，2018.	选取 2009~2019 年全国多个城市典型的创新中小学校案例 136 所，全面介绍了当代中国中小学校设计发展的新趋势
2019 年	米祥友. 新时代中小学建筑设计案例与评析（第二卷）［M］. 北京：中国建筑工业出版社，2019.	
2019 年	SANAA 建筑事务所，等. C3 建筑立场系列丛书（NO.89）：学习中的城市［M］. 贾子光，段梦桃，译. 大连：大连理工大学出版社，2019.	将中小学校视为一个"微缩城市"，以丹麦、英国、西班牙 5 所新型学校为例，探讨社交空间的设计手法
2020 年	中国建筑学会，《建筑学报》杂志社. 中国建筑设计作品选（2017-2019）［M］. 上海：上海人民出版社，2020.	选取 2017~2019 年国内典型的创新案例，其中中小学校建筑 3 例

在设计实践方面，除了以各建筑高校设计院、各省市设计院为主的规模相对较大的设计机构之外（如北京市建筑设计研究院有限公司、同济大学建筑设计研究（集团）有限公司、华南理工大学建筑设计研究院有限公司、中国建筑设计院有限公司、天津大学建筑设计规划研究总院有限公司、深圳大学建筑设计研究院有限公司等），很多小型设计机构和新兴事务所也不断发挥创新作用，与各大型设计机构一起，创造了大批新型中小学校教学空间实践案例。

1.4.3　未来学校研究与实验计划

国外很多国家和组织对于新时代未来学校的建设探索也是当下研究的一个热点。如美国2006年创建的"未来学校"、新加坡2006年的"智慧国2015"项目、俄罗斯2006年的"未来项目"、德国2008年的"MINT友好学校"、芬兰2011年的"FINNABLE 2020"项目、欧盟2012年的"未来教室实验室"、法国2013年的"教育数字化计划"、日本2014年的"超级高中"计划等[①]。这些研究主要从教育方面入手，寻求适应新时代的全新教育模式、组织模式、管理模式与教育结构，为相关政策的制定和教学空间的建设提供支持。

在国内，中国教育科学研究院于2014年成立未来学校实验室。2017年10月，由教育部学校规划建设发展中心提出的"未来学校研究与实验计划"实施。该计划聚焦基于教育和0~18岁的儿童发展，旨在运用新理念、新思路、新技术，推动学校形态的变革[②]。其内容涵盖了教育、建筑、设备、政策、技术等多个方面，为我国未来学校的建设提供研究共享平台，并积极将最新研究成果运用于实践中，取得阶段性成果。教育部学校规划建设发展中心于2017年发布了第一批未来学校实验研究课题，来自全国27个省份的教育研究机构、教育机构、设计机构、研发机构等团体的共计147个研究课题被立项。其中，笔者所在导师团队也成功加入这一研究工作中，申请到课题"绿色、智慧和泛在互联的基础设施"，并与导师共同撰写、完成阶段性研究成果：未来中小学校多样化校园文化设计、未来中小学校非正式学习空间设计，成为本书内容的重要组成部分。同时，在过去两年的研究时间里，笔者参加了该中心组织的多次论坛会议，在论坛上与其他专业和领域的学者进行密切沟通，为本书的研究开拓了视角，奠定了坚实基础。

2020年4月，教育部学校规划建设发展中心发布《"未来路线图"实验学校发展指南1.0》，该指南立足于数字化背景，对未来学校形态、学习者核心素养、学校发展方向做了规划，为我国未来学校在教育发展方面提供了基础框架，也为教学空间的设计提供了基础参考。

1.4.4　总体研究评述

国外研究方面，以欧美与日本为代表的国家和地区，对于新时期中小学教育变革的探索起步早，在教育理论与实践上都产出了较为系统的成果。这些教育新成果除了基于教育本身

① 王素，曹培杰，康建朝，等. 中国未来学校白皮书［R］. 北京：中国教育科学研究院，未来学校实验室，2016.
② 教育部学校规划建设发展中心. 未来学校研究与实验计划［R］. 北京：教育部学校规划建设发展中心，2017.

的发展规律之外，更是贴合各自国情的在地研究。在此基础上，中小学校教学空间的理论研究与设计实践也紧随其后，从不同的视角、不同的领域产生大量成果。这些成果对我国的中小学教育及其教学空间研究与实践提供了参考。

相比国内研究，由于面临的国情不同，适应教育变革的教学空间相关研究起步较晚，主要存在以下三点不足，可以做深化研究与继续完善。

1. 符合国情的在地性研究不足

很多教学空间研究主要以国外设计经验为导向，对本土化的在地性研究较少，这也是对国内前一阶段教育本身发展缓慢现状的无奈。教育在本质上是一种社会和文化再生产的手段，每个国家都有独特的文化认同、价值体系和教育内容，因此教育不能脱离其适用的国家背景[①]。教学空间设计研究同样如此，符合国情的在地性研究十分必要。

2. 建筑学与教育学没有进行较好融合

基于"素质教育"、教育改革下的教育背景成为 21 世纪以来大部分中小学校教学空间相关研究的主要前提。21 世纪的第一个十年，是"素质教育"推广的初期，由于受基本的国情和教育发展规律的限制，口号虽响，但并没有对教育产生较大影响。对于刚刚过去的 10 年，在时代的巨大变迁、国家教育改革政策的强力推动下，全国各地一大批中小学校不断发挥教育改革能动性，积极探索我国教育变革新形态，以一线城市为代表的经济发达地区取得了大批阶段性新成果。而教学空间研究对这些教育新成果涉及较少，对于教育因素和教学空间之间的内在关联与机制原理缺乏深入分析，建筑学研究没有与教育学进行较好融合。

3. 教学空间理论研究与设计实践配合度不够

无论是针对教育还是教学空间的研究，其中一个重要目的即为了更好地指导实践。由于上述两点原因，尤其在教育发生深刻变革的当下，教育新成果、新形式更新频率加快，使教学空间的理论研究无法较好地指导设计实践。

1.5 研究目的、意义与创新点

1.5.1 研究目的：应对教学空间设计新挑战，助力我国教育现代化建设

2019 年 2 月，中共中央、国务院印发《中国教育现代化 2035》，计划到 2020 年，我国教育总体实力和国际影响力显著增强，到 2035 年总体实现教育现代化，迈入教育强国行列[②]。基于国情，实现教育现代化的实施途径是：总体规划、分区推进。本书强调教育学与建筑学的融合，基于对国内外中小学教育变革与教学空间的理论与实践新成果、新趋势，立足国内，

---

① LUNDGREN U P. Political Governing and Curriculum Change-From Active to Reactive Curriculum Reforms：The need for a reorientation of Curriculum Theory [J]. International Conversations on Curriculum Studies, 2009 (1)：109-122.

② 新华社. 中共中央、国务院印发《中国教育现代化 2035》[EB/OL]. (2019-02-23) [2019-11-10]. http://www.gov.cn/xinwen/2019-02/23/content_5367987.htm.

聚焦在一线城市，以适应教育变革的教学需求为设计的教育学基础，构建适应教育变革的教学空间设计理论框架，并从教学空间集、功能场室与共享空间三个方面，研究教学空间设计策略。对教育变革背景下的中小学校教学空间的设计模式、设计原则、设计标准与设计策略进行研究，梳理教学空间的新功能、新定位、新场景与新形态。优化教学空间设计思维，有助于应对新时期我国中小学教育新变革对教学空间设计带来的新挑战，建设适应我国教育现代化发展的教学空间。其成果也为其他教育变革和教学空间后进地区提供参考，从建筑设计角度助力我国教育现代化建设。

1.5.2 研究意义：对现状研究和设计的补充与拓展

1.5.2.1 社会意义

预计在 2018~2050 年，我国将会有 6 亿人接受中小学教育，而这些人作为我国未来建设的主力军，其素质的高低直接关乎民族的未来[1]。中小学教育一直是政府工作的重点，并置于发展的首位。习近平在 2018 年全国教育大会上强调："坚持把优先发展教育事业作为推动党和国家各项事业发展的重要先手棋，不断使教育同党和国家事业发展要求相适应、同人民群众期待相契合、同我国综合国力和国际地位相匹配"。

然而，面对当下 14 亿人口的大国实现教育现代化，世界无先例可循。本书立足国内，结合国情，基于我国中小学教育变革新成果与新趋势，构建适应我国教育变革的教学空间设计理论与策略体系。以应对社会热点问题，面向国家需求，提出中国智慧，从建筑学视角为我国中小学教育发展提供高质量教学空间。

1.5.2.2 理论意义

1. 促进教育学与建筑学的融合，满足两个学科发展需要

中小学校教学空间自诞生的那刻起就具有极强的教育属性，并与教育紧密交织。但过去由于我国当代教育本身的缓慢发展等原因，教育学与建筑学产生脱节：教育的发展忽视教学空间的作用，同时教学空间的设计也忽视教育因素的影响。随着新时期中小学教育发生深刻变革，教学空间与教育之间的关系被学者们重新认知。正如美国国家学校设施委员会主席约达席尔瓦·瑟夫（da Silva Joseph）认为，如果想让学校对未来的梦想更加负责，除了在教育的课程中找到这种可能性，更要把学校建筑作为教育关系的重要组成部分[2]。促进教育学与建筑学的融合一直是本书的重要思想：以教育决定设计，以设计影响教育。教育现代化的实现离不开教育学与建筑学的相互促进与协作，以满足两个学科的发展需要。

2. 对我国整个中小学校教学空间设计研究系统的补充与拓展

针对中小学校的教学空间设计研究已成系统，但面对教育的最新发展阶段：教育变革，

---

① 陈锋. 新技术革命与学校形态变革 [R]. 广州：教育部学校规划建设发展中心，2019.

② JOSEPH D S. School（house）Design and Curriculum in Nineteenth Century America: Historical and Theoretical Frameworks [M]. Berlin: Springer International Publishing, 2018: 184.

其教学空间适应性设计研究尚且缺乏。当下我国中小学教育变革所产生的阶段性成果对于教学空间的设计提出了新需求，而过去教学空间设计研究往往对这些新成果与新趋势有所忽视。本书基于这一现状，在前期调研中，强调与传统研究及设计的差异性，重点对教育变革新案例进行深入调研。同时，与教育研究者、一线教育实践者如教师、学生进行密切交流，全面了解我国教育变革下的教育新发展。在此基础上研究教学空间集、功能场室与共享空间的设计策略，梳理教学空间的新功能、新定位、新场景与新形态，其成果有助于对我国整个中小学校教学空间设计研究系统进行补充与拓展。

1.5.2.3　实践意义

1．有助于应对当下教育变革给中小学校教学空间设计带来的新挑战

教育变革所带来的教学新需求影响为之服务的教学空间设计。而国内基于这些教学新需求的研究较少，无法较好应对新的设计挑战。本书充分借鉴国内外最新教育变革与教学空间的理论和实践经验，并立足国内，以适应教育变革的教学需求为设计的教育学基础，结合笔者近几年所参与的相关设计实践①，发挥笔者建筑师优势，注重设计成果对实践的指导性，全面而系统地为我国当下与未来教学空间的教育变革适应设计提供指导与建议。

2．丰富中小学校教学空间设计的创新驱动

过去由于我国中小学教育本身的缓慢发展，教学需求几十年如一日使教育因素对于教学空间的设计影响逐渐减弱。建筑师在进行教学空间设计创作时，开始转向其他创新驱动，如地域性、高密度、现象学、类型学、心理学等，而从教育方面入手进行设计创新的极少。本书强调教育学与建筑学的融合，强调教育因素在教学空间设计中的重要作用，丰富建筑师创作的视角。同时，教育本身的不断发展也为教学空间的设计提供了源源不断的创新驱动类型，有助于改变"千校一面"的教学空间现状，增强教学空间的特色。

3．提升中小学校教学空间设计的科学性

教学空间设计的一个重要原则即是将教学需求在空间中合理地表达。本研究基于教学需求构建教学空间设计理论与策略体系，以需求定设计，有助于提升教学空间设计成果的科学性，以保证教学空间更好地支持教育开展。

1.5.3　研究创新点

本书在总体研究特点上，采取教育学与建筑学跨学科研究方法，始终本着教育先行的原则，先教育、后建筑，以需求定设计，以设计影响教育，强调教育学与建筑学的融合。本研究与现阶段国内其他相关研究相比，具有以下三个方面的创新点。

---

① 这些设计实践大多以公开招投标的形式开展。近年来中小学校项目不断增多，受到的关注度也不断提升，尤其以一线城市（如深圳、广州）为代表的中小学校设计十分火热。笔者所参与的众多中小学校投标中，在不设定资格预审的前提下，报名参赛机构均不少于10家，最高达40家，包括了国内外知名设计机构。在投标过程中也能充分了解一线设计机构的方案倾向，把握设计最新动态，增强本书设计策略的落地性。

1. 掌握我国教育变革和教学空间理论与实践的发展历史、新型成果及发展趋势，深化对教育变革和教学空间的发展与创新规律性认识，为相关研究提供翔实的经验基础

以在教育实践层面对教学空间设计产生重要影响的两个教育要素：课程设置与教学方式为切入点，尽量消除非教育因素对研究的影响，把握教育本质原理下的教学空间设计经验。逐一研究我国不同时期中小学教育变革与教学空间理论与实践的发展历史、新型成果及发展趋势，深化对教育变革和教学空间的发展与创新规律性认识，发现二者之间的内在关联与作用机制，强调教育因素在教学空间设计中的重要作用，为相关研究提供翔实的经验基础。

2. 构建适应教育变革的中小学校教学空间设计理论框架，为应对教育变革给教学空间设计带来的挑战提供思路

立足国内，以一线城市为例，基于教育变革背景下既有的课程设置与教学方式新型成果调研，根据建筑设计研究的特点对教育学领域的教学方式进行适应性整合与归纳，将教育学要素转化为对设计具有切实指导作用的成果。首次利用整合理论构建"教学方式整合模型"，以此为工具分析适应教育变革的教学需求，形成教学空间设计的教育学基础。提出以教学需求作为教学空间设计的重要创新驱动，构建适应教育变革的中小学校教学空间设计理论框架，从理论基础、设计原则、设计程序与设计内容方面对传统教学空间的研究与设计进行适应性调整，使教学空间顺应教育新变革，应对设计新挑战。

3. 建立适应教育变革的中小学校教学空间设计策略体系，为新时期教学空间的设计实践提供指导

无论是中小学教育还是教学空间研究，只有将理论成果转化为实践，才能最大化地发挥教育与空间的作用。为此，本书从建筑师参与的角度，以适应教育变革的教学需求为设计的教育学基础，以国内外中小学校教学空间实践的新型成果和笔者所参与的相关设计实践为例，发挥自身优势，按照从宏观到微观的顺序，从教学空间框架、教学空间要素两个层面，分别对教学空间集、功能场室与共享空间的设计策略进行研究。注重与传统教学需求下研究和设计之间的差异，梳理教学空间的新功能、新定位、新场景与新形态，为新时期我国中小学校教学空间的设计实践提供指导。

1.6 本章小结

本章表述了本书的研究背景，对研究边界作了界定，概述了所涉及的学科领域和研究内容，并梳理了国内外（现）当代中小学教育变革与教学空间相关理论和实践，对当下的研究特点与问题进行了评述，以此确立本书的选题。最后阐述了研究的目的、意义、创新点和方法，制定了研究框架。

第2章　我国中小学教育变革与教学空间的理论与实践

本章对我国从新中国成立至今七十多年的中小学教育变革与教学空间的理论与实践进行研究。在研究技术路线上，以"先教育，后建筑"的原则，以教育的不同发展阶段划分这一段历史。在进行必要的时代背景与教育政策等外部环境阐述后，基于教育本质原理，以在教育实践层面对教学空间设计产生重要影响的课程设置与教学方式作为切入点，在此基础上纳入教学空间的发展研究。

我国这七十多年的中小学教育发展史就是一部自上而下的、以政府为主导的教育改革史，先后进行了8次教育改革，至今改革仍在继续。根据我国中小学教育发展的特点，以2010年新世纪第一个教育规划纲领性文件《国家中长期教育改革和发展规划纲要（2010-2020年）》颁布为界，将这段历史分为两大阶段：1949～2010年的发展与探索期、2010年至今的新变革期。

首先，对第一阶段的教育与教学空间的发展历史进行研究，总结这一阶段影响教育与教学空间质量发展的主要因素，也与下一阶段的发展研究形成对比；随后，重点对第二阶段的教育发展背景、教育变革与教学空间的新型成果及发展趋势进行研究，以此把握国内理论与实践的最新动态。在内容上，并不仅限于对历史的描述，而是着重对各历史时期教育与教学空间发展经验与教训进行分析与总结，以此构建国内当代中小学教育变革与教学空间的理论与实践研究框架。

2.1　我国当代中小学教育与教学空间的发展与探索期（1949～2010年）

新中国成立初期，我国与以西方国家为代表的发达国家在经济、科学技术方面的巨大差距，使中小学教育担负起"富民强国"的重任。为国家发展培养大批的专业人才成为此时教育的主要发展方向，人的工具性价值成为教育的核心[①]。从1949年新中国成立到2010年，60年的教育事业发展历程充满坎坷却又成果卓著。这60年也是我国中小学教育以改革的方式不断发展和探索的历史，各时期因时代不同先后经历了8次教育改革，改革力度与频率

---

① 刘长铭. 教育要更加关注人精神与心灵的培育 [J]. 中国教育学刊，2017（8）：86-89.

前所未有[①]。

教育的发展与时代的发展紧密相关，每一时期的时代环境因素都会影响教育发展的方向。为使研究更加全面，本节根据教育的不同发展阶段，对我国前60年的中小学教育与教学空间的发展历史进行再次细分，以更好地发现中小学教育与教学空间的关系，总结历史经验与教训。

在历史时期的分类方法上，本书借鉴华东师范大学杨小微教授总结的新中国成立70周年中小学教育的四个发展阶段：教育初创期、教育迷茫期、教育复兴期和教育转型期[②]，并在此基础上根据教学空间发展情况进行适当调整。在中小学校教学空间发展历史研究上，鉴于中小学校建筑类型的特殊性，本书选取国内建筑学领域创刊最早、影响力最大的期刊《建筑学报》为例[③]，研究该期刊在1954年创刊之始至2009年底所刊登的72篇中小学校教学空间设计相关研究文章，选取各时期出现的代表性理论与实践，以研究我国中小学校教学空间的发展变化。

2.1.1 教育初创期：从旧教育到新教育的过渡（1949~1966年）

2.1.1.1 课程设置与教学方式：基本知识传授

新中国成立之初，我国教育事业总体发展极不平衡。面对旧的基础教育体制，我国在继承传统经验、借鉴苏联经验的基础上，创建了新民主主义的、统一的中小学课程体系。教育的主要任务是实现旧教育向新教育的平稳过渡[④]。此时，为解决全国较高的文盲率，教育以识字、算数、政治等基本内容教学为主，以教师的单方面传授为主要教学方式。同时，由于经济薄弱，为尽可能地扩大教育面，使更多的工农群众受到教育，精简了学科内容，强调课程与生产劳动相结合，实行普惠教育。

2.1.1.2 教学空间：以经济性为本

该阶段的城市中小学校与乡村中小学校并没有明显区别，经济的薄弱与教育资源的短缺使经济性成为教学空间建设的主要原则。学校呈现出功能简单（仅包括必要的课室与办公用房）、规模小（一栋多层建筑即可包含学校所有功能）、用地少、造价低等特点。建筑结构形式主要以砖混为主，空间灵活度极低且不被重视。以上海市为例，1962年上海市新建中小学校建筑面积定额标准规定，生均面积仅2.06~3.25m²/人。30个班的上海虹关中学，总建筑

---

① 8次教育改革主要集中在课程的改革上，因此通常被教育界称为"课程改革"。本书由于研究课程设置与教学方式，则将其统称为教育改革。教育界对于8次教育改革的时间划分并不统一，本书的划分依据参考文献：雷冬玉. 基础教育课程改革预期目标的偏离与调控研究[D]. 长沙：湖南师范大学，2010.

② 杨小微，张秋霞，胡瑶. 回望70年：新中国基础教育的探索历程[N]. 人民政协报，2019-11-06（010）.

③《建筑学报》，由梁思成于1954年创办，是新中国成立后出版的第一份建筑专业杂志，至今在国内建筑学领域具有权威性。该期刊关于中小学校设计相关的论文最早见于1958年。详见《建筑学报》官网：http://www.aj.org.cn/aboutus.aspx.

④ 雷冬玉. 基础教育课程改革预期目标的偏离与调控研究[D]. 长沙：湖南师范大学，2010.

面积 4380m²，单方造价仅 65.7 元 /m² [1]。在经济原则的影响下，制定统一标准的教学空间设计范式是最有效的降低成本的方式，而规整的条形走廊串联教室的"廊式"建筑因其空间利用率高、建设成本低被普遍采用。上海虹关中学、天津新建里中学、武昌东湖中学等都是"廊式"建筑运用的典型代表（表 2.1-1）。

"廊式"教学空间运用案例 表 2.1-1

学校案例	上海虹关中学	天津新建里中学	武昌东湖中学
平面示意	改绘自：王孟超，冯永康. 1962 年上海市中小学校设计简介 [J]. 建筑学报，1963（4）：17-19.	改绘自：宋景郊，朱兆林. 天津市 1963 年中小学教学楼设计 [J]. 建筑学报，1964（Z1）：29-31.	改绘自：中南工业建筑设计院第三设计室. 武昌东湖中学设计简介 [J]. 建筑学报，1964（Z1）：25-28.
区位	上海市	天津市	湖北省武汉市
年份	1962 年	1963 年	1964 年
设计团队	上海市规划建筑设计院	—	中南工业建筑设计院第三设计室

此外，在各类条件均不宽裕的条件下，建筑师仍在实践中总结进一步节约土地、降低造价的一系列设计策略。建筑师受到苏联、英国中小学校教学空间的设计启发，开始提倡比"廊式"更加节约用地与建筑面积的"无走廊式"教学空间模式 [2]，主要包含"厅堂式"与"单元式"两种类型（图 2.1-1）。

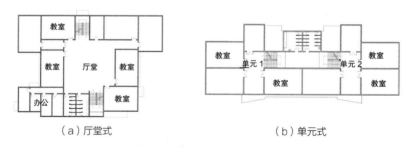

（a）厅堂式　　　　　　　　（b）单元式

图 2.1-1 "厅堂式"与"单元式"教学空间模式

资料来源：(a) 改绘自蔡允午. 厅式平面小学方案介绍 [J]. 建筑学报，1962（9）：28-25；
　　　　　 (b) 改绘自陈宁. 单元式中小学设计方案 [J]. 建筑学报，1962（9）：26-27.

---

① 王孟超，冯永康. 1962 年上海市中小学校设计简介 [J]. 建筑学报，1963（4）：17-19.
② 张钦仪. 国外学校建筑简介 [J]. 建筑学报，1964（4）：38-39.

"厅堂式"即将各类教学用房围绕中央大厅布置[①]。"单元式",即3~4间教室围绕大厅形成一组单元,单元内还包含教师办公室、卫生间与疏散楼梯等辅助功能,功能完整,类似单元住宅设计[②]。

可以看出,在经济性原则的影响下,中小学校教学空间的设计被归类为经济效益权衡问题。教学空间类型被分为两类:有用空间与无用空间。有用空间包括各类教室、办公室等有具体使用意义的功能,而诸如楼梯、走廊等则被视为无用空间。在设计中,尽量压缩无用空间的面积占比是设计的主要出发点,"无走廊式"模式即是在这种思想影响下的产物。

2.1.2 教育迷茫期:"文化大革命"影响下的发展停滞(1966~1978年)

2.1.2.1 课程设置与教学方式

"文化大革命"动荡的十年使我国刚刚起步的教育事业受到破坏。期间高等学校招生采取"推荐"的办法,中小学校时常停课,缩短学制[③],教学方式仍是传统的延续。学生荒废学业,教育质量严重下降。这段历史被称为我国中小学教育的迷茫期,直到1977年10月恢复普通高等学校招生全国统一考试,才使我国教育事业重新步入健康发展的轨道。

2.1.2.2 教学空间

中小学校的建设也同样受到影响。相关理论研究与实践较少,但总体上教学空间的设计仍是以经济原则作为主要出发点:设计上严格遵守设计标准,使用通用构件,重复利用设计范式以降低造价[④]。如1975年设计的15个班的上海市育鹰小学,建筑面积仅为1364m²,空间模式更加简单(图2.1-2)。

(a)建筑体量　　　　　　　　　　　　　　　　(b)平面示意

图2.1-2　上海市育鹰小学

资料来源:根据同济大学"五·七"公社72级教研组. 育鹰小学教学楼设计[J]. 建筑学报,1975(4):33. 整理和改绘。

---

① 蔡允午. 厅式平面小学方案介绍[J]. 建筑学报,1962(9):28-25.

② 陈宁. 单元式中小学设计方案[J]. 建筑学报,1962(9):26-27.

③ 程晋宽. "教育革命"的历史考察:1966-1976[M]. 福州:福建教育出版社,2001:363.

④ 天津市建筑设计院. 中小学教学楼设计实践的几点体会[J]. 建筑学报,1974(5):36-40.

2.1.3 教育复兴期：教育普及和素质教育探索（1978~1999年）

2.1.3.1 课程设置与教学方式：教育内容的丰富与完善

高考的恢复与"改革开放"政策促进了中小学教育的发展。在这20余年间，经济的快速发展与教育需求的增长使该时期我国中小学教育发展的重点集中在两个方面。

第一，注重教育数量的提升。我国人口从1978年改革开放时的9.7亿增长到2001年的12.76亿。同时，农村大批剩余劳动力开始向城市转移，我国常住人口城镇化率从1978年的17.92%增长到2001的37.66%[①]。随后，1986年《中华人民共和国义务教育法》颁布实施，全国范围内开始实行九年义务教育制度（年龄段在6~12岁的青少年、儿童，涉及小学一年级至初中三年级教育），标志着我国中小学教育进入以义务教育为重心的发展新阶段[②]。城市人口的快速增长、义务教育的普及对教育的需求日益增加，弥补教育资源的缺口成为这一时期我国城市中小学校建设所面临的主要问题。

第二，尝试提升教育的质量。教育的质量一直是我国教育发展所关注的重点。1983年，邓小平提出"教育要面向现代化，面向世界，面向未来"的口号。在此影响下，1985年全国开始推行"素质教育"，以应对"应试教育"所带来的弊端，从此"素质教育"成为教改的代名词[③]，并影响着接下来一系列的教育政策文件的实施[④]。但此时，对于"素质教育"的理解尚不成熟，也没有形成统一的认识。到世纪之交，我国义务教育实现了基本普及。在量的方面取得显著进步之后，国家不断重视教育质的建设，主要的着眼点在于优化因应试教育而忽视学生其他方面能力培养的现状。

在经济的保障与"素质教育"的推动下，各地管理者、教师都纷纷探索中小学教育的全新表现形式。因受制于国情，这些探索主要影响了课程设置，课程的种类不断丰富，大批拓展课程不断加入教学中，包括艺术、体育、探究等类型，注重学生其他方面的学习需求。而教学方式仍为以教师为中心的单方向灌输，与传统相比变化不大。

2.1.3.2 教学空间：对"课下"活动教学空间新形式的初步探索

改革开放后，教学需求的不断增加与经济的快速发展为中小学校的建设提供了较好条件，

---

① 中华人民共和国中央人民政府. 国家统计局发布报告显示——70年来我国城镇化率大幅提升［EB/OL］.（2019-08-16）［2019-12-10］. http://www.gov.cn/shuju/2019-08/16/content_5421576.htm.

② 该法也于2006年进行大范围修订，将18条内容扩展到63条。再经过2015年和2018年两次修正后施行。2015年和2018年均针对第四十条的教科书价格确定原则与出版部分做了修正，其他内容不变。

③ "素质教育"概念最先在1985年《中共中央关于教育体制改革的决定》中正式提出："在整个教育体制改革的过程中，必须牢牢记住改革的根本目的是提高民族素质，多出人才，出好人才"；随后，时任国家教委副主任的柳斌1987年在《努力提高基础教育的质量》一文中正式使用"素质教育"一词；1997年《关于当前积极推进中小学实施素质教育的若干意见》，成为解释"素质教育"第一部官方文件。详见：柳斌. 努力提高基础教育的质量［J］. 课程·教材·教法，1987（10）：1-5.

④ 张祺午，房巍. 教育体制改革30年：仍然需要再出发［J］. 职业技术教育，2015（18）：10.

中小学校设计实践不断增加。同时，"素质教育"的提倡使教学空间在规模和功能种类上都有较大发展。由于课堂教学的改革阻力较大，很多教育者和建筑师将注意力放到学生"课下"活动上，关注学生课外活动对人的影响，并基于此产生大量研究成果与实例。这二十余年的中小学校教学空间的发展可分为两个阶段。

1. 恢复期（1978～1990 年）

"文化大革命"结束后，中小学校教学空间仍沿用新中国成立初期的设计模式，即以经济性为原则的"廊式"作为设计的主要策略。到了 1980 年代，强调"素质教育"的思想一方面使教室的种类得以增加，学校的功能愈发齐全；另一方面也激发了建筑师团体的创作思维。建筑师对于"素质教育"的理解更多集中于学生心理、生理发展的认知需求方面，其中主要的观念是强调学校的空间环境对育人的重要性[1]，并在实践上开始进行教学空间多样化的探索。1984 年举办的"全国城市中小学设计方案竞赛"，受到全国 26 个省市的学者与建筑师的热烈响应。竞赛的要求以满足学生多样化活动的需要为原则，在获奖作品中，产生出丰富的教学空间类型，如组团式、扩大室内活动空间等，都强调室内外教学空间的融合，甚至出现了开放式教学空间的概念[2]。这些创新型的探索时至今日仍具有启发性（表 2.1-2）。

1984 年"全国城市中小学设计方案竞赛"中新型教学空间概念　　　　表 2.1-2

类型	教学组团式	扩大活动空间	开放式
平面示意			
	改绘自：吕振瀛，沈国尧. 建筑师要为开发智力做贡献——全国城市中小学建筑设计方案竞赛评述[J]. 建筑学报，1985（3）：44-53.		
设计团队	田策	王小荣、张欣	—

在具体实践上，建筑师也着眼于对学生课间和放学后的"课下"活动行为的改善。因此，建筑师重新审视过去的"无用空间"，增加与丰富了这些空间的面积比重与空间类型，为"课下"学生的活动提供更多场地（表 2.1-3）。这些"无用空间"在当下被很多研究称为"非正式学习空间"，与教室的"正式学习空间"相对应。

---

[1] 曾昭奋. 中学校园规划设计的成功探索[J]. 建筑学报，1991（7）：47.

[2] 吕振瀛，沈国尧. 建筑师要为开发智力做贡献——全国城市中小学建筑设计方案竞赛评述[J]. 建筑学报，1985（3）：44-53.

学校案例	南京市琅琊路小学①	深圳向西小学②	北京四中③
设计策略	注重室内教学空间与室外教学环境的整体性设计，对包括景观小品在内的所有内容均进行了考虑，为学生提供多样化的活动场所	设计在三层设置大面积屋顶活动平台，以服务处于高层的学生课间活动，并将在办公建筑、宾馆设计中常用的"中庭"元素引入教学空间设计中，通过中庭联系各部分功能，成为学生聚集的活动中心	设计通过对声学、光学的分析引入六边形教室单元，教室单元与走廊自然形成多样化小空间，丰富走廊形式
平面示意			
	改绘自：高民权，朱坚. 南京市琅琊路小学设计［J］. 建筑学报，1986（11）：28-32.	改绘自：陈达昌，陈春杏. 深圳市向西小学教学楼设计［J］. 建筑学报，1985（8）：65-67.	改绘自：黄汇. 北京四中设计［J］. 建筑学报，1986（2）：45-50.
区位	江苏省南京市	广东省深圳市	北京市
年份	1984 年	1986 年	1986 年
设计师	高民权，等	陈达昌，等	黄汇，等

2. 复兴期（1990~2001 年）

我国新生人口的不断增加对教育提出更多需求，加之"素质教育"的推进与经济的不断繁荣使国家对于教育的投资逐年增加。在这一背景下，中小学校教学空间的发展呈现出两个特点。第一，学校规模不断扩大与功能类型不断完善。各地开始出现 1 万 m² 以上规模的学校，生均建筑面积不断增加。此外，学校功能类型不断完善，诸如各类实验教室、大空间的风雨操场、健身房等功能逐渐在新建学校中配备。第二，建筑空间环境的"第二课堂"功能受到更多重视。建筑师延续前一阶段对学生行为特点的研究，指出校园空间的设计不仅要满足基本教学需求，还应符合学生的行为发展规律，提出快乐校园、创造力校园、合作学习校园与开放校园的设计原则，以实现空间的一致性与多样化的平衡④⑤。

在设计实践上，对于大规模学校的教学空间设计，建筑师改变过去建筑单体的设计手法

---

① 高民权，朱坚. 南京市琅琊路小学设计［J］. 建筑学报，1986（11）：28-32.
② 陈达昌，陈春杏. 深圳市向西小学教学楼设计［J］. 建筑学报，1985（8）：65-67.
③ 黄汇. 北京四中设计［J］. 建筑学报，1986（2）：45-50.
④ 周南. 小学校园规划与儿童行为发展之研究［J］. 建筑学报，1998（8）：53-57+79-80.
⑤ 牟子元. 分析新因素 创造新环境——中小学校建筑设计的认识与实践［J］. 建筑学报，1992（4）：43-46.

而转向群体建筑规划策略，以功能分区为原则建设独立楼栋，以解决复杂的功能组织、交通规划、分期建设等一系列新问题。同时，校园室外教学环境的重要性在设计中得以体现，校园景观设计、室外空间营造更加细致化（表2.1-4）。

大规模中小学校教学空间设计 表2.1-4

学校案例	广东潮阳林百欣中学	大庆一中	中山纪念中学
设计策略	以功能分区为原则，运用群组建筑规划策略，应对功能组织、交通规划、分期建设等一系列新问题，校园景观设计更加细致化		
平面示意			
	改绘自：赵淑谦. 第二课堂空间的构想与塑造——广东潮阳林百欣中学设计［J］. 建筑学报，1991（7）：44-46+66.	改绘自：马国忠，周宏年. 北方中学设计尝试与探索——大庆一中总体规划与单体设计［J］. 建筑学报，1998（2）：54-57.	改绘自：李文捷. 继承协调 发展进步——记中山纪念中学总体扩建规划设计［J］. 建筑学报，1998（9）：30-33+67-68+3.
建筑面积	1.7万 m²	4.5万 m²	5.8万 m²
区位	广东省汕头市	黑龙江省大庆市	广东省中山市
年份	1990年	1995年	1996年
设计团队	汕头市建筑设计院	黑龙江省教育建设设计院	中山市建筑设计院

对学生行为的研究也使教学空间的形式更加丰富。由于学校建筑和用地规模的增加，在设计上则有更多余地用于增加学生自主交流的空间。这些在教学空间多样化方面做出的新型尝试与探索，为接下来的中小学校设计提供了较好参考（表2.1-5）。

中小学多样化教学空间设计 表2.1-5

学校案例	广东潮阳林百欣中学	北京西藏中学	北海逸夫小学
设计策略	校园规划上采取组团布置，每个组团内的教学空间设置大面积休息平台、屋顶花园，并通过连廊的高差变化增强不同楼层学生之间的交往	将一层普通教室前的走廊扩大为展廊，成为学生交往空间	改变传统的"廊式"教室行列式布局，将若干教室单元围绕共享平台成组，形成更加灵活的空间组合

平面示意			
	改绘自：赵淑谦. 第二课堂空间的构想与塑造——广东潮阳林百欣中学设计［J］. 建筑学报，1991（7）：44-46+66.	改绘自：成志国. 北京西藏中学设计［J］. 建筑学报，1991（5）：49-52+66.	改绘自：深圳华渝建筑设计事务所. 北海市逸夫小学［J］. 建筑学报，1996（1）：21.
区位	广东省汕头市	北京市	广西北海市
年份	1990 年	1991 年	1996 年
设计团队	汕头市建筑设计院	北京市住宅建筑设计院	深圳华渝建筑设计事务所

2.1.4 教育转型期：素质教育曲折发展（1999～2010 年）

2.1.4.1 课程设置与教学方式：应试教育为主导

1999 年中共中央国务院颁布《关于深化教育改革全面推进素质教育的决定》，是国家推行"素质教育"的纲领性文件。该文件明确提出，教育要注重学生综合能力的培养，尊重学生身心发展特点和教育规律，拉开了新一轮以"素质教育"为目标的教育改革序幕。同时，进入新世纪，时代的巨大变革使世界环境发生变化，以欧美发达国家为代表的世界各国纷纷对本国中小学教育进行改革调整，以适应新时代对人才的新需求，提升国家竞争力。我国也不断认识到教育对于国力发展的重要性，国务院于 2001 年发布了《关于基础教育改革与发展的决定》[1]。同年，《基础教育课程改革纲要（试行）》颁布实施，该纲要对改革目标作了明确规定，对课程功能、结构、内容、教学方式、评价制度和管理制度进行了全方位的改革。由于改革力度大、范围广，在实施过程中受到了巨大阻力，其过程十分曲折。

2005 年，在十届全国人大三次会议上，全国人大代表姜伯驹、全国政协委员刘应明两位院士在所提交的有关数学新课标提案中，对教改中数学新课标提出质疑，为教改的推行蒙上

---

[1] 杨小微，张秋霞，胡瑶. 回望 70 年：新中国基础教育的探索历程［N］. 人民政协报，2019-11-06（010）.

一层阴影。此后，各地虽有教育新模式的探索，但影响范围有限，并未推广。期间也出现了矫枉过正，认为素质教育就是给予学生绝对自主权的快乐教育，受到质疑。《人民教育》总编辑余慧娟 2015 年所著《大象之舞——中国课改：一个教育记者的思想笔记》，以持续跟踪报道的方式梳理了这段时期我国教育改革的发展情况，列举了教育改革的创新案例[1]。大部分学校主要在班级规模、教学方式、课程设置等方面做了一定的改良性调整[2]，应试教育仍是主流。

究其原因，还是教育的客观发展规律使然。这十年间我国城市化进程继续加快，弥补教育缺口仍是我国城市中小学教育发展面临的主要问题，深层次"质"的探索尚没有形成较好基础。

2.1.4.2 教学空间：大规模校园的应对与非正式教学空间的探索

这十年间，我国城镇化率从 2001 年的 37.66% 增长到 2009 年的 46.6%；经济飞速增长，国内生产总值从 9.6 万亿元增长到 33.5 万亿元。社会对教育资源的巨大需求与经济的快速增长促进了中小学校建设的繁荣发展。

中小学校教学空间的功能组成更加丰富，普通教室、各类实验室、图书室、办公室、游泳池、风雨操场、宿舍等俱全，种类甚至超过发达国家水平。学校规模不断扩大，各地开始出现 5 万 m^2 以上的大规模学校，一些大型中小学校甚至可以形成相对自足的"社区"乃至微缩城市[3]。

我国中小学校建筑虽在短期内实现了量的飞跃，但质的发展并不理想。在这样的设计环境下，最严重的莫过于教育学与建筑学产生脱节。改革开放 30 年，教育学与经济发展的不匹配削弱了其对教学空间设计影响的重要性，教育模式与需求三十年如一日的稳定性使学校建筑的复杂性与综合性被忽视。教学空间的设计被认为是"技术含量"极低的设计工作，简单到从未对此领域进行过研究的建筑师甚至其他专业的人员都能依据"范式"进行设计，"千校一面"成为这一时期中小学校教学空间的主要特点，中小学校建筑类型也逐渐被忽视。同时，由于设计与施工周期过短，很多学校设计草率、施工粗暴，产生出一大批设计水平低、施工工艺差的学校案例。这种风气影响至今，对中小学校的发展破坏极大。

教育因素无法承担教学空间的创新驱动，使建筑师开始着眼于教育之外的其他方面，如功能主义、地域主义、学生认知发展、高密度环境等。对于大规模校园，建筑师将现代城市设计方法与原理运用到中小学校规划设计中，以应对学校的功能布局、流线组织和空间序列组织，手法也越来越成熟[4]。采用功能分区的方式，将不同的功能独立成区、成栋，形成教学区（各类教室、图书馆、报告厅、教师办公楼等）、生活区（宿舍、食堂等）和体育区（包含风雨操场、游泳馆、室外运动场等）三类，各功能区相互独立。如哈尔滨市第三中学、盐城中学与上海市奉贤高级中学等学校，即是在功能分区原则影响下的校园空间设计案例（表 2.1-6）。

① 余慧娟. 大象之舞——中国课改：一个教育记者的思想笔记 [M]. 北京：教育科学出版社，2016：2.
② 刘可钦，等. 大家三小：一所学校的变革与超越 [M]. 北京：中国人民大学出版社，2019：26.
③ 罗琳. 陕西超大规模高中建筑空间环境计划研究 [D]. 西安：西安建筑科技大学，2016.
④ 王建国，陈宇. 盐城中学南校区规划和建筑设计 [J]. 建筑学报，2005（6）：34-37.

以功能分区为原则的大规模中小学校教学空间设计　　　　　　表 2.1-6

学校案例	哈尔滨市第三中学	盐城中学	上海市奉贤高级中学
平面示意			
	改绘自：王耀武，宋聚生，刘晓光. 成长的空间——哈尔滨市第三中学新校区规划设计［J］. 建筑学报，2003（5）：46-47.	改绘自：王建国，陈宇. 盐城中学南校区规划和建筑设计［J］. 建筑学报，2005（6）：34-37.	改绘自：王浩，赵新宇，雷菁，等. 上海市奉贤高级中学［J］. 建筑学报，2006（2）：49-52.
建筑面积	8.6 万 m²	8.1 万 m²	6.2 万 m²
区位	黑龙江省哈尔滨市	江苏省盐城市	上海市
年份	2003 年	2004 年	2004 年
设计团队	哈尔滨工业大学建筑学院	东南大学建筑学院等	华东建筑设计研究院有限公司

由于"课上"教学需求没有发生太大变化，因此，重视学生"课下"活动仍是建筑师在教学空间设计中寻求突破的主要出发点，将更多面积分配到各类交往空间中，丰富了空间形式（表 2.1-7）。

提升学生"课下"活动质量的教学空间设计　　　　　　表 2.1-7

学校案例	嘉善高级中学	怡海中学	荆门惠泉中学
设计策略	设计在满足基本疏散要求下将联系各教学楼的走廊面积扩大 2 倍，鼓励学生课外活动的发生	教学区采用宽走廊＋有限度挑空＋廊桥的做法，丰富交往空间形式	将各类活动空间穿插于正式教学空间之中，采用拓宽的走廊、屋顶平台、室外不同尺度的内院和广场，为学生提供类型多样的活动空间
平面示意			

平面示意	改绘自：娄永琪，李兴无. 理论、实践和反思——嘉善高级中学设计 [J]. 建筑学报，2002（10）：39-41.	改绘自：叶依谦. 空间·对话——怡海中学设计构思 [J]. 建筑学报，2003（10）：32-33.	改绘自：刘剀，舒晓旗. 荆门惠泉中学教学综合楼 [J]. 建筑学报，2007（3）：58-60.
区位	浙江省嘉兴市	北京市	湖北省荆门市
年份	2001 年	2003 年	2003 年
设计团队	同济大学建筑城规学院	北京市建筑设计研究院	湖北省教育建筑设计院

　　此外，随着城市开发力度的不断增强，一些城市的中小学校开始面对前所未有的高密度问题，其中尤以深圳市最为典型。有趣的是，基于高密度特性设计的教学空间呈现出与传统中小学校教学空间截然不同的空间特征，成为设计的主要创新驱动之一（表2.1-8）。

高密度环境影响下的中小学校教学空间设计　　　　　　　表2.1-8

学校案例	深圳南山中心区第二小学[1]	深圳实验学校小学部[2]	深圳外国语学校景田部
平面示意			
	改绘自：宋源. 深圳南山中心区第二小学 [J]. 建筑学报，2004（12）：47-49.	改绘自：钟中. "城市型小学"建筑创作的"平衡"之道：深圳实验学校小学部（重建）设计 [J]. 建筑学报，2009（2）：96-99.	作者自绘
区位	深圳市	深圳市	深圳市
年份	2003 年	2004 年	2005 年
设计团队	华森建筑与工程设计顾问有限公司	深圳大学建筑设计研究院	深圳大学建筑设计研究院

　　值得一提的是，期间为支持四川"5·12"校园灾后重建工作产生的一批创新性中小学校案例，在一定程度上为教学空间的创新带来了新的启发。更重要的是，它们让中小学校这一被忽视的建筑类型重新受到越来越多群体的关注，为新一轮中小学校教学空间的发展提供了

---

① 宋源. 深圳南山中心区第二小学 [J]. 建筑学报，2004（12）：47-49.
② 钟中. "城市型小学"建筑创作的"平衡"之道：深圳实验学校小学部（重建）设计 [J]. 建筑学报，2009（2）：96-99.

契机。"5·12"地震后，教育部成立汶川地震灾后学校恢复重建工作领导小组，其中分设学校建设标准与推荐方案设计组。民政部建立省份对灾区一一对口支援关系，各地区成立对口援建项目，国内外一大批建筑师踊跃投身到地震灾后学校重建工作中。到2010年前后，陆续产出一批设计质量较高的学校案例。这些案例融合了当时新的教育理念、设计理念与建造技术，在抗震技术[①]、轻型结构[②③]、低造价建造[④]、文脉传承[⑤⑥]等方面作出诸多探索，对后期中小学校教学空间设计产生启发（表2.1-9）。

"5·12"灾后学校重建中新型教学空间探索　　　　　表2.1-9

学校案例	什邡市红白镇中心小学	四川德阳孝泉镇民族小学
教学空间设计	在"课上"与"课下"游戏同等重要的教育理念下，设计改变过去"廊式"教学空间模式，根据地形采取分散布局，在教学用房之间插入室外庭院与宽大外廊	设计着眼于空间与建造，改变过去以"管理为本"的空间设计模式，转向以学生为本，将专用教室结合学生自主活动设计，创造多样化的教学空间以刺激多元的行为模式发生
平面示意		
	改绘自：王承龙. 走出灾难的阴霾——什邡市红白镇中心小学设计 [J]. 建筑学报，2010（9）：67+64-66.	改绘自：华黎. 微缩城市——四川德阳孝泉镇民族小学灾后重建设计 [J]. 建筑学报，2011（7）：65-67.
区位	四川省什邡市红白镇	四川省德阳市孝泉镇
年份	2009年	2008年
设计团队	SLOW Architects	TAO迹·建筑事务所

---

① 刘艺. 灾后学校重建项目的设计特点——以中建西南院设计项目为例 [J]. 建筑学报，2010（9）：110-113.

② 邱建，邓敬，殷荭. 地震灾区纸管建筑研究——坂茂在汶川与芦山的设计 [J]. 建筑学报，2014（12）：50-55.

③ 朱竞翔. 震后重建中的另类模式——利用新型系统建造剑阁下寺新芽小学 [J]. 建筑学报，2011（04）：74-75.

④ 国家住宅工程中心太阳能建筑技术研究所. 低成本太阳能建筑技术在灾后重建中的实践——以绵阳市杨家镇小学设计为例 [J]. 建筑学报，2010（9）：114-115.

⑤ 东梅，张扬，刘小川. "以自己立足的方式"进步成长——四川茂县黑虎乡小学设计 [J]. 建筑学报，2011（4）：68-69.

⑥ 张颀，解琦，张键等. 灾后重建：四川汶川卧龙特区耿达一贯制学校 [J]. 建筑学报，2013（8）：56-57.

可以看出，由于中小学在教育方面的进步微弱，在"课上"教学需求没有发生太大变化的情况下，教学空间创新设计的出发点仍是从学生的智力、身心发展角度出发，致力于学生"课下"活动质量的提升。表现在教学空间设计上，往往将整个教学空间分为两类：以常规教室为代表的"正式"教学空间、供学生自主"课下"活动的"非正式"教学空间（包括室内与室外）。两种教学空间在设计上也形成了截然不同的特征："正式"教学空间强调效率与秩序，以迎合教学需要，"廊式"的范式仍然适合；而"非正式"教学空间则类型多样，手法自由，成为建筑师主要的创新点。

2.1.5 历史经验总结：影响教育与教学空间质量发展的主要因素

新中国成立之后的 60 年，我国中小学教育与教学空间在"量"的方面所取得的成就巨大，同时在"质"的方面所呈现出的经验与教训颇多。教育的发展是个缓慢的过程，纵观世界其他教育发达国家的教育历史，均是以从普及教育，追求数量的发展到实现教育质量的发展的规律演变。前 60 年，我国所面对的是经济建设的压力、人口数量的剧增与教育发展经验的不足，其挑战前所未有。这期间我国中小学教育发展的主要问题还是进行"量"的提升，但同时围绕提高中小学教育质量也相继出台了众多教育改革的政策文件。其保障措施十分全面，但改革目标与实际实施之间出现了较大偏差，课程设置、教学方式与改革之前相比仍没有太大进步。在中小学教育方面没有取得较大发展的前提下，中小学校教学空间也很难突破"范式"的局限，也只能从非教育因素入手寻求改变。

本书在研究下一阶段发展历史之前，对我国前 60 年的中小学教育与教学空间发展历史的经验教训进行总结，归纳影响教育与教学空间质量发展的主要因素，为下一发展阶段的研究提供参照与对比。只有针对性地解决所面临的问题，教育与教学空间才能得到本质性突破。

2.1.5.1 影响中小学教育发展的主要因素

教育的问题在于屈从于社会各种压力，导致其扭曲发展，已经偏离了教育发展本身。中小学教育事业是一项系统的综合工程，影响教育发展的因素有很多，包括管理体制、办学体制、经费投入、教育观念、课程体系、社会观念等。对于我国而言，最重要的因素莫过于教育评价体系、师资队伍建设与教育资源分配三个方面。教育评价体系是引导教育发展方向的"指挥棒"，师资队伍建设直接决定教育改革落实的效果，教育资源分配则影响教育公平。

本节从上述三个方面，结合前 60 年的教育发展历史，归纳影响我国教育质量发展的三个主要影响因素，包括单一的考试招生制度、具有等级观念的师生课堂关系、"重点学校"的设立。当然，除上述三个影响因素外，经济发展的压力，重学术教育、轻职业教育的教育观念，导致学生受教育途径单一、重学历的社会环境加剧升学竞争、中小学校管理官僚化等问题，这也同样影响教育改革的推进。

1. 单一的考试招生制度

这是属于教育评价体系的内容。教育评价，即在一定教育价值观的指导下，对某个教育活动或项目的执行过程和结果进行系统调查与判定。教育评价是教学活动中最重要的一环，起到引领教育发展方向的作用。教育评价的综合性使其早已超出教育学的范畴，在制定过程中受到科学性与公共性的双重约束[①]。教育评价的科学性是指评价的标准必须依据学科或项目的本身特点进行针对性评判，以确保教育的效率。同时，教育活动具有巨大的外溢性，任何人、团体或社会都可通过教育获得较大的经济与非经济效益[②]，这就使教育成为每个利益体最关心的社会问题，而决定教育发展方向的教育评价则受到公共性的约束。科学性决定教育的效率，而公共性则决定教育公平，二者相互统一，共同约束教育评价的发展。

自 1977 年恢复高考制度之后，以中考、高考为代表的一系列考试招生制度就逐渐成为包括中小学教育在内的各教育阶段最主要的教育评价与人才选拔方式。尤其是高考作为中小学教育中最重要的教育评价方式，承担着引导教育发展方向和为高校选择人才的双重作用，其牵涉面广、相关利益方多，成为牵动整个社会神经的重要议题。这 60 年的教育改革，也常常伴随着考试招生制度的改革。但传统科举文化观念、计划经济的思维与局限于考试的思路，使我国中小学教育评价体系一直保持着考试招生制度的单一性。考试招生制度以考试成绩作为主要量化指标，虽具有效率高、可实施性强等优点，但单一的指标无法体现一个学生全面的发展水平。尤其是高校招生，虽在发展过程中形成了定向招生与专项招生的多元化录取机制[③]，但总体上仍以统招为主，使历次改革陷入困境[④]。

时代不断进步，生活的很多方面都产生了巨大变革，但教育的形式与方式却进步微弱。对于一线的教育实践者来说，课程设置、教学方式缺乏创新驱动力，数十年如一日的教学工作甚至可以不用教材便可上课。以考试招生制度为主的教育评价作为决定教育发展的"指挥棒"，其单一的评价方式却没有兼顾到科学性与公共性，使教育脱离了时代与社会的发展。历史教训也表明，过分夸大教育的政治、经济功能，忽视人的身心发展，是违背教育规律的[⑤]。

2. 具有等级观念的师生课堂关系

这是属于师资队伍建设的内容。等级观念与忠孝伦理一直是影响我国人际关系的重要思想，尊敬师长是学生应具备的基本素养，这种思想自古以来也一直影响教学活动中师生关系的形成。在学校形成之初，由于掌握知识的人很少，这部分被授予"先生"尊称的教师受到人们尊重，进而在教学活动中也具有至上的权威。直到现代教育形成，知识的传递方式并没有发生太大变化，教师在教学活动中一直占据着绝对的主导权，学生充当被动的知识接受者，师生关系始终具有等级的高下之分。

① 谢维和. 教育评价的双重约束——兼以高考改革为案例［J］. 教育研究，2019（9）：4-13.

② 许长青. 教育投资的外溢效应及其内在化［J］. 教育学术月刊，2015（3）：40-47.

③ 何振波. 改革开放以来我国高校定向招生政策演进探微［J］. 教育评论，2019（6）：19-23.

④ 项贤明. 我国 70 年高考改革的回顾与反思［J］. 高等教育研究，2019，40（2）：18-26.

⑤ 王慧，梁雯娟. 新中国普及义务教育政策的沿革与反思［J］. 河北师范大学学报（教育科学版），2015（3）：31-38.

（a）严肃的形式　　　　　　（b）超大尺度广场空间　　　　　（c）入口大台阶

图2.1-3　具有等级教育观念的教学空间设计

这一等级关系并非仅在课堂上出现，在教学的各方面均有体现并加以强化，也直接影响教学空间的设计方向。设计常以管理者视角出发，以管理和效率优先，形成具有等级分明的校园规划和空间形式，轴线、对称、大尺度、严肃是传统中小学校建筑设计的主要特色，学生个体需求受到忽视（图2.1-3）。

"安其学而亲其师，乐其友而信其道"。在教学活动中具有等级观念的师生课堂关系不利于新型教学模式的实施。当下，世界各国对于教师的定位越来越倾向于为"知识的引导者"而非仅仅是"知识的传授者"，我国也在各类政策文件中提出创新人才培养模式，注重学思结合。但无论推行何种新型的模式，发挥其预期的效果仍要落实到具体的课堂之中。以学生需求为本的互动参与式教学，帮助学生发现自我、培养学习兴趣，就是对过去以强调课堂秩序的、以教师作为权威进行灌输式教学的课堂关系的改革，否则新型教学模式只会成为另一种形式的灌输教育。这一现象在我国中小学教学活动中普遍存在，虽然教学中也组织小组讨论、自由发言等形式，但由于教师没有转变自身在教学活动中的角色，导致小组讨论也变成小组灌输式教育。

3. "重点学校"的设立

这是属于教育资源分配的内容。"重点学校"属于特定时代背景的产物。新中国成立不久，百废待兴，其中一个重要的教育发展思路是集中资源创办一批示范学校，以承担教育探索排头兵的作用。因此，"重点学校"一个最大的特点就是资源分配的倾斜。

质疑者认为，该做法是以政府为主导的教育功利化和违反公平正义的教育主张，不利于我国教育的长期可持续发展[①]。首先，正是由于"重点学校"的存在，刺激了其他学校的功利行为，将升学率、学业表现置于教育首位，强化了应试教育。其次，由于"重点学校"本身的品牌效应，会不断挤压普通学校生存空间，再次加剧教育资源分配的不均衡[②]。最典型的表现在于生源的分布："重点学校"生源充足，反而形成大班额，基础薄弱的学校却形成小班额，与相关研究所倡导的"小班额"教学相悖[③]。这就使不同学校的教育水平产生差别，强化了由

① 逯长春. 浅谈"重点中学"政策对我国教育质量的长期影响［J］. 教育探索，2012（5）：23-25.
② 周如俊. 示范高中"示范"作用的偏差与纠正对策［J］. 教学与管理，2006（4）：13-15.
③ 梁国立. 论我国基础教育阶段班额与生师比之悖［J］. 教育理论与实践，2006（23）：14-19.

于地域、身份、家庭背景的不同而导致的受教育质量的优劣，违背教育公平。2019年11月，深圳市重点中学——深圳南山外国语学校高级中学录用的20名教师均为硕士以上学历，其中19人为清华大学、北京大学毕业生[①]，而2018年我国中小学专任教师的研究生学历比例仅为3.1%。该现象并非个例，在一、二线城市重点学校中普遍存在。学校和地域优势使这类名校可以获得其他经济较薄弱的城市学校无法比拟的教育资源，甚至同一城市不同学区也会产生差别[②]。再次，相关政策上的过度支持，在"教育产业化"的影响下，"重点中学"很容易畸形发展，缺乏竞争意识，反而没有树立示范效应。由于经费的充足，"重点学校"与普通学校相比，往往注重设施的豪华化而忽略教学本身[③]。

"重点学校"是造成目前我国大部分家长对于教育产生极度焦虑的主要原因之一。由于"中考"与"高考"的存在，进入一所"重点学校"、"重点学校"中的"重点班级"就意味着更好的升学前景。学生受到课内学业与课外补习的双重压力，课业负担越来越重，学生没有额外的精力与时间开展其他活动，素质教育渐行渐远。这无形加剧了教育朝向功利化与应试化的方向畸形发展，忽视了学生综合素质的提升，导致一系列教育问题的产生。如果说考试招生制度是同一区域的学生在同一标准下进行的公平竞争的话，那么"重点学校"则让竞争前的准备变得不公平。长此以往，家长衡量好学校的标准则主要是升学成绩、学校规模与名师，学生的其他方面发展退居其后。有学者就建议取消"重点学校"而改设"名校"，突出学校之间的特色，参考美国经验引入"市场机制"，将所有学校纳入同一条件下进行公平竞争[④]。

2.1.5.2 影响中小学校教学空间发展的主要因素

下文将分别从教育方面、设计管理方面和设计者本身三个方面进行归纳。

1. 教育学本身的缓慢发展

这是教育方面的因素。如今被学者所诟病的"千校一面"的现状，背后所体现的是教育的"千校一教"。教育者习惯于采取统一的教学大纲、统一的课程设置和统一的教学方式进行教育实践，这些强调秩序与效率的统一性则对教学空间也产生了统一的需求。因此，"行列式""廊式"教学空间模式之所以具有强大的生命力，归根结底还是教育需求没有发生太大变化。有建筑师尝试通过从建筑学角度，以教学空间的创新影响促使教育的改善与调整，但被证明是一条十分困难与不可持续的创作路径。如前文所述，早在1984年的"全国城市中小学设计方案竞赛"中，就有方案对新型的教学空间形式作出探索，提出"开放式空间"的概念。但由于与教育的需求不符，并没有产生多大的影响。

---

① 《中国新闻周刊》杂志社. 为何清华北大高材生奔向深圳中学教师岗位［EB/OL］.（2019-11-10）
　　［2019-11-10］. http://baijiahao.baidu.com/s?id=1649778338785735 1759&wfr=spider&for=pc.
② 韦恩·K. 霍伊，塞西尔·G. 米斯克尔. 教育管理学：理论·研究·实践（第7版）［M］. 范国睿，译.
　　北京：教育科学出版社，2007.
③ 周如俊. 示范高中"示范"作用的偏差与纠正对策［J］. 教学与管理，2006（4）：13-15.
④ 游永恒. 深刻反省我国的教育"重点制"［J］. 教育学报，2006（2）：36-42.

2. 规范的统一与执行的严苛

这是设计管理方面的因素。1986 年 12 月，中华人民共和国国家计划委员会发布《中小学校建筑设计规范》GB J99—86。这是新中国成立之后第一部关于中小学校建筑设计的规范，影响并奠定了此后全国中小学校教学空间设计的基调。该规范是以传统教学需求为基础制定的，在标准方面的细致统一与在执行过程中的严苛固守对教学空间的创作产生消极影响。

在内容方面，标准将中小学校建设的各方面内容进行细致量化，大到校园选址，小到各功能空间的尺寸、家具与设备标准均有详细规定。条款中尤以第 2.3.6 条关于"建筑物间距"的要求对教学空间设计影响最大，日照间距、长边相对的两排教室间距和教室长边与运动场地的距离成为中小学校建筑设计不可逾越的"红线"[①]。

与设计规范相关条款对设计的影响相比，审批部门（如方案评审、审批、审图等）对相关标准"一刀切"的严苛执行更加束缚了设计的创作。虽然在规范的总则中明确指出，"学校建筑设计应根据各地区气候和地理差异、经济技术的发展水平、各民族人民生活习惯及传统等因素，因地制宜地进行设计"，但在具体的评审、审批方案过程中，决策者往往以规范的明文规定为标准。此外，大部分中小学校的修建性详细规划或前期可行性研究报告所确定的各项指标、布局形式均以相关标准与指标为基础，并严格执行。尤其当用地紧张、建设量较大、限额投资情况下，基本上确定了方案设计的方向，使后期建筑方案调整的余地极小，经常出现突破"范式"的不同类型方案因不满足规划指标而被迫放弃。教学空间的设计成为满足规范与指标的"设计强排"工作，并非从教育和设计本身出发，本末倒置。

3. 设计习惯的僵化

这是设计者本身的因素。尤其是 2008 年以来国家为应对经济危机而实行的扩大内需政策，建筑行业出现了空前繁荣。过度追求效率的设计大环境一定程度上打击了设计创新的积极性。在效率至上的驱动下，建筑师任务重、设计周期短，这就使中小学校这类从设计收益上性价比较低的建筑类型得不到足够关注。加之前面两个因素，中小学校教学空间的设计采取与商品住宅同样的设计策略，依据规范与容量进行"设计强排"工作，大批"范式"教学空间类型的中小学校被短时间内建设。"多快好省"成为教学空间设计与建设的主要依据，与教育本身关系渐行渐远。相比而言，教学空间的创新性探索无论在效率上还是成本上都很难与"范式"相抗衡。长此以往，"廊式""行列式"等"范式"模式成为中小学校教学空间的代表特征，并成为建筑师的设计习惯。

[①]《中小学校建筑设计规范》GB J99—86 第 2.3.6 条：建筑物的间距应符合下列规定：一、教学用房应有良好的自然通风；二、南向的普通教室冬至日底层满窗日照不应小于 2h；三、两排教室的长边相对时，其间距不应小于 25m。教室的长边与运动场地的间距不应小于 25m。详见：中小学校建筑设计规范：GB J99—86 [S]．北京：中华人民共和国国家计划委员会，1987.

2.2 我国当代中小学教育与教学空间的新变革期（2010 年至今）

新时期，量的进步为质的发展创造了基础，以政府为主导的改革力量对于上一发展阶段教育出现的各类问题进行针对性解决，对于教育质量改革的程度也已从观念理论层面深入到实践探索层面，使我国中小学教育与教学空间进入了全新的发展阶段。

2.2.1 教育发展新环境

进入新世纪，我国中小学教育面临内外环境的双重挑战。于外，新时代对于人才的新要求迫使我国中小学教育必须进行大规模调整与更新，以更好应对国家之间的人才竞争；于内，当前我国社会的主要矛盾已经转化为人民日益增长的美好生活需要和不平衡不充分的发展之间的矛盾[①]，更多家长对于教育的需求已不仅仅满足于应试的优劣，而更加注重学生全方位综合素质的提升。因此，中小学教育不可能再止步不前，改革势在必行。

从 2010 年开始，新一轮的教育改革实施。在这 10 年里，无论是国家还是地方都对中小学教育进行了大刀阔斧的调整。国家层面上，政府始终将教育事业置于优先发展位置，在总结过去 60 年改革进程中遇到的突出问题和薄弱环节、归纳优秀经验基础上，不断修正与完善相关改革措施，为实现教育现代化作出更加合理的工作部署。在地方，一方面相关学者对国外先进教育理念与成功的教育经验进行研究借鉴，教育学研究的学术热度有增无减，并产生出大量优秀的研究成果；另一方面，以一线城市为代表的各地区结合实际情况，身处教学一线的教师也从实践中得出一大批优秀的教学模式与教学案例。尤其是针对上述的教育评价体系、师资队伍建设与教育资源分配方面，都初步探索出有特色的解决办法。这些都为我国中小学教育事业的变革方向与形式提供了较好的理论基础与实践参考。

2.2.2 教育政策新导向

2010 年，国务院常务委员会审议并通过《国家中长期教育改革和发展规划纲要（2010-2020 年）》，作为指导全国教育改革和发展的纲领性文件。此后的 10 年内，政府密集出台各类教育改革文件，如《关于深化考试招生制度改革的实施意见》《关于普通高中学业水平考试的实施意见》等，其详细程度与涉及的广度前所未有。

2017 年，在中国共产党第十九次全国代表大会上的报告中作出了优先发展教育事业、加快教育现代化、建设教育强国的重大部署[①]。2019 年 2 月，中共中央、国务院印发《中国教育现代化 2035》，这是新时期第一部以教育现代化为主题的中长期战略规划[②]。"现代化

---

① 习近平. 决胜全面建成小康社会 夺取新时代中国特色社会主义伟大胜利——在中国共产党第十九次全国代表大会上的报告 [R]. 北京：中国共产党第十九次全国代表大会，2017.
② 新华网. 教育部负责人就《中国教育现代化 2035》和《加快推进教育现代化实施方案（2018－2022年）》答记者问 [EB/OL].（2019-02-23）[2019-11-10]. http://www.xinhuanet.com//politics/2019-02/23/c_1124154488.htm.

2035"计划到 2020 年，我国教育总体实力和国际影响力显著增强，到 2035 年总体实现教育现代化，迈入教育强国行列[①]。为顺利实现教育现代化目标，部署了十大战略任务，从师资建设、经费投入、课程标准、信息化建设等方面建立全面的保障机制，鼓励创新型教学方式、教学组织模式的实施，明确了今后的教育要更加注重因材施教、全面发展与面向人人的终身学习。

随后，政府针对中小学教育先后印发了关于义务教育、普通高中改革发展纲领性文件，推动中小学教育不断改革创新。2019 年 6 月，《中共中央、国务院关于深化教育教学改革全面提高义务教育质量的意见》对课堂教学的建设要求：优化教学方式，加强教学管理，注重培育、遴选和推广优秀教学模式、教学案例[②]。2019 年 6 月，国务院办公厅发布的《关于新时代推进普通高中育人方式改革的指导意见》，是 21 世纪以来国务院办公厅出台的第一部关于推进普通高中教育改革的纲领性文件[③]。提出到 2022 年，基本完善高中选课走班的教学管理机制，建立科学的教育评价与考试招生制度。

在中小学教育发展的纲领性文件中，尤其对于影响中小学教育质量发展的教育评价体系、师资队伍建设与教育资源分配三个重要因素作了更加详细的改革部署与策略。

首先，提倡建立多元化教育评价体系与考试招生制度，从根本上解决教育指挥棒问题。在义务教育阶段，根据人才培养新理念，采用更加科学、多元的评价标准。在完善招生考试制度方面，针对教育的不同阶段分别给予针对性策略。义务教育阶段，推进免试就近入学全覆盖。2018 年，全国 24 个大城市义务教育免试就近入学比例达到 98%[④]。高中教育阶段，采用初中学业水平考试和综合素质评价方式招生。目前已有省份取消"中考"，如江西省在 2018 年取消中考，由学业水平考试成绩作为高中录取依据。此外，2019 年 11 月，《教育部关于加强初中学业水平考试命题工作的意见》中明确要求取消初中学业水平考试大纲，改变过去"以考定教"的弊端，促进学生学好每一门课程。对于高考，落实《关于深化考试招生制度改革的实施意见》，推进高考综合改革试点，逐步改变单纯以考试成绩评价录取学生的倾向。2020 年 1 月，由教育部考试中心研制的《中国高考评价体系》和《中国高考评价体系说明》出版，对高考的核心功能、考查内容、考察要求作了规定，强调了高考评价体系的综合性，对"素质教育"的实施再次予以保障。同月，教育部发文《关于在部分高校开展基础学科招生改革试点工作的意见》，计划在 2020 年全面取消高校自主招生工作，而在 36 所高校推行"基础学

① 新华社. 中共中央、国务院印发《中国教育现代化 2035》[EB/OL].（2019-02-23）[2019-11-10]. http://www.gov.cn/xinwen/2019-02/23/content_5367987.htm.

② 中国共产党中央委员会，中华人民共和国国务院. 中共中央、国务院关于深化教育教学改革全面提高义务教育质量的意见 [R]. 北京：中国共产党中央委员会，中华人民共和国国务院，2019.

③ 中华人民共和国教育部. 深化普通高中育人方式改革 为培养时代新人奠基——教育部有关负责人就《国务院办公厅关于新时代推进普通高中育人方式改革的指导意见》答记者问 [EB/OL].（2019-06-20）[2019-11-13]. http://www.moe.gov.cn/jyb_xwfb/s271/201906/t20190620_386636.html.

④ 刘轩廷. 教育部：24 个大城市义务教育免试就近入学比例达 98% [EB/OL].（2018-12-13）[2019-11-14]. http://www.chinanews.com/edu/shipin/cns/2018/12-13/news795897.shtml.

科招生改革试点"（简称"强基计划"）。"强基计划"的录取标准由高考成绩＋高校综合考核结果＋综合素质评价三部分组成。

其次，加强师资队伍建设，提高教育教学能力。强调师资队伍的质量对于教学的重要作用，健全培训机制，加强教师在新课程、新教材、新方法、新技术上的全面培训。强化教学基本功训练，提高课堂教学、实验操作等能力。营造创新环境，鼓励教师改进教学方式，提高教学水平。

最后，全力缩小教育区域发展不平衡。《中华人民共和国义务教育法》与《国家中长期教育改革和发展规划纲要（2010-2020年）》中明确规定，不得将学校分为重点学校和非重点学校，学校不得分设重点班和非重点班①。民办、公办学校同步招生，落实优质普通高中招生指标分配到初中政策，并适当向薄弱初中倾斜。在2019年11月教育部召开的通气会中，明确提出禁止分班考试，实行均衡编班②③。同时，在教育机制上，为了发挥名校的辐射作用，各地也探索出了教育联盟、教育帮扶、教育集团、委托管理等多种办学形式，使优质教育资源服务于其他教育发展后进学校和更多民众④。如在后文笔者所调研的新型案例中，很多都是名校向教育薄弱地区开设的分校，将优质资源向更多普通大众开放。

政府在新一轮的教育改革政策制定中，对于过去改革出现的难点问题着重予以解决，落实立德树人根本任务，发展素质教育，加速我国教育现代化的进程。注重以学生发展为本，加强道德教育与人文教育，教学朝向社会化与生活化、个性化与多样化发展，加强教育与信息技术结合等成为我国在新一轮中小学教育改革中的新趋势⑤⑥。在政策的引导与驱动下，省级教育部门纷纷制定各地区具体措施，使各地中小学教育有了显著成效，并取得了阶段性改变。

2.2.3　教育变革新驱动

人们把从小农经济时代的混杂教学转向工业时代的班级授课称为教育制度的第一次革命；进入当代，把从班级授课向数字化时代慕课⑦的转变称为教育制度的第二次革命。

---

① 国家中长期教育改革和发展规划纲要工作小组办公室. 国家中长期教育改革和发展规划纲要（2010-2020年）[R]. 北京：国家中长期教育改革和发展规划纲要工作小组办公室，2010.
② 环球时报在线（北京）文化传播有限公司. 教育部：学校应减少考试次数 坚决禁止分班考试 [EB/OL].（2019-11-14）[2019-11-23]. http://baijiahao.baidu.com/s?id=1650160482667391887&wfr=spider&for=pc.
③ 张雨奇. 教育部：学校要减少考试次数 坚决禁止分班考试 [N]. 中新网，2019-11-14.
④ 张慧峰. 集团化办学模式下的委托管理研究 [D]. 北京：中央民族大学，2017.
⑤ 吕达，张廷凯. 试论我国基础教育课程改革的趋势 [J]. 课程. 教材. 教法，2000（2）：1-5.
⑥ 李俊堂，郭华. 综合课程70年：研究历程、基本主题和未来展望 [J]. 课程. 教材. 教法，2019（6）：39-47.
⑦ 慕课（Massive Open Online Course，简称MOOC）即大规模开放在线课程，是"互联网＋教育"的产物.

互联网、物联网、区块链、人工智能、5G 通信、大数据等数字高新技术不断渗透并改变着生活的各个方面，起源于实体经济的"互联网 +"理念成为网络与研究的热点，旨在运用互联网技术与互联网思维重组资源配置方式，加速产业升级以提高生产力。随后，"互联网 +"理念也被运用到教育的发展中，尤其是在中小学教育领域中备受关注，成为驱动中小学教育变革的重要力量。云计算、物联网、人工智能改变了教育的方式、学习的方式，形成"互联网 +教育"的理念。有学者预言，信息技术与互联网的不断发展，未来将会改变学校的形态[①]。"互联网 + 教育"被赋予了更多的想象空间，新一轮的教育革命已经发生[②]。

"互联网 +"成为新时期推动教育变革的重要新驱动，尤其对课程设置与教学方式进行了较大赋能。基于创新教学模式与先进信息技术融合下的"未来学校"概念也成为当今的学术热点，强调技术、教育与空间的融合，在信息技术的推动下进行中小学教育的系统变革[③]。我国也将教育信息化纳入国家战略层面进行建设，从 2010 年的《国家中长期教育改革和发展规划纲要（2010-2020 年）》到 2019 年的《关于新时代推进普通高中育人方式改革的指导意见》，政府在不到 10 年时间内出台十余部关于教育信息化的政策文件，提出以全面提升师生信息素养，努力构建"互联网 +"条件下的人才培养模式。

2.3　我国教育变革新型成果

教育是一项牵涉范围极广的综合性事务，由于区域政治、经济等方面发展的不均衡，即便"以学生为本""素质教育"的教育理念被人们普遍接受，但在具体的实践层面，各地中小学的教育改革程度仍有所差别。表现在课程设置与教学方式上，更是形式多样。本节根据调研成果，把这些教育变革的新型学校案例，根据变革程度由弱至强分为两类：基于传统教育进行局部优化和对传统教育进行系统性革新（表 2.3-1）。

两种中小学教育变革新类型对比　　　　　　　　　　　表 2.3-1

教育改革发展类型	课程设置	教学方式
基于传统教育进行局部优化	在保证国家课程设置基础上拓展课程内容，增加课程种类与数量，采用的是"加法"	在传统教学方式基础上进行优化，虽仍以教师讲授式为主，但增加学生个性化需求的表达
对传统教育进行系统性革新	重组课程结构，优化课程内容，朝向跨学科、课程生活化倾向发展，采用的是"重组"	给予学生更多学习自主权，产生新型教学方式与组织形式，如导师制、混龄教学、项目式教学等

① 朱永新. 未来学校：重新定义教育［M］. 北京：中信出版集团，2019：2.
② 刘云生. 论"互联网 +"下的教育大变革［J］. 教育发展研究，2015（20）：10-16.
③ 祝智庭，管珏琪，丁振月. 未来学校已来：国际基础教育创新变革透视［J］. 中国教育学刊，2018（9）：57-67.

第一类是目前我国中小学最常采取的教育改革策略，第二类虽然数量不多，但影响力极大，并起到了较好的先锋示范作用。在实例中，两种类型并没有明显的界限，很多情况下学校的变革是两种类型兼有，但侧重不同。

2.3.1 基于传统教育进行局部优化

这一类型的案例主要是在课程设置上丰富课程类型，在教学方式上基于传统教育进行局部优化，采用的是"加法"。因教育的发展与经济水平的不断提高，学生的其他方面素质受到重视。学校在原有课程设置的基础上根据学生兴趣与时代需求开设丰富的校本选修课程，或对某一学科内容进行拓展，如各类体育艺术课程等。这些课程成为国家和地方课程重要的补充，学生可接收到的教育内容不断增多，一定程度上拓展了学生的知识面与兴趣。如后文提到的深圳荔湾小学，学校因注重学生信息化能力的发展，特别增加了相关科技类课程，包括创客教育、信息教育等；深圳南山外国语学校科华学校则增加了各类艺术课程、科技课程等；华中师范大学附属龙园学校注重培养学生个性发展，学校开设各类选修课程，包括阅读、实验探究、体育运动、音乐艺术等类型[1]。

在教学方式上，在传统基础上进行了改良，给予学生一定的学习自主权。但整体上仍主要采用班级授课制、单学科教学方式，教学活动明显分为"课上"与"课下"两种类型。

2.3.2 对传统教育进行系统性革新

这一类型的学校不满足于对传统教育的某一环节或某一课程进行修修补补，而是从教育的整体出发，在满足国家课程标准的前提下，依据教学理念，对课程规划、课程实施、教学组织、教学方式、评价体系、师资队伍建设等方面进行全面与系统性的革新，采用的是"重组"。

在课程设置上，在国家与地方课程标准的要求下，采取同学科分类、跨学科整合的方式将过去分科课程进行整合，以模糊科学之间的界限，实现国家课程校本化。同时，将学生所处的真实生活环境纳入课程建设中，课程朝向生活化发展，实现教育与生活的紧密结合。如北京中关村三小万柳校区提出的"真实的学习"，在项目式学习中整合各类学科知识；北京十一学校龙樾实验中学所提出的"教育不是为生活做准备，而是生活的本身"课程理念，将生活中的问题引入到课程设计中。

在教学方式上，课程设置的变化也对教学方式产生影响。具体实践中突破传统的班级授课制、班主任制，实行探究式、启发式教学。教学活动中的师生课堂关系发生了改变，学生主体、教师主导，赋予学生更多的学习自主权。教学活动逐渐模糊"课上"与"课下"的界限，所发生的场所也更加多元。如深圳红岭实验小学采取的"包班制"，2~3名教师负责教授一个班级所有的课程，并利用校园环境作为课堂；北京中关村三小万柳校区实施的"班组群"，实行跨年级、混龄教学。

---

① 朱倩. 华中师范大学附属龙园学校：2019名校办学改革创新标杆［N］. 南方都市报，2019-12-27（A25）.

2.4 我国教育变革发展趋势

时代变迁、国家需求、技术升级等一系列外部、内部因素共同影响了中小学教育的发展方向。从2010年至今，各类政策就对中小学教育的课程体系建设与教学方式改革作了全方位战略部署（表2.4-1）。

中小学教育发展相关纲领性文件中关于课程设置与教学方式的内容　　　表2.4-1

政策文件	课程设置	教学方式
《国家中长期教育改革和发展规划纲要（2010-2020年）》	严格执行义务教育国家课程标准、教师资格标准；配齐音乐、体育、美术等学科教师，开足开好规定课程。高中阶段，深入推进课程改革，全面落实课程方案，保证学生全面完成国家规定的文理等课程的学习；创造条件开设丰富多彩的选修课，为学生提供更多选择，促进学生全面而有个性的发展	遵循教育规律和人才成长规律，深化教育教学改革，创新教育教学方法；倡导启发式、探究式、讨论式、参与式教学，帮助学生学会学习；激发学生的好奇心，培养学生的兴趣爱好，营造独立思考、自由探索、勇于创新的良好环境，注重因材施教
《中国教育现代化2035》	加强课程教材体系建设，科学规划课程，分类制定课程标准，充分利用现代信息技术，丰富并创新课程形式	创新人才培养方式，推行启发式、探究式、参与式、合作式等教学方式以及走班制、选课制等教学组织模式，培养学生创新精神与实践能力
《关于深化教育教学改革全面提高义务教育质量的意见》	加强课程教材建设，学校要提高校本课程质量，校本课程原则上不编写教材；严禁用地方课程、校本课程取代国家课程，严禁使用未经审定的教材；义务教育学校不得引进境外课程、使用境外教材	优化教学方式；坚持教学相长，注重启发式、互动式、探究式教学，引导学生主动思考、积极提问、自主探究；融合运用传统与现代技术手段，重视情境教学；探索基于学科的课程综合化教学，开展研究型、项目化、合作式学习
《关于新时代推进普通高中育人方式改革的指导意见》	2022年前普通高中新课程新教材全面实施，加强学校特色课程建设，因地制宜、有序实施选课走班，满足学生不同发展需要	深化教学改革，积极探索基于情境、问题导向的互动式、启发式、探究式、体验式等课堂教学，注重加强课题研究、项目设计、研究性学习等跨学科综合性教学，认真开展验证性实验和探究性实验教学

在新的背景下，在相关政策的推动下，各地中小学教育研究者与实践者们纷纷进行教育的新探索。在过去近10年时间里，全国以一线城市经济发达地区为代表的城市涌现出一批教育变革新成果，相比过去传统教育而言具有明显进步，部分学校甚至形成较成熟的教学经验并尝试进行区域推广。本节在理论研究与充分调研的基础上，归纳我国中小学所探索出的教育变革新型成果，对实践层面的课程设置与教学方式特征进行研究，分析发展趋势，为设计研究提供教育学基础。

2.4.1 课程设置: 对学生个性需求的尊重

2.4.1.1 义务教育阶段: 校本课程的繁荣

考试招生制度的多样化,为义务教育阶段中小学的课程设置的多样化提供了基础。此外,在 2017 年《中小学综合实践活动课程指导纲要》中,将"综合实践课程"列为小学到高中教育阶段的必修课程,旨在通过真实生活中的实践活动,培养学生综合素质。课程的具体形式由地方与学校根据情况自主开设,类型包括考察探究、社会服务、设计制作、职业体验等。为此,义务教育阶段的中小学教育不断重视选修课的开设,根据学生兴趣与学校情况开设了极其丰富的校本选修课程类型,致力于课程多样化的建设。校本课程的多样化建设采取的方式主要有两类。

第一类,采取"加法"的方式,开设依附于国家所规定学科下的分层与拓展兴趣课程。这也是当前中小学最常用的一种课程多样化建设方式。如在语文课程之下开设诗词鉴赏、小说鉴赏课程;在数学课程之下开设几何、趣味数学课程;在艺术课程下开设各类乐器学习、舞蹈、主持、话剧课程等,范围兼顾兴趣培养、素质拓展、强健体魄等各个方面,种类与数量繁多。如北京十一学校龙樾实验中学仅学科课程就有 110 余门。这类选修课开设方式在教学上仍主要关注单学科教育,如同校外机构开设的各种兴趣培训班。

第二类,采取"重组"的方式,将各学科内容进行交叉组合形成综合性课程,即国家课程校本化。这类课程设置方式不仅追求类型与数量的丰富,更加强调学科之间知识的联系,增强学生知识的运用能力、交叉学科思维等综合能力的培养。很显然,这一类课程多样化建设方式对教师的课程设置能力、教学组织能力与教师间的协作能力提出更高要求,其效果也更加显著。如北京中关村三小万柳校区开设的校本课程尤其强调多学科之间的交叉与现实生活的互动,学校将十多门学科按照类型进行重组,如语言类(语文、英语)、理工类(数学、科学、信息技术等)、视觉艺术类(美术、手工、摄影等)等[1]。在此分类下开设相关选修课程,如开设的"新闻小记者"课程,考察学生的口语表达、写作能力;开设的绘画课程,培养学生美术、宣传策划、UI 设计等方面素养。再如北京十一学校龙樾实验中学开设的以"校园智行者"为主题的选修课程,直接让学生掌握研究的方法,考查学生写作、调研、手工、美术、信息技术能多方面知识的综合运用。

"加法"与"重组"两种课程多样化的建设方式极大丰富了中小学课程设置的表现形式。对于学生而言,改变了过去统一课程、统一课时的课程设置原则,充分尊重学生的个性需求与素质拓展。对于教师而言,由于学生具有更多的学习选择权,除了会针对自身兴趣、特长做出选择外,还会根据课程的授课方式风格进行选择。失去"必修"的保障,教师为了吸引更多的学生,只能提高教学质量,改进教学方法。以此激发教师的教学与研究热情,对教学质量和教师水平的提升具有积极的促进作用。

---

① 刘可钦. 大家三小: 一所学校的变革与超越 [M]. 北京: 中国人民大学出版社,2019: 84.

2.4.1.2　高中教育阶段：选课走班下的课程设置

高中作为中小学教育的最后一环，不仅是巩固小学与初中学习内容，也是学生进入社会、继续接受高等教育或职业教育的准备时期，起到承上启下的重要作用，也因此在改革时受到的阻力最大。同样，高考与高校招生制度作为高中教育阶段的"指挥棒"，也一直是我国高中教育改革的重要内容。

2014年，国务院印发《关于深化考试招生制度改革的实施意见》之后，全国各地分批进行高考综合改革试点。改变以"文理分科"为基础的统考制度，实行"必修＋选修"的"新高考"模式，增加学生选择的自由度，且高校招生标准根据高考模式做出相应改变。如今全国已有三批共14个省市进入高考改革试点[①]。如在第一和第二批改革试点所推行的"3+3"模式（即3门统一必考科目和3门学生自选科目）和第三批改革试点推行的"3+1+2"模式（即3门统一必考科目、1门首选科目和2门再选科目）。以第二批改革试点的北京为例，高考分数分为"统考科目"和"学业水平考试等级性考试"，3门统一必考科目：语文、数学、外语；学业水平考试等级性考试即为3门选修课，从思想政治、历史、地理、物理、化学、生物6门中自主选择3门，高校的招生则要提前公布本科专业选考科目要求[②]。再以第三批改革试点的广东为例，高考分数由"统考科目"和"选择性考试科目"组成。3门统一必考科目：语文、数学、外语；1门首选科目：从物理和历史2门中自主选择1门；2门再选科目：从思想政治、地理、化学、生物4门中自主选择2门。高校招生仍需提前公布本科专业选考科目要求[③]。两种模式均形成学生根据自身情况选考、高校针对性录取的机制。虽然高考改革之后仍主要以分数作为招生标准，但相比过去统一的"文理分科"而言，新高考制度赋予了学生更多的选择权利，尊重学生之间的差异。此外，"新高考"也促使学生对未来学业或职业进行规划，对自己的人生负责，从一定程度上改变过去中学生普遍存在的"升学无意识、就业无意识、发展无意识、生涯无规划、学习无动力"的状态[④]。

"新高考"与高校录取机制的多元化促使高中课程设置也进行了相应变化。由于"新高考"改革现阶段仍处于起步阶段，加之各地区学校发展的差异，在进行选修课的设置方面也出现了区别，主要包括"全选择式"与"部分选择式"两种。

全选择式，即学生不再以过去的行政班为单位进行教学组织，将必修课与选修课所有科目开放供学生自主选择，甚至将同一课程根据难易程度再划分为若干层次。

[①] 截至2019年，全国共有14个省市分三批先后进入考高综合改革试点。第一批（2014年启动，2017年实施）：上海、浙江；第二批（2017年启动，2020年实施）：北京、天津、山东、海南；第三批（2018年启动，2021年实施）：河北、辽宁、江苏、福建、湖北、湖南、广东、重庆。

[②] 北京市教育委员会. 北京市深化高等学校考试招生制度综合改革实施方案［R］. 北京：北京市教育委员会，2018.

[③] 广东省人民政府. 广东省深化普通高校考试招生制度综合改革实施方案［R］. 广州：广东省人民政府，2019.

[④] 余美珍. 人性化教育，异样精彩——澳大利亚中小学教育学习考察报告［J］. 课程教学研究，2018（1）：92-96+1.

部分选择式，即提供相对固定的搭配供学生选择。有些学校为便于教学组织，在基于"新高考"的选课机制下，根据学校的师资、设施等实际情况，在众多课程组合方式中挑选若干种固定组合供学生选择。如重庆西南大学附属中学就设置了"理化生""理化地"等类型①。

无论是何种课程选择方式，相比过去"文理分科"的固定课程设置方式，"新高考"下的"选修＋必修"模式让课程设置变得更加多样，其所带来的直接影响即是教学组织的变化。过去以"行政班"为单位，学生在固定地点接受固定课程学习的组织形式已不适合新的课程设置需求，进而转变为学科教室与负责该学科的教师固定，学生根据自身选课情况到指定教室接受教育的"走班制"。

在 2019 年的《关于新时代推进普通高中育人方式改革的指导意见》中明确规定，到2022 年，选课走班教学管理机制基本完善。因此，各地的高中因"新高考"的推进，选课走班的形式已成为未来我国高中课程设置的发展趋势之一。

2.4.2 教学方式：教育与真实生活的结合

课程设置特点直接对教学方式产生影响，"以学生为中心"也成为教学方式的重要发展方向之一。在过去的 10 年里各地区学校产生出类型多样的新型教学方式，其中最具代表性的则是在"教育生活化"理论影响下的项目式学习（Project-Based Learning，简称 PBL）教学方式。该教学方式注重学生的个性需求与综合素质的提高，尤其适合"重组"形式课程设置的实施。

传统的教学方式是讲授式（Lecture-Based Learning，简称 LBL），即以教师为主体，对学生进行单方向的教学。这种教学方式因忽略学生在学习过程中的主动性与真实需求等弊端受到普遍质疑。在此基础上，率先在医学领域实施的项目式学习教学方式，由于其能较好解决在医学教学中理论教育与临床实践相脱节的问题被广为推崇②。随后，这一新型的教学方式开始被引入到中小学教育中，成为与新型课程设置所配套的教学方式类型。

项目式学习，是以项目或问题为基础，因此也有研究将其翻译为问题式学习（Problem-Based Learning）。该教学方式以学生为主体，通过协作的方式，在导师的辅导与促进下，在解决问题过程中达到学习技能的目的③。这里的项目概念是管理学中的"项目"在教育学领域的延伸，旨在将学生的知识与现实生活相联系，培养学生的综合素质。项目学习即是对复杂的真实问题进行探究的过程，是学生通过自主查阅文献、现场调研、提出策略、分析策略与形成成果，最终掌握知识与技能的新型教学方法④⑤。

---

① 王卉. 新高考改革形势下走班制的问题反思 [J]. 当代教育论坛，2019（4）：16-22.

② 项目式学习 PBL 是由美国神经病学教授贺华德·巴洛斯（Howard Barrows）在 1969 年于加拿大麦克马斯特大学首创，最先运用于医学教育领域。在教育界也被译为"问题式学习"（Problem-Based Learning）。

③ WIKIE K, BURNLS L. Problem based Learning: A handbook for nurses [M]. London: Palgrave Macmilian, 2003: 14.

④ 巴克教育研究所. 项目学习教师指南 [M]. 任伟，译. 北京：教育科学出版社，2008.

⑤ 胡庆芳，程可拉. 美国项目研究模式的学习概论 [J]. 外国教育研究，2003（8）：18-21.

项目式学习由四大要素构成：内容、活动、情境和结果①。这四个要素紧密相连并相互联系，因此项目式学习相比传统的讲授式教学方式主要具有以下三个特点②。

第一，真实的学习情境。诱发学习的项目是从学生生活的环境中所选择的，学生面对的是真实的问题。真实的情境不仅可以激发学生的学习热情，更使教育贴近生活，实现"真实的学习"。第二，综合的学习内容。为了解决综合性的问题，所运用到的知识与技能往往也是综合性的，跨学科教学是项目式学习的主要特点之一，增强学生运用知识的能力。第三，多元的学习方式。为了实现项目目的或解决问题，学生可根据需要采用各种学习方法与途径，利用书本资源、网络资源、社会资源等多样化的学习途径，以获得解决问题的能力。因此，在教学中，跨班教学、独立思考、小组协作、大班汇报等教学组织形式灵活运用，不仅打破了学科壁垒，更加促进了不同年龄段学生之间的交流与合作③。

相比于传统讲授式教学方式，项目式学习教学具有以下三个优点。第一，发挥学生学习的主动性。真实的项目情境将学习与社会紧密相连，激发学生学习热情与兴趣。第二，利于学生综合能力的培养。在教学活动中，在教师为学生设置好学习项目之后，由学生自主进行资料收集、提出解决方案与验证解决方案等一系列步骤，实现自己知识的主动建构。在完成项目任务的过程中，学生运用一切可能的学习方式、学习设备与学科知识，采取跨班协作、跨学科教学、成果汇报与展示等丰富的教学形式，使创新能力、批判思维、自主学习能力、合作能力得到锻炼，达到知识的综合运用④。第三，促进教学的良性发展⑤。由于社会的不断变化，基于社会环境所设立的项目也会有所区别，这就促使教师不断关注教法与课程的研究，实现研究与实践的紧密结合。教学回归生活化后，教师进行介入提升学生经验，以更好地掌握知识⑥。

随着教育生活化成为教育的发展趋势，很多学校提出"教育就是生活本身"的教育理念，教育与生活的紧密联系也成为教学方式的主要出发点。在此影响下，更多启发式、互动式、探究式教学方式不断被采用，如任务式学习 TBL（Task-Based Learning）、团队式学习 TBL（Team-Based Learning）等。

2.4.3 其他类型：STEM 教育与创客教育

随着时代的进步，尤其是信息技术的不断发展，社会的巨大变革催生出新型的教育变革成果。这些新成果往往是一个完整的系统，是对包括课程设置、教学方式、学习环境、学习

---

① 刘景福，钟志贤. 基于项目的学习（PBL）模式研究［J］. 外国教育研究，2002（11）：18-22.

② 李芒，徐承龙，胡巍. PBL 的课程开发与教学设计［J］. 中国电化教育，2001（6）：8-11.

③ 高志军，陶玉凤. 基于项目的学习（PBL）模式在教学中的应用［J］. 电化教育研究，2009（12）：92-95.

④ LOAN D. How-to-do guide to Problem-Based Learning［M］. UK: University of Manchester, 2004. 5.

⑤ 于述伟，王玉孝. LBL、PBL、TBL 教学法在医学教学中的综合应用［J］. 中国高等医学教育，2011（5）：100-102.

⑥ 徐学福，宋乃庆. 新课程教学案例引发的思考［J］. 中国教育学刊，2007（6）：43-45.

技术、活动实施与评估、师资队伍建设等系统性建设的全方位创新[①]。这些新的教育成果与传统的教学形成巨大差异，因此也对教学空间的设计提出全新需求。其中，尤以在教育信息化影响下开发的 STEM 教育和创客教育影响较大，也最为典型。本节着重对 STEM 教育与创客教育的课程设置与教学方式特点进行研究。

2.4.3.1　STEM 教育

STEM 是科学、技术、工程和数学四门学科英文首字母的缩写（Science、Technology、Engineering、Mathematics），随后有学者将人文课程加入进来，形成 "STEAM"[②]。STEM 教育理念最早来源于美国，美国国家科学委员会于 1986 年首次提出 STEM 教育概念，旨在让大学本科的学生在科学、技术、工程和数学领域综合发展，以提升科技能力进而提高美国全球竞争力[③]。随后，STEM 教育被逐渐引入到中小学教育中，培养学生动手实践、逻辑思维、综合运用所学知识的能力，并受到联邦政府的重视。如今，美国的 STEM 教育形成了包括政府、社会企业与学校的全面综合发展体系。在中小学教育中，美国有专门的以 STEM 教育为教学体系的学校，如凯瑟琳约翰逊技术磁石学院（Katherine Johnson Technology Magnet Academy）、李磁石高中（Lee Magnet High School）等。

进入到 21 世纪，技术的迅猛发展为 STEM 教育的推广创造了良好环境。新媒体联盟（New Media Consortium，简称 NMC）于 2012 年发布了《2012-2017 年 STEM+ 教育技术展望》（*Technology Outlook for STEM+ Education 2012-2017*）的研究报告[④]。报告中对全球范围内，未来 5 年可能对 STEM 教育产生影响的 12 项新兴技术和概念做了汇总，包括云计算、手机 App、社交网络、物联网、穿戴式科技等。这些新兴的科技正不断对包括 STEM 教育在内的其他课程学习方式产生影响，包括我国在内的越来越多的国家中小学教育开始引入 STEM 教育及其理念。2001 年我国科技教育领域开始引入 STEM 教育[⑤]，2008 年国内出现系统介绍美国 STEM 教育的文章[⑥]，此后，STEM 相关研究成为学术热点。在政府层面也出台了相关政策鼓励 STEM 教育的实践，如 2015 年教育部办公厅发布的《关于"十三五"期间

① 迟佳蕙，李宝敏. 国内外 STEM 教育研究主题热点及发展趋势——基于共词分析的可视化研究 [J]. 基础教育，2018（2）：102-112.

② 组成 STEM 的 4 门学科具有很强的理工色彩，为了体现人文科学的重要性，2006 年，弗吉尼亚理工大学的专家乔吉特·雅克曼（Georgette Yakman）提出将人文（Art）也加入 STEM 教育，受到学者认同，从而将 STEM 扩展为 STEAM。

③ National Science Board. Undergraduate Science, Mathematics and Engineering Education [R]. Virginia: National Science Board, 1986.

④ JOHNSON L, ADAMS S, CUMMINS M, et al. Technology Outlook for SIEM+ Education 2012-2017: An NMC Horizon Report Sector Analysis [R]. Texas: The New Media Consortium, 2012.

⑤ 中国教育科学研究院，中国教育科学研究院 STEM 教育研究中心. 中国 STEM 教育白皮书 [R]. 北京：中国教育科学研究院，2017.

⑥ 梁小帆，赵冬梅，陈龙. STEM 教育国内研究状况及发展趋势综述 [J]. 中国教育信息化，2017（9）：8-11.

全面深入推进教育信息化工作的指导意见（征求意见稿）》中提到，"探索 STEM 教育、创客教育等新教育模式，使学生具有较强的信息意识与创新意识"[①]；2016 年教育部在《教育信息化"十三五"规划》中进一步要求"有条件的地区要积极探索信息技术在众创空间、跨学科学习（STEM 教育）、创客教育等新的教育模式中的应用"[②]；2017 年，在教育部印发的《义务教学小学科学课程标准》与中国教育科学研究院发布的《中国 STEM 教育白皮书》中，都将 STEM 教育列为新课标标准的重要内容[③]。

STEM 教育目前在我国主要以综合实践课程、信息技术课程、通用技术课程的方式开展[④]，其教育理念也逐步影响国家课程的教学方式。在实践中主要采用验证型、探究型、制造型与创造型四种模式[⑤]，即利用 STEM 知识进行原理的验证、探究未知的结果、制造与改良物品、设计与创造新物品。STEM 教育最大的特点就是整合，包括内容整合、辅助式整合和情境整合[⑥]，不仅锻炼学生知识综合运用与实际问题解决能力，因其强调学科之间的交叉和融合[⑦]，更是极大考验教师的教学创新能力。目前，有学校专门以 STEM 为学校的教育特色，如杭州大关实验中学，被称为中国第一所 STEM 学校。

2.4.3.2　创客教育

创客（Maker），即利用信息技术与平台，将创意转换为现实。随着人工智能、物联网技术的飞速发展，3D 打印、Arduino 等开源硬件平台的成熟降低了科技创新的门槛，创新不再成为少数人的专属，任何人都可将创意付诸实施，在此背景下，社会上掀起了创客运动（Maker Movement），形成了创客文化[⑧]。互联网时代的思想家与预言家克里斯·安德森（Chris Anderson）在《创客：新工业革命》（*Makers: The New Industrial Revolution*）中，预测互联网与制造业融合将形成新一轮的工业革命，而创客将成为掀起这一轮新工业革命的助推器[⑨]。随后，创客所提出的"共享交流、探索实践"的理念逐渐被引入到中小学教育中，

---

① 中华人民共和国教育部. 关于"十三五"期间全面深入推进教育信息化工作的指导意见（征求意见稿）[R]. 北京：中华人民共和国教育部，2015.

② 中华人民共和国教育部. 教育信息化"十三五"规划 [R]. 北京：中华人民共和国教育部，2016.

③ 王素.《2017 年中国 STEM 教育白皮书》解读 [J]. 现代教育，2017（7）：4-7.

④ 傅骞，王辞晓. 当创客遇上 STEAM 教育 [J]. 现代教育技术，2014（10）：37-42.

⑤ 傅骞，刘鹏飞. 从验证到创造——中小学 STEM 教育应用模式研究 [J]. 中国电化教育，2016（4）：71-78+105.

⑥ 杨亚平，陈晨. 美国中小学整合性 STEM 教学实践的研究 [J]. 外国中小学教育，2016（5）：58-64.

⑦ LYN D. STEM education K-12: Perspectives on integration [J]. International Journal of STEM Education, 2016（3）: 3-11.

⑧ 创客运动是指最早在美国社会上发起的运动，鼓励人们运用各类信息技术将创意实现为产品，创造事物的人被称为"创客"。详见：https://searcherp.techtarget.com/definition/maker-movement.

⑨ 克里斯·安德森（Chris Anderson）. 创客：新工业革命 [M]. 萧潇，译. 北京：中信出版社，2012：9-23.

并被越来越多的教育者所接受[1]。

虽然创客教育是新兴的教育理念，但其所提倡的"体验教育"、"项目式教学"、DIY（Do IT Yourself）等理念同样受到杜威的"做中学"与建构主义教育理念的影响[2][3]。创客教育在教学方式上强调以学生自主探究和动手制作为核心，鼓励学生之间的互动合作与共享。西尔维亚·利博·马丁内斯（Sylvia Libow Martinez）和加里·斯泰格（Gary S. Stager）总结了成功创客教育的八个要素，包括趣味性、跨学科性、协作性、共享性、前沿性等[4]。这与STEM教育的特点具有很大相似，因此创客教育也逐渐与STEM教育相融合。创客教育的信息化与数字技术丰富了STEM教育的内容，而STEM教育的跨学科特点也使创客教育具有更加贴近生活和适应创新人才培养需求的特点。

在我国，带有明显互联网与信息技术特征的创客教育在实践中也以综合实践课程和信息技术课程形式开展。各地中小学纷纷掀起"创客热"，创办创客空间，开设创客课程，引进3D打印机、开源硬件平台、小型车床、激光切割机等软硬件设施使学生接触前沿的信息技术与知识。在课程设置上包括硬件装配、电子元件识别、电路搭建、程序编写、3D打印建模等内容，以工程的思想让学生在动手实践中学习，提升学生的创新能力[5]。作为一个新型教育理念，虽没有形成严谨的课程体系与教学方式，但其所强调的运用数字化工具进行创新实践的理念在实践中不断体现[6]。为适应其需求的创客教室也不断被建设，具体的设计策略将在第六章详细论述。

2.5 我国中小学校教学空间新型成果调研

本节以教育变革的两种类型为基础，以一线城市为例，重点调研从2010年至今、基于课程设置与教学方式的变化而建设的教学空间典型新型案例，并选取八所进行重点分析，包括"基于传统教育进行局部优化"案例三所，"对传统教育进行系统性革新"案例五所（表2.5-1）。

---

① MARTINEZ S L, STAGER G S. How the Maker Movement is Transforming Education-a We Are Teachers Special Report（2013-11-05）[2019-11-24]. https://www.weareteachers.com/making-matters-how-the-maker-movement-is-transforming-education/.

② 祝智庭，孙妍妍. 创客教育：信息技术使能的创新教育实践场 [J]. 中国电化教育，2015（1）：14-21.

③ MARTINEZ S L, STAGER G S. Invent To Learn: Making, Tinkering, and Engineering the Classroom [M]. Torrance: Constructing Modern Knowledge Press, 2013.

④ MARTINEZ S L, STAGER G S. 8 Elements Good Maker Projects Have in Common（2013-11-05）[2019-11-24]. https://www.weareteachers.com/8-elements-of-a-good-maker-project/.

⑤ 王旭卿. 面向STEM教育的创客教育模式研究 [J]. 中国电化教育，2015（8）：36-41.

⑥ 杨晓哲，任友群. 数字化时代的STEM教育与创客教育 [J]. 开放教育研究，2015（5）：35-40.

案例类型	学校案例	教育特点	教学空间特点
基于传统教育进行局部优化	上海德富路中学	增加课程种类与数量，教学方式在传统基础上进行优化，关注"课下"活动	对传统教学空间"范式"进行挑战，为新型的课程增加教室类型，并注重学生"课下"活动质量
	深圳荔湾小学		
	深圳南山外国语学校科华学校		
对传统教育进行系统性革新	北京四中房山校区	采取开放式管理，教学方式注重人与人之间的交互与影响	开放式教学空间
	深圳红岭实验小学	丰富课程设置，在教学方式上实行包班制组织，注重学科的综合性传授	教学空间的复合化与灵活化
	北京中关村三小万柳校区	在课程设置上制定本校的课程体系，教学方式上实行跨年级混龄教学	各类教学空间的高度融合
	北京十一学校龙樾实验学校	在课程上设置丰富的分层、分类课程，教学方式上采取选课走班制、导师制等方式	学科教室的建设
	北京大学附属中学（改造）	在课程上设置丰富的分层、分类课程，教学方式上采取学院制与书院制的学生自治社团相结合的方式	传统教学空间的适应性改造

这八所学校在一定程度上反映出我国当下城市中小学教育变革与教学空间实践的最新成果现状，无论在教育变革还是教学空间建设方面都为我国中小学校的未来发展提供了较好参考。由于两种类型的教育变革形式不同，对教学空间的需求各有差异，因此在教学空间设计时所面对的问题与切入点也不同，在研究上也区别对待。

1. "基于传统教育进行局部优化"的案例

学校的各类教学活动仍主要分为"课上"与"课下"两种，为应对课程数量的增加，学校会提高建设标准，增加各类教室的种类与数量。但由于教学方式上的调整并没有对"课上"的"正式"教学空间（如功能场室）产生太大差异性的需求，设计也往往着重于学生"课下"活动的"非正式"教学空间（共享空间）进行创作。因此，这类案例重点研究其在"非正式"共享空间设计上的策略。

2. "对传统教育进行系统性革新"的案例

这类学校在建设之初就已经初步或系统构建了与传统相比具有显著差别的特色课程体系与教学方式，如拥有成熟教学体系的中小学校老校区建设新校区的类型，属于"先有教育，后有学校"建设模式。由于系统性的教育变革对教学空间的建设提出全新需求，设计的出发点则重视整体教学空间的设计。在研究上则分析课程设置与教学方式特点，归纳教学需求，以此为基础总结教学空间设计经验。

本节在内容上并不强调案例基本信息的罗列，而是挖掘教育学与建筑学之间的深层关系，包括教学需求、设计策略与建设模式。在调研上采取笔者现场体验与访谈的方式，体验内容包括教学空间本身与相关的教学活动，访谈对象包括项目的主创建筑师、校长、教师、家长与学生，以此全面把握设计背后的思想与使用后评价，总结经验与教训。

2.5.1　上海德富路中学

上海德富路中学是上海市一所普通初中，由于教育学方面的需求是在传统基础上的局部优化，在建设之初校长并没有参与到设计中去[①]。该项目是从学生的心理发展特征出发，致力于突破传统教学空间设计"范式"的一次探索，期间遇到的阻力与挑战巨大。该项目于2010年开始设计，前后共经历6年时间，于2016年最终建成投入使用。在建筑师的不懈坚持与努力下，学校建成之后在中小学校建筑领域内引起了很大反响，并得到师生好评。其针对教学空间的设计理念与具体策略也丰富了中小学校教学空间的表现形式（表2.5-2）。

上海德富路中学项目概况　　　　　　　　　　　表2.5-2

用地面积	27816m^2	
建筑面积	12783m^2	
班级规模	24班	
项目区位	上海市嘉定区	
年份	2010～2016年	
设计团队	上海高目建筑设计咨询有限公司	
建筑师	张佳晶，等	
校长	未参与设计	

过去由于中小学教育本身发展缓慢，教学空间也朝向千篇一律的"范式"发展。在此影响下，日照、朝向与噪声间距成为中小学校教学空间设计的主要影响因素，学生的其他需求被忽视。在上海德富路中学的设计中，建筑师对过去的设计"范式"习惯表达不满，并试图从学生身心发展的角度，对教学空间的设计提出新的理念。

设计主要从丰富交通路径、提供多元化的非正式教学空间的角度予以应对。首先，在功能组织上，建筑采取"田"字形布局，形成四个庭院。为了增强空间趣味性，设计采用"双廊"模式，使每间教室都能在相对的两侧开设出入口；同时，设计通过竖向设计，增强不同层学生之间的交往。较规整的"田"字形布局在有高差变化的双廊设计下，路径变得丰富，为学生"课下"活动提供了趣味性空间（图2.5-1）。

其次，设计在不同标高、不同位置设置形式多样的户外非正式教学空间，如四个庭院、屋顶平台、露天剧场等，满足学生多样化的学习活动（图2.5-2）。

---

① 来自笔者与该学校的主创建筑师张佳晶的访谈。

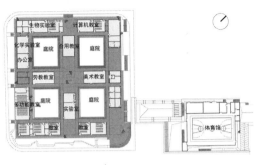
（a）平面示意

（b）交通廊竖向设计

图2.5-1　丰富交通路径设计

（a）庭院

（b）屋顶平台

（c）露天剧场

图2.5-2　多元化非正式教学空间设计

图2.5-3　被禁止使用的屋顶平台

　　由于设计前期校长并未参与，在建成之后，校方的一些管理理念与方案产生冲突。如最高处屋顶露天平台，由于校方对安全的顾虑，在使用过程中被封闭，禁止学生使用（图2.5-3）。但总体来说，趣味性、多样化的非正式教学空间仍受到校方和学生的喜爱。

2.5.2 深圳荔湾小学

深圳荔湾小学位于广东省深圳市南山区，是一所 42 个班的小学，学校于 2018 年建成投入使用。在设计前期，学校的相关指标均按照深圳市中小学校相关建设指标确定，校长也并未参与[①]（表 2.5-3）。

深圳荔湾小学项目概况　　　　　　　　表 2.5-3

用地面积	$13048m^2$	
建筑面积	$33200m^2$	
班级规模	42 班	
项目区位	广东省深圳市南山区	
年份	2015～2018 年	
设计团队	深圳大学建筑设计研究院有限公司	
建筑师	蔡瑞定，等	
校长	未参与设计	

　　紧凑的用地、巨大的建设量为非正式教学空间的设计带来巨大挑战；同时，由于学校课间时间过短（以 10 分钟为主），为每层学生就近提供活动场所是设计主要的应对策略。首先，设计尽量加宽每层普通教室前的走廊宽度，最窄处的净宽为 2.4m，最宽处达 4m。拓宽的走廊更加有利于承载其他活动行为，使其成为 10 分钟课间小群组学生活动的主要场所。其次，每层靠近普通教室附近局部设置宽阔的活动平台，为大群组学生的活动提供场所。再次，设置竖向交通，增强不同层平台之间的联系，促进不同层学生的互动。每层的走廊、平台、屋顶平台与地面，共同为学生创造了立体的非正式教学空间，视线通透、相互联系，极大满足学生的课下活动需求（图 2.5-4）。

2.5.3 深圳南山外国语学校科华学校

　　深圳南山外国语学校科华学校是一所从小学到初中的九年一贯制学校，其中小学部 24 个班，初中部 36 个班，于 2018 年建成投入使用。项目位于有"中国硅谷"之称的深圳市南山高新科技园，是深圳大冲村改造的配套学校[②]。学校由华润置地（深圳）有限公司（以下简称"华润"）投资并代建，完成后交由政府。笔者有幸在 2015 年参与了由华润举办的该学校设计投标，虽未中标，但对于设计前期代建方对新校园教学空间的要求更加了解。

---

① 这是深圳市中小学校建设的一个特色。对于大多数中小学校来说，在前期方案投标阶段，任务书的制定十分简单，只要确定学校班数规模，根据《深圳市普通中小学校建设标准指引》或其他区的区标准，就可确定学校的建筑规模、教室的种类与数目及其他配套设施指标。
② 深圳市南山区大冲村改造，是目前为止深圳最大的城中村改造项目。

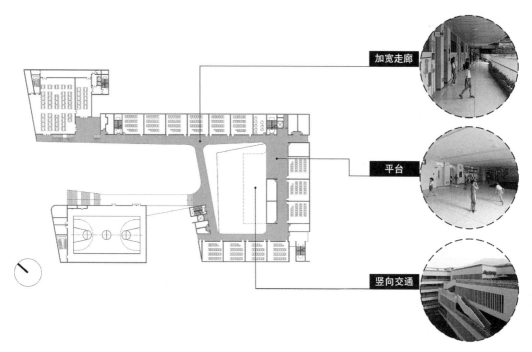

加宽走廊

平台

竖向交通

图 2.5-4　非正式教学空间设计

由于学校所处地段的优越性和华润对于教育建筑的高标准要求 [1]，项目定位较高，建筑面积大、投资充裕。在建筑面积上，该项目在竞赛阶段规定的使用面积为 16400m²，建筑面积达 40000m²（实际建成总建筑面积达 54200m²），平面系数仅为 0.4。建设内容增加了艺术馆、科技馆、博物馆和植物园等，甚至有恒温泳池，项目造价达到了 10000 元 /m² 以上。建筑面积与投资的充裕为非正式教学空间的设计提供了较大余地（表 2.5-4）。

深圳南山外国语学校科华学校项目概况　　　　　　表 2.5-4

用地面积	35654m²	
建筑面积	54200m²	
班级规模	60 班	
项目区位	广东省深圳市南山区	
年份	2015～2018 年	
设计团队	Link-Arc	
建筑师	陆轶辰，等	
校长	未参与设计（代建方参与）	

① 林楠. 面向未来的校园建设 [J]. 设计，2019（10）：20-26.

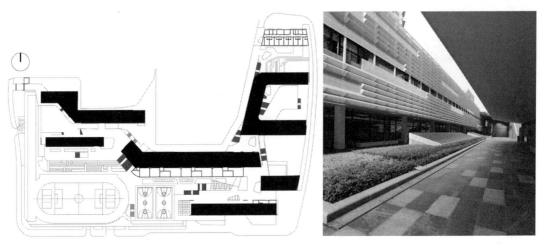

图 2.5-5　线性空间形式

　　在教学空间的设计上，建筑师着眼于为学生提供多元化的课外活动空间，以满足学生身心发展的需要。随着投标结果的揭晓，五家竞标单位无一例外都是以此作为设计上的出发点。此外，项目本身的高容积率、周边高密度的环境、地形的高差、中小学部不同的学生需求都成为设计的影响因素。

　　城市的快速发展使自然元素愈发减少，而自然环境对于学生的身心发展具有重要作用。设计提出"自然中学习"的设计理念，旨在为师生创造更多的与自然接触的机会，改善学习环境[①]。

　　首先，在学校的总体布局上，改变传统规整方正的建筑体量，根据用地形状采取水平向体量，营造流线、舒缓的空间特质，与用地周边高密度的垂直超高层住宅形成强烈反差（图 2.5-5）。

　　其次，利用竖向设计缓解空间的拥挤感。结合地形高差，水平向体量与竖向叠加的剖面设计将整个场地划分为 6 个不同标高与形式的庭院。每个庭院都是由只有 2～4 层的低矮体量围合，舒缓的空间特质贴合学生心理特点。其三，设置丰富的非正式教学空间形式与路径。在整个校园内设置大量架空层、露天平台、屋顶花园、屋顶农场与开放的室外运动场，并通过台阶、坡道与连廊连接，加以灯光、标识系统等全方位设计，将整个校园的各个节点连成一体，具有强烈的序列感（图 2.5-6）。

　　最后，在景观设计上，为了拉近学生与自然之间的距离，景观尺度都十分小巧，为学生创造更多接触自然的机会（图 2.5-7）。

① 王飞. Link-Arc 的战略与策略：深圳南山外国语学校科华学校的解读［J］. 时代建筑，2019（05）：98-107.

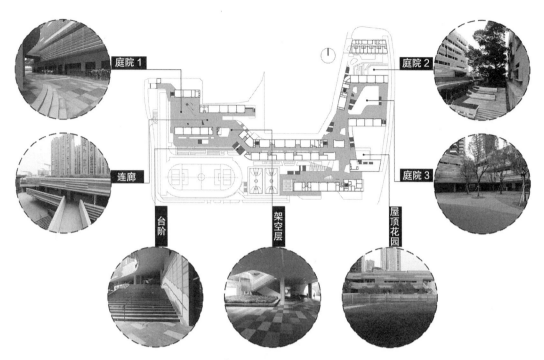

图 2.5-6　非正式教学空间设计

图 2.5-7　尺度小巧的景观设计

2.5.4　北京四中房山校区

北京四中房山校区位于北京市房山区，是北京市第四中学在房山区的新校区，旨在以优质教育资源支持新区的发展。学校包含初中与高中，共36个班，每个班小于30人。学校建设历时4年，建成之后被视为当下突破传统教学空间"范式"的代表之一。OPEN建筑事务所强调的人与环境、人与人的互动理念延续到该学校教学空间的设计中[①]。其教学空间开放、复合、绿色的特点影响了后续很多中小学校的设计，更重要的是，使受到忽视的中小学校建筑类型被更多建筑师所关注（表2.5-5）。

北京四中房山校区项目概况　　　　　　　　　　表2.5-5

用地面积	45332m²	
建筑面积	57773m²	
班级规模	初中24班、高中12班	
项目区位	北京市房山区	
年份	2010~2014年	
设计团队	OPEN建筑事务所，等	
建筑师	李虎，黄文菁，等	
校长	黄春（2014~2018年）	

该项目的成功取决于政府行政部门、万科企业股份有限公司（以下简称"万科"）、教育工作者与建筑师四方的紧密合作。首先，政府为了提升新区教育质量，万科为了建设一批优质公建，都对项目的前期工作与投资予以大力支持（项目投资额达4.6亿，每平方米造价达10000元/m²以上），为该项目的顺利实施奠定了良好的外部环境与物质基础[②]。其次，设计指标的前瞻性为方案的创新提供前提条件。项目以竞赛的方式开始，任务书由原北京市第四中学老校区的设计者黄汇拟定。在建筑面积指标确定方面，就以"尽可能多地为师生预留课外活动空间"为原则，将平面系数控制到只有0.5，为方案的发挥提供了很大余地。其三，以校长为代表的教育工作者所提出的创新的教育理念，为方案的创新提供了依据。设计前期，建筑师深入调研学校的教学方式，了解教学需求，以此作为设计修改的依据，增强设计的合理性。其四，建筑师的不懈坚持与创新精神保障了方案最终的实施效果。

① 史永高. 建筑的力量——北京四中房山校区［J］. 建筑学报，2014（11）：19-26.
② 万科集团在该项目中起到举足轻重的作用。万科集团受北京政府委托，以实现新区较好的教育环境为目标，为新校区的顺利实施做了很多前期工作。如名校引入及引入之后的教师编制、项目预算等问题。这些工作远远超出建筑师工作能力范畴，但却是该项目成立的保障。详见：城市笔记人，李虎，黄文菁. 伸向地景与天空［J］. 建筑师，2015（1）：25-42.

2.5.4.1 课程设置与教学方式

校长作为一所学校最重要的决策者，其对教育的理解直接影响学校教育的发展方向。对于北京四中房山校区而言，时任北京第四中学校长刘长铭与房山校区执行校长黄春对教育的全新思考，对新校区教学空间的设计具有很大的推动作用。

1. 课程设置

该项目始于 2010 年，此时北京四中在国家课程设置上与大多数学校相比并没有太大不同，在每天不能超过 7 节课的规定下，学生拥有了很多属于自己的课外时间。北京四中房山校区的校长与教师们在如何鼓励与激发学生利用"课外时间"方面做了深入研究。

鉴于传统学科教育与社会生活的脱节，教育注重学生终身价值体系的构建，培养学生正确对待生活、对待职业、对待社会、对待人生[①]。课程内容上增加生活教育、职业教育、公民教育、生命教育等内容，培养学生与人相处、责任感、社会使命、生命观念等能力。刚开始并没有单独设置各项内容的针对性课程，而是在日常教学活动中将上述内容融入进去，使课程与生活紧密相连。随后，学校不断开设各类特色课程，包括校本课程（目前共有 55 门）和跨班、跨级供集体选择的社团课程（目前 27 个社团）、志愿服务课程、游学课程等，满足学生兴趣需求，培养学生综合能力。

2. 教学方式

在教学方式上，提倡通融式教育，将上述教育内容渗透到教学活动中。这就对教师的教学技能提出很高要求。"开放的学习过程""看得见的成长"是学校所提倡的教学理念，引导学生充分利用课间时段学习。在教学实践上主要体现在两个方面。

第一，自发交往式教学。鼓励学生在与不同对象的交往中学习。交往的对象与类型不仅包括了相同班级、不同班级、年级的学生之间交往，还包括师生之间、学生与校长之间、学生与社区之间、学生与自然环境之间的交往。在交往中互相学习，弥补学科教育所忽视的相互尊重、相互帮助、同理心、友情的维护等能力，整个学校形成一个大的教学中心。在促进学生之间、师生之间的交往方面，学习内容消除了不同学科之间的界限，增设各类校本课程、社团课程等，给学生、师生之间创造更多的交往机会。在促进学生与社区交往方面，教学超出课本与校园之外，与社会生活紧密相连。除了很多校本课程直接是邀请校外人员开设之外，还创办了"北京四中大讲堂""家长学校讲堂"等校内外分享活动，将更多校外资源引入校内。在促进学生与自然环境之间的交往方面，北京四中一直就有鼓励学生接触自然的教学传统，刘长铭校长甚至曾在郊区找地给学生种植，体验劳动乐趣。

第二，开放式教学。黄春认为，"一群人的学习，与另一群人的学习，发生了相互影响的关系，然后促成了彼此的成长"[②]。学校里最有价值的资源就是"优秀的人的优秀状态"，对于擅长通过模仿进行学习的中小学生，优秀的行为是最好的学习资源。因此，学校摈弃过去封闭的、小团体的教学方式，采用最大限度的开放式教学方式，以达到任何学习行为都可被观

[①] 刘长铭. 教育要更加关注人精神与心灵的培育 [J]. 中国教育学刊，2017（8）：86-89.
[②] 来自作者与黄春校长的交流访谈内容，该教育理念也被黄春在多个学术场合所提及。

察的目的，以影响周围的人。

2.5.4.2 教学空间

常规课程教学＋课外教学的双重要求使房山校区的教学空间总体上分为供常规课程（即国家与地方课程为主）教学使用的"正式"教学空间与以校本课程教学使用的"非正式"教学空间两种，二者的建筑面积占比约为1∶1。两种教学空间既相互独立又联系紧密，方便学生灵活使用，提高空间利用率。总体上，两类教学空间的设计都受到了"开放"教育需求的影响，但在具体策略上，自发交往式教学与开放式教学对教学空间的设计也提出了不同的需求。

1. "正式"教学空间开放边界设计

常规课程的教学需要封闭的教室，但在"开放式"教学需求影响下，设计主要从空间边界角度予以回应。在正式教学行为发生的最主要场所——普通教室单元设计上，靠近走廊一侧的空间边界在保留大面积实墙作为讲台或展示墙之外，设置一块磨砂玻璃与局部透明玻璃，使室内的教学活动在一定程度上向室外展示（图2.5-8）。

学校其他专用教室与辅助功能，如各类实验室、文科类教室和教师办公室等平面形式与立面设计均与普通教室单元一致，只在具体尺寸上有所调整。对于大空间的舞蹈教室和图书室则采用大面积玻璃外墙，营造了开放透明的空间氛围（图2.5-9）。

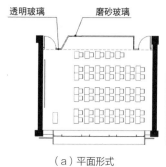
（a）平面形式

（b）教室边界

图2.5-8　普通教室单元空间边界设计

（a）舞蹈教室

（b）图书室

（c）教师办公室

图2.5-9　专用教室与辅助功能单元透明边界设计

2. "非正式"教学空间多样化形式设计

多样化的"非正式"教学空间是北京四中房山校区最大的特色之一。自发交往式教学与开放式教学要求教学空间更加开放、多元与丰富，室内与室外教学空间的设计均以"开放"为设计原则。

首先，在室内教学空间上，引入一条贯穿整个正式教学空间的宽阔开放长廊，每层的面积与常规教室相当，成为全校师生全天候的交往学习场所。同时，在宽阔长廊中设置了多处半封闭式的"岛屿"小空间，这些小空间形式各异，功能不同，满足个性化学生活动需要。长廊被师生赋予了多样化功能属性，成为学生进行作品展示的展廊、各类学生社团工作处及其他活动场所（图2.5-10）。

其次，在室外教学空间上，强调学生与自然的亲密接触。将大空间的体育馆、舞蹈教室、会堂等置于半地下，上面用自由草坡覆盖。并通过高差的不断变化，营造丰富的校园地景，架空层、共享台阶、自由草坡等空间形式满足学生多样化的室外活动与教学行为。此外，设计为每个班级都设置一处屋顶农场，供学生以实践的方式感受自然，实现人与自然的亲密接触[1]（图2.5-11）。

在北京四中房山校区这一项目中，教育与空间是相辅相成的关系，教学需求影响了教学空间的设计，同时教学空间又推动了教育的不断提升与成熟。首先，校方所秉持的自发交往式和开放式教学方式为开放教学空间的设计提供了理性基础。相比传统封闭的教学空间而言，如此开放的空间提升了管理的难度，若没有校方的支持，则很难落地。此外，在学校建成之后，黄春校长仍坚持拆除了图书馆的门禁系统，使图书馆全天候为学生服务[2]。其次，开放教学空间的设计对学校后期课程设置与教学方式的提升产生了促进作用[3]。在后期使用过程中出现的开放校长室、开放教师办公区、开放展廊等，都为教学的具体实施提供了空间基础。

图2.5-10　室内教学空间设计

---

① 李虎，黄文菁，Daijiro Nakayama，等. 田园学校/北京四中房山校区 [J]. 城市环境设计，2018（5）：32-53.

② 黄春. 图书馆的教育哲学 [R]. 上海：BEED ASIA，2019.

③ 李虎. 建筑的精神 [R]. 广州：华南理工大学建筑设计研究院有限公司，2019.

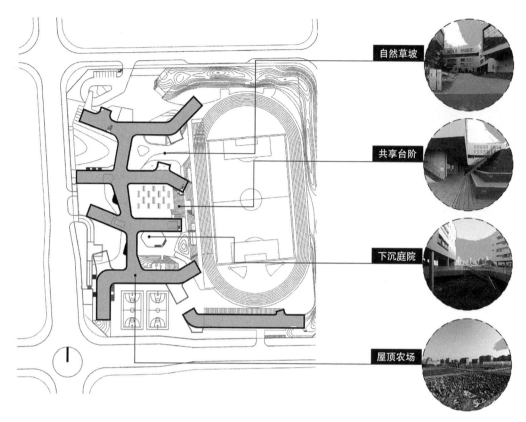

自然草坡

共享台阶

下沉庭院

屋顶农场

图 2.5-11　室外教学空间设计

2.5.5　深圳红岭实验小学

深圳红岭实验小学是由深圳市福田区政府与万科共建的一所在教育变革影响下的新型学校，学校在建设之初就承载着深圳乃至全国教育改革探索的使命，是深圳市福田区打造的高标准学校。在设计之初，学校确立了以"看得见孩子童年和未来的学校"为教育理念，注重学生在学习过程中的表现。新的教学需求对教学空间的设计产生了影响，突破了传统教学空间的范式。同时，由于其容积率超过 3.0，所采取的策略也为"高密度校园"的建设提供了较好参考（表 2.5-6）。

学校从设计到建成仅用了 2 年时间，短时间内所取得的成功也归结于政府部门、代建机构、校方与建筑师等多方共同努力的结果。该项目作为"福田新校园行动计划"的开端[①]，受

---

① 福田新校园行动计划，是由深圳市规划和国土资源委员会（今深圳市规划和自然资源局）福田管理局联合各部门发起的一项新型学校建设运动，旨在提供一个聚集中国智慧、整合创新理念和激发优秀设计的平台。该计划是在新时期教育发展与深圳特有的高密度环境背景下提出的，并于 2018 年推出了首批项目："8+1"建筑联展，即 8 所中小学与 1 所幼儿园的设计工作。详见：深圳市城市设计促进中心官网：https://www.szdesigncenter.org/design_competitions/3155?tab=official_announcement.

深圳红岭实验小学项目概况		表 2.5-6

用地面积	10062m²	
建筑面积	35588m²	
覆盖率	61%	
班级规模	36 班	
项目区位	广东省深圳市福田区	
年份	2017~2019 年	
设计团队	源计划建筑师事务所	
建筑师	何健翔, 蒋滢, 等	
校长	张健 (2019 年至今)	

到政府部门与建筑师的大力支持。除了出色的建筑师全身心投入之外,政府主管部门在方案实施的全过程中也起到了重要作用。在投资上,该项目单方造价达 11000 元 /m²,远超深圳其他中小学校的 5000 元 /m² 左右标准;在方案评审与实施期间,政府主管部门对于建筑师的信任与支持也为方案的最终落地提供了保障。

2.5.5.1 课程设置与教学方式

1. 课程设置

由于红岭实验小学于 2019 年正式开学,目前刚刚结束第一学期。在课程设置上,深圳红岭实验小学采用国家、地方课程与校本课程相结合的方式(表 2.5-7)。

深圳红岭实验小学一年级某班课表						表 2.5-7
		周一	周二	周三	周四	周五
上午	8:00-8:10	早读课程				
	8:15-8:45	升旗 / 阳光体育课程				
	8:50-9:30	语文	数学	道德与法治	语文	英语
	9:40-10:20	英语	科学	体育	数学	语文
	10:30-11:10	音乐	美术	语文	语文	语文
	11:20-12:00	音乐	语文	数学	体育	数学
下午	13:50-14:00	午写课程				
	14:00-14:40	体育	班会	英语	语文	语文
	14:40-14:45	眼保健操				
	14:55-15:35	综合	体育	美术	英语	道德与法治
	15:45-16:25	弹性补课				

资料来源: 根据深圳红岭实验小学课表整理。

2. 教学方式

2016年，深圳红岭实验小学采用探究性、跨学科与项目式教学方式，关注学生面向未来的综合技能。首先，采取"包班制"教学组织形式，即每个班级配备主班教师、副班教师和协作教师各1名，这个班级的所有课程均由这2~3名教师全权负责[①]。这一方式为跨学科教学提供了便利，并有利于教师掌握学生的全面成长情况，实现个性化教学，增强师生之间的互动。其次，各类课程采取以问题为导向的项目式教学，关注学生的学习过程而非仅仅是结果，培养学生的学习兴趣。

2.5.5.2 教学空间

探究性、跨学科与项目式教学方式对教学空间提出了新需求。设计主要从基本教室单元、多元化教学空间设计两个方面予以回应，实现了教育需求与教学空间设计的较好结合。

1. 基本教室单元

基本教室单元作为师生主要的教学场所，在教学空间内发挥着重要作用。在包班制、跨学科教学的影响下，为师生提供丰富的空间形式以满足多样化的教学行为成为基本教室单元设计的主要出发点。

首先，增加基本教室单元的使用面积与功能属性。《深圳市普通中小学校建设标准指引》（以下简称"深圳指引"）中规定，小学班额为45人/班，每班使用面积为70m^2，生均使用面积1.56m^2。由于实行包班制，为了实现师生的充分互动，设计时将每间教室的面积增加到90m^2。此外，增加教室的功能属性，将包班教师的办公空间、储藏、展示、洗手台等功能也纳入教室单元内，使之成为一个完整的教学系统（图2.5-12）。

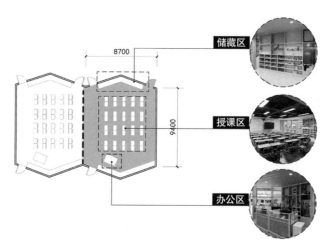

图 2.5-12 基本教室单元复合功能设计

---

① 欧美很多国家的小学采用这一模式。从2014年起，深圳开始在五所小学的低年级进行试点，以避免过早分科造成学生知识学习不系统。

（a）个体/小组教学

（b）班级教学

（c）合班教学

图2.5-13　基本教室单元多元化使用方式设计

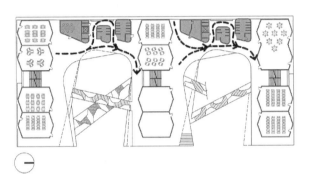
（a）丰富的路径

（b）"细胞单元"

图2.5-14　趣味性路径设计

其次，丰富基本教室单元的平面形式与使用方式。教室单元采用拥有六个边的鼓形平面，相比矩形平面增加了墙面面积，丰富了空间边界。墙面的增加也为师生储藏与展示空间提供更多余地，而丰富的边界则可根据教学需要围合成不同的教学小空间。同时，每两间教室组成一对，之间通过可移动的隔断分割，满足合班教学的需求，促进两个班级教师与学生之间的交流。教学空间可大可小、可分可合，提高了空间与使用方式的灵活度，更好地满足个性化教学的需求（图2.5-13）。

2.　多元化教学空间设计

除了基本教室单元之外，学校鼓励的项目式教学更需要丰富的教学空间。设计结合高密度的外部环境，通过丰富路径形式、创造立体多元的空间形式两个方面予以应对。

首先，在平面设计上，丰富交通路径，增添空间趣味性。设计提出"细胞单元"的理念，把教学单元、男女卫生间等辅助用房单独形成一个个细胞单元，置于宽阔的每层平台之中。各细胞单元之间拉开距离，并不直接相连，不仅适应南方湿热气候，同时也形成了丰富的交通路径。学生在各单元之间穿梭，增强空间趣味性（图2.5-14）。

其次，在垂直方向上，在高密度环境影响下塑造立体多元的空间形式。整个学校被分为两个部分：教学区与体育共享区。教学区内，通过每层宽廊标高的不断变化及连接两层的"花园廊桥"，丰富教学区竖向流线；体育共享区内，将户外运动场抬升至三层，与教学区三层直接相连，运动场下面设置礼堂、架空的篮球场、游泳池等功能。两个区域通过高差不断变化

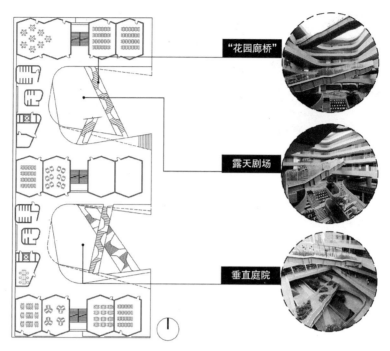

图 2.5-15　垂直立体的多元化教学空间

的首层架空地景活动空间连为一体，从下到上分别形成架空球场、露天剧场、架空地景庭院、花园廊桥、宽廊平台与屋顶农场。整个空间层次丰富，类型多样，最大限度地满足探究式学习的需要（图 2.5-15）。

2.5.6　北京中关村三小万柳校区

北京中关村三小万柳校区是一个建筑师、教育家与校方共同协作的成功案例[①]。学校位于北京市海淀区，是北京中关村第三小学的分校。学校由美国三桥建筑规划设计事务所（Bridge 3 Planning and Architecture Consulting Ltd）与中国建筑设计院有限公司设计。中关村三小在建设之前，学校就根据国家颁发的《基础教育课程改革纲要（试行）》所倡导的教育改革目标，制定了较成熟的用以指导学校办学宗旨与文化价值观定位的《学校发展纲要》，以寻求开放式和基于小组的探索式等教学方式。该纲要决定了教学空间的设计方向，实行"先有教育，后有学校"的建设步骤，使教育变革与教学空间设计之间形成较好契合[②]。

北京中关村三小万柳校区是中小学教育大胆创新改革的典型代表，所提出的"真实的学习"教育理念被称为"3.0 学校"模式，在全国中小学教育领域产生很大影响，并尝试将教育成果进行推广。目前，该学校对江西省赣州市坳上小学进行教学帮扶，将"3.0 学校"的教育

[①] 尤以美国威斯康星大学的教育家梁国立为典型代表，梁国立作为"3.0 学校"的共同倡导者与实践者，在中关村三小的教学空间与学校课程建设中都提供了全方位指导。

[②] 刘可钦. 当建筑与课程融合：一所"3.0 学校"的探路性设计 [J]. 中小学管理，2016（9）：35-38.

理念带到贫困乡村学校中，取得较好效果。在教学空间设计方面，基于教学需求所提出的"班组群"教学空间设计理念也突破了传统设计范式，也为中小学校教学空间的设计提供了较好参考（表2.5-8）。

北京中关村三小万柳校区项目概况　　　　　　　　表2.5-8

用地面积	23500m²	
建筑面积	45728m²	
班级规模	48班	
项目区位	北京市海淀区	
年份	2012~2016年	
设计团队	美国三桥建筑规划设计事务所，等	
建筑师	伊桑·巴托斯（Ethan Bartos），梁国立，等	
校长	刘可钦（2016年至今）	

2.5.6.1　课程设置与教学方式

北京中关村三小万柳校区在课程设置与教学方式上最大的特色就是实施"真实的学习"理念，将过去分科课程整合到基于真实世界的背景中，采取"班组群"跨学科、跨班、跨级、混龄、基于真实情境的动态更新的教学方式，促进学生之间的相互影响，以实现学生综合能力的提升。

1. 课程设置

真实的学习，即课程内容突破了书本和校内的局限，跟随学生足迹所至和人际关系所在。课程就是学校教育可触及的师生全部生活内容，构建一个真实的学习场景，学习真实生活的内容[①]。北京中关村三小万柳校区构建了以"真实的学习"为核心的大课程观，对国家和地方课程的学科课程进行重组与整合。根据各学科的相关性，形成综合的六大课程群，如语言类（包括语文、英语）、数学理工科类（包括数学、科学、科技、工程和信息等）、视觉艺术类（包括美术、手工、摄影）等[②]。再根据学生的学习情况，将六大课程群分为三个层级：基础层、拓展层与开放层，最终形成"三层六类"的课程结构。学校所有的课程，包括国家课程、校本课程、学生社团、实践活动等，都在这个结构之内设置。

基础层，主要是针对国家和地方规定课程，如语文、数学、英语等，这也是我国中小学校必须开设的课程。在课程群的影响下，各学科实现了融合。拓展层，由各类跨学科、跨年

① 刘可钦，等. 大家三小：一所学校的变革与超越［M］. 北京：中国人民大学出版社，2019：79.
② 刘可钦. 中关村三小：3.0版本的新学校［J］. 人民教育，2015（11）：46-49.

级的校本课组成，由学生自主选课，尊重学生学习兴趣与个性。开放层，基于真实的情境，由真实的问题所驱动而开设的"项目式"课程或实践课程。

仅根据年级与学科的混合划分，就有跨级同学科、同级跨学科和跨级跨学科三种类型，课程设置极其丰富多样。并在课时设置上，改变传统课程设置中以"班、课、时"为单位的局限，形成从"课堂、单元"的学习到"学前、学年"的学习。将传统 40~45 分钟的课时延长到 90 分钟，由两位或多位教师自行决定具体的时间分配（表 2.5-9）。

北京中关村三小万柳校区课表   表 2.5-9

		周一		周二		周三		周四		周五	
第一板块	8：00-9：30	语言类	语文	数科工信类	数学	数科工信类	数学	语言类	语文	跨学科	语文
			英语		科学		科学				音乐
组群活动	9：30-10：10	大课间：身体健康活动									
第二板块	10：10-11：40	跨学科	数学	跨学科	语文	语言类	语文	跨学科	数学	跨学科	英语
			体育		音乐		英语		体育		体育
组群活动	11：40-13：20	午餐＋组群生活									
第三板块	13：20-14：50	跨学科	美术	项目学习		语言类	写字	跨学科	品社	选修课	
			品社				阅读		美术		

资料来源：根据刘可钦，等. 大家三小：一所学校的变革与超越［M］. 北京：中国人民大学出版社，2019：91. 整理。

2. 教学方式

基于课程设置的特点，北京中关村三小万柳校区提出"班组群"的混班／混龄教学组织形式，以应对新型课程设置的需要。

班组群，即将三个连续年级的三个班级学生组合在一起（如 1~3 年级各一个班形成一组，4~6 年级各一个班形成一组等），并由 7 位不同学科的老师共同管理，形成 7 位教师＋3 个跨级班级（师生共约 120 人）的学习共同体[①]。师生形成平等互助关系，为跨学科、跨班教学创造了条件。因此，跨学科、跨班、跨级、混龄、基于真实情境的动态更新是北京中关村三小万柳校区教学方式的最大特点。

在具体的教学方式上，基础层课程教学仍以班级为单位独立授课，而拓展层与开放层课程则是由教师与学生双向选择，实行跨班、跨级、混龄教学。同时，教学时间与安排也突破了传统教学方式中"课上"与"课下"的简单分立，而是根据教学需要由教师自行决定。

以"班组群"为单位的教学方式在以下三个方面具有优势。第一，对于学生而言。班组群将整个校园划分为若干个相对独立的小教学团体，即"校中校"，使教师有更多精力去关注每一个学生；由于实行跨学科教学，教师对于学生学习成长情况的了解更加全面；不同年龄段的学生在一起互相影响，高年级学生向低年级学生发挥榜样作用，低年级学生又促进高年

---

① 刘可钦，等. 大家三小：一所学校的变革与超越［M］. 北京：中国人民大学出版社，2019：53.

级不断进行自我约束，学生的角色定位不再仅仅是学习者，可以转换为教授者（即能者为师），这与传统同龄学生群体相比极大地丰富了学习关系。第二，对于教师而言。7位不同学科的教师改变了教师之间的工作方式，打破传统分科教学的壁垒，实现不同学科的碰撞。同时，由于每位老师有自己的课程团队（即校本课程），7位教师同时承担"班主任＋导师"的双重身份，增添了教师的责任感。第三，对于师生关系而言。由于教学活动需要师生共同合作才能完成，使师生联系更加紧密，课堂关系更加民主与自由。

2.5.6.2 教学空间

"真实的学习""班组群"的课程设置与教学方式需求也影响了教学空间的设计，主要体现在班组群教学单元与其他功能场室空间的设计上。

1. 班组群教学单元

在教学单元设计上，采用"三室一厅"的空间模式应对"班组群"的教学需求。"三室一厅"，即由三间普通教室（每间建筑面积约 100m^2）、一个开放教室（建筑面积约 280m^2），以及楼梯、卫生间、室外阳台等辅助空间组成的小型教学单元，共计建筑面积约 600m^2。类似住宅户型中的"三室一厅"，故得名，创造家庭式的教学单元。这一教学单元根据教学的需求具有极高的灵活性与多样性（图 2.5-16）。

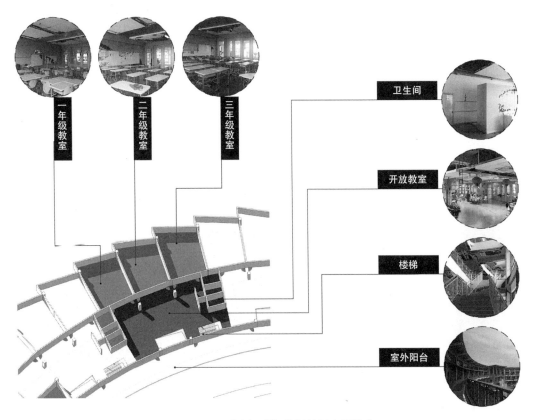

图 2.5-16 "班组群"教学单元功能组成

为适应常规教学、跨学科、跨班、跨群等多样化教学需求，设计采用各种设计策略实现空间的灵活分割，配合教具的自由组合，以适应不同规模教学行为的开展。三间普通教室内设置大量小尺度空间，满足个体或小组教学行为；三间普通教室各容纳一个班的班级教学；三间普通教室中有两间用可推拉的隔断区分，可分可合，以满足两个班共同的教学需求，同时，面积约为 280m² 的开放教室（约为三间普通教室大小）可供三个班级学生开展跨班教学；三间普通教室朝向开放教室部分用可推拉隔断墙分隔，实现整个班组群的空间最大化，以满足最大规模的、包括其他班组群之间的跨群项目式教学需求（表 2.5-10）。

班组群空间的灵活性设计　　　　　　　　　　　　表 2.5-10

教学行为规模	个体/小组教学	班级教学（1个班）	跨班教学		跨群教学（3个班以上）
			2 个班	3 个班	
平面示意					
空间效果					

由于设计模糊了教学空间的边界与定义，班组群内，除了卫生间、楼梯等固定功能之外，其余任何场所都可进行灵活重组，以支持多样化教学活动的开展。教学场所发生了改变，教学方式不再局限于学生在课桌前学习、教师在讲台上授课的模式，而是以各种各样的姿态应对教学的需求。趴着、跪着、席地而坐的教学场景屡见不鲜，教学空间真正做到为教学而设计（图 2.5-17）。

（a）小组讨论　　　　　　　（b）小组授课　　　　　　　（c）群组汇报

图 2.5-17　班组群内丰富的教学方式

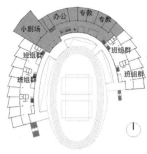

| （a）其他功能场室位置 | （b）图书馆 | （c）计算机教室 |

图 2.5-18　开放共享的功能场室设计

2. 其他功能场室空间

由于跨学科教学的需求，为了顺应教学的随时变换，除班组群以外的其他功能场室，均采取开放共享的方式，布置在各班组群之间，以便服务全校师生。其中图书馆、计算机教室等功能，采取全开放式设计，师生可根据需要自行使用（图 2.5-18）。

在北京中关村三小万柳校区教学空间设计中，教育家与建筑师将学校的教学需求转化为理性的教学空间，而教学空间也支持并推动了教育的不断调整。跨班、混龄教学的"班组群"是一种教育理念与需求，而"三室一厅"则是满足这一理念的教学空间模式。独特的教学空间形式为"处处可学习"的教学需求提供了"处处是教室"的空间支持，将传统的单一教室拓展为多维的教学中心。

2.5.7　北京十一学校龙樾实验中学

北京十一学校原为中央军委子弟学校，教育资源极其丰富，也是北京目前唯一一所综合教育改革实验学校。北京十一学校龙樾实验中学则是北京十一学校在海淀区北部开设的分校，旨在用优质的教育资源支持海淀北部新区的教育建设。新校区于 2012 年筹建，2016 年建成投入使用（表 2.5-11）。2010 年起，北京十一学校开始进行大范围教育改革，旨在为学生提

北京十一学校龙樾实验中学项目概况　　　　　　　　　　表 2.5-11

用地面积	19100m²	
建筑面积	31780m²	
学生规模	960 人（无班级概念）	
项目区位	北京市海淀区	
年份	2012～2016 年	
设计团队	联安国际建筑设计有限公司	
建筑师	于爱民，等	
校长	王海霞（2016 年至今）	

供个性化教育。北京十一学校龙樾实验中学的教学空间就是在这一变革影响下所建设的，也属于典型的"先有教育，后有学校"的建设模式。

2.5.7.1 课程设置与教学方式

2010 年的教育改革奠定了北京十一学校龙樾实验中学当下的课程设置与教学方式特点。而时任北京十一学校的校长李希贵成为推动这一变革的主要领导者。李希贵认为，过去的教育将个性差异的学生培养成为统一个体的方式并不可取，教育职能是为了给学生创造成长的平台，并成为独特的个体[1]。北京十一学校龙樾实验中学教育最大的特色即是尊重学生兴趣与个体发展差异，为学生提供个性化教育，一切教学活动均围绕这一理念展开。在课程设置上将国家与地方课程校本化，将国家、北京的教育标准与学生需求相结合，开设丰富的校本课程供学生自主选择；在教学方式上，在"走班制"教学组织下，实行"导师制"，以此对学生进行针对性指导。

1. 课程设置

北京十一学校龙樾实验中学的课程改革改变了过去教育改革中针对某一学科内容或某一方面的调整，而是整体性与结构性的改变[2]。学校延续了本部学校分层、分类、综合、特需的课程体系，将国家与地方课程校本化，以适应学生不同学习情况与学习兴趣。分层，即将理科类必修学科按照难易程度分为若干层，每个层级的课程所采取的学习内容与教学方式都有区别，以顺应不同学生的实际水平与能力；分类，根据学科特点细分为若干技能模块，使学生进行针对性学习；综合，即注重课程的广度，强调学科的综合性，且课程内容超出课本与学校而拓展到社区中；特需，为特殊学生群体制定的个性化课程（表 2.5-12）。

北京十一学校龙樾实验中学课程设置   表 2.5-12

课程类型	学科	特点
分层课程	数学、物理、化学、生物	根据难易程度分层
分类课程	英语、语文、历史、地理、政治	根据技能模块分类
综合课程	艺术、高端科学实验、综合实践、游学课程	多学科综合探索
特需课程	书院课程、援助课程、特种课程	针对特殊学生的特许需求

资料来源：根据李希贵. 学校转型：北京十一学校创新育人模式的探索 [M]. 北京：教育科学出版社，2016. 整理。

截至 2019 年，北京十一学校龙樾实验中学开设有百余门学科课程，36 门综合实践课程，72 个职业考查课程，还包括各类社团课程、高端课程与游学课程[3][4]。课程种类极其丰富，最

---

① 李希贵. 面向个体的教育 [M]. 北京：教育科学出版社，2014：10.
② 迟艳杰. 北京十一学校课程改革的意义及深化发展的问题 [J]. 当代教育与文化，2015（4）：66-70.
③ 张一名. 比肩同行真实的学习 [R]. 北京：全球教育共同体，等，2018.
④ 北京十一学校龙樾实验中学官网：http://www.shiyilongyue.com/index/lists?cate_id=3.

大限度地满足学生个性化发展需要，构建了全面又富有个性的选择性课程体系[①]。

2. 教学方式

在教学方式的组织上，以"走班制"代替传统的"行政班"授课。每个学期前，学生在家长与教师的引导下，根据自身情况选择相应的课程，制订自己的学习计划，学生则根据这份计划到指定教室内上课。教学方式因课程的特点具有三个特征。第一，实行"导师制"，代替传统的"班主任制"。北京十一学校龙樾实验中学同时拥有学科班与导师班两种班级模式。学科班每班 20 人左右，与传统的行政班类似，但不设班主任，只用于组织集体上必修课；导师班则实行师生双向自主选择原则，每位导师负责 16 ~ 18 名学生的日常生活与学习情况，师生之间的关系更加紧密。这两种班级模式都是针对同一年级而设，对于不同年级，则通过各类学生社团形式，适应跨级学生的交往。因此，北京十一学校龙樾实验中学的学生人际关系十分丰富，学生之间、师生之间的交往更加密切。第二，充分运用互联网信息技术教学。在相关制度管理下，学生允许自带上网设备入校，鼓励学生利用互联网资源进行学习；在课堂教学上也运用上网端口进行教学互动，实现 O2O（Online To Offline）学习[②]。第三，教学方式的生活化。提出"教育不是为生活做准备，而是生活本身"的教育理念，为适应与生活相关课程的教学，提倡情境化教育。

2.5.7.2　教学空间

走班制与导师制对北京十一学校龙樾实验中学的教学空间设计提出了独特需求，设计主要从学科教室建设与教学空间情境化营造两个方面予以应对。

1. 学科教室设计

北京十一学校龙樾实验中学目前所开的课程已达数百门，并根据学生的需求不断增加，而学校各类学科教室仅 72 间。传统的每间教室对应一门课程的设计方式无法应对课程的不断变化。因此，实现教室功能的多元化与复合化，保证教室承载更多的教学活动是设计的主要出发点。

设计在教学空间的组织模式上仍采取常见的内廊串联两边教室的模式，但在学科教室的设计上，则极大拓展教室的功能属性。每间教室都集授课区、自学区、研讨区、展示区、储藏区、阅读区、网络学习区、教师办公区等多种功能于一体，并为学生自主学习提供丰富的教学资源，类似一个个小型"图书馆"。师生可在学科教室内进行个体学习、小组讨论、大群体探究等学习活动，增强师生之间的互动。

此外，由于每位教师所负责的学科教室固定，教师可根据教学需要自行对学科教室空间进行二次改造，使每间教室都具有独一无二的特色与氛围。虽然北京十一学校龙樾实验中学建筑规模并不大，功能组织模式也较常规，但空间体验感与新鲜感十足。

---

① 和学新，武文秀. 学校变革理念何以能落到实处——北京十一学校的教学组织形式变革及其启示[J]. 当代教育科学，2019（5）：82-85.

② O2O（Online To Offline），即线上线下，该概念起源于美国，常用于商务领域。北京十一学校龙樾实验中学所提出的"O2O"学习，指的是师生利用互联网，实现线上线下的全天候教学。

图 2.5-19　基础学科类教室空间设计：以英语教室为例

（a）围合式　　　　　　　　　（b）小组式　　　　　　　　　（c）微型法庭

图 2.5-20　空间内教具的灵活布置

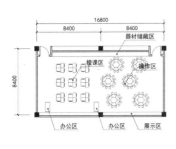

图 2.5-21　理工类教室空间设计：以生物教室为例

在基础学科教室设计上，如语文、数学、英语教室等，每间教室使用面积约 $60m^2$，包含授课区、墙面展示区、图书区、教师办公区、储藏区等，教室内部由负责教师自行决定使用方式，每间教室内部风格均有差异（图 2.5-19）。

同时，教室内的教具布置可根据教学需求自行改变，如传统授课式、围合式、小组式等。如道德与法治教室为了模拟真实法庭场景，将教具布置成微型法庭，极具学科特色（图 2.5-20）。

在以理论学习与实验操作相结合的教室设计上，如物理、化学、生物教室，教室内包含有约 20 个座位的授课区、设备储藏区、操作区、展示区、教师办公区等，每间教室的功能十分复合化与多元化，所承载的教学活动种类也丰富多样（图 2.5-21）。

（a）学生商店	（b）咖啡吧	（c）体育运动区

图 2.5-22　教学空间的社会情境化设计

2. 教学空间的社会情境化

为了应对教育生活化的教学需求，设计将教学空间营造为一处微型社会。在一层和负一层设置类型多样的学生自主活动空间，如由学生自主管理的商店、咖啡吧、体育运动区等。学生商店、咖啡区的空间氛围与商业建筑空间无异；体育运动区氛围与社会上的健身建筑空间类似，设计将各类教学空间真实地情境化，以空间去影响学生行为（图 2.5-22）。

此外，北京十一学校龙樾实验中学把教学空间作为教学的一部分，将组成建筑的各个部分都运用到学生的学习中，十分形象且贴近现实。如电梯向学生展示电梯的运行原理，顶棚直接裸露各种设备管线为学生展示其组成与工作原理等。整个建筑就是一个教材，实现建筑为教学所用。

2.5.8　北京大学附属中学（改造）

北京大学附属中学作为北京市著名高中，其在教育方面的改革也走在全国前列。2010年北大附中开始实行单元制，即将传统的行政班划分为若干个跨年级的学生社区，社区内学生自治，充分发挥学生学习的主动性。2013年单元制又升级为书院制和导师制，旨在创造面向新时代的全新教育，尊重学生个体发展。这一改变无论是课程设置还是教学方式，与传统相比都发生了巨大变化，传统的教学空间已不符合新型教学需求。为此，北京大学附属中学对体育艺术中心及一栋教学楼进行改造，以适应教学的新发展。该项目的设计与建造过程是教育者与建筑师充分沟通、良性互动的过程，同时也是既有教学空间应对教育新发展的一个典型案例（表 2.5-13）。

北京大学附属中学改造项目概况　　　　表 2.5-13

用地面积	—	
建筑面积	26000m²	
班级规模	15班	
项目区位	北京市海淀区	
年份	2014～2016年	
设计团队	Crossboundaries，等	
建筑师	董灏，等	
校长	王铮（2009年至今）	

2.5.8.1　课程设置与教学方式

在以学生为中心、注重学生全人发展的目标下，北大附中实行选课走班制、学院制、书院制、导师制等一系列特色教学模式，课程设置与教学方式也随之发生变化。

1. 课程设置

北京大学附属中学根据学生的不同发展方向，设置四个"学院制"课程管理实体，即行知学院、元培学院、博雅学院和道尔顿学院。各学院所开课程各有侧重，如为高考升学准备的行知课程、以理科为主深入学习的元培课程、以文科综合学习的博雅课程、以中外课程融合的道尔顿课程。此外，还有强调素质拓展与体验的各类活动课程。课程的开放性、自主性能最大限度地满足学生个性发展差异。同时，学科融合使课程之间的界限逐渐模糊，激发学生的学习热情。

2. 教学方式

关注学生个体、实现全人教育是北大附中教学方式的主要出发点。为实现这一目标，在教学组织上，采取选课走班制以尊重学生个性化差异，使学生根据自身情况制定属于自己的学习计划；在教学上实行导师制，对每位学生进行针对性辅导；在学生其他活动上，创办跨年级的"书院制"行政组织，书院内包含行政实体、自治组织，目的为培养学生公共事务能力。目前，北京大学附属中学拥有格物书院、致知书院、诚意书院、正心书院、明德书院、至善书院、新民书院、熙敬书院八大书院。书院作为学生的活动社区，院内各项事务由学生自治，以提升除学术能力之外的其他素质。此外，学校还成立各类学生社团、俱乐部等，充分创造适应新时代需求的全新教学方式[1]。

2.5.8.2　教学空间改造

北京大学附属中学既有的体育艺术中心与教学楼采用传统的单廊串联各功能教室的模式，功能之间彼此独立，固定、封闭的教学空间无法满足注重学生学习的个性化、鼓励学生自发交往的教学新需求。为此，在体育艺术中心与教学楼的空间改造中，以创造开放、灵活、多元的教学空间作为设计的出发点。

设计被称为"拆墙行动"，将原有各功能之间固定的、封闭的隔墙拆除，用可移动的隔断和大面积玻璃落地窗代替，增加空间的灵活度与开放度，以此模糊功能之间的界限，增进师生交流[2]。

在体育艺术中心的改造上，保留原有大空间体育场室不变，着重对艺术区进行改造。拆除原有艺术室的隔墙，用玻璃窗与玻璃门替代；在二层将原有室内跑道增加部分楼板，丰富空间层次，形成多处形式多样的艺术区，增加空间的功能属性[3]。

---

① 北京大学附属中学官网：http://www.pkuschool.edu.cn/handbook/xuexiao_jieshao.html.
② 蓝冰可，董灏. 北大附中海淀本校改扩建项目［J］. 建筑学报，2018（6）：56-61.
③ 董灏，甘力. 从全人教育到全面设计——北大附中朝阳未来学校及海淀本校改造项目的再思考［J］.
　建筑学报，2018（6）：62-63.

在教学楼的改造上，拆除各教室之间的隔墙，教室边界用落地窗替代，增加空间通透性；两间教室之间则用可移动隔断分隔，可根据教学需要自行重组；扩展教室面积范围，丰富教室边界，使过去单向的教学布局变为多向，满足教学的多样化需求；连接各教室的走廊，也设置临时座位与储物壁龛，增加走廊的功能属性。在教学楼内的其他功能上，如礼堂空间，拆除会堂后排座席入口的隔断墙，用推拉门代替，同时将传统的单向台阶式座席改造为具有围合感的座席，主席台与观众联系更加紧密，也赋予该空间其他的使用方式[①]（表2.5-14）。

北大附中改造策略 表2.5-14

改造内容	改造前平面示意	改造后平面示意	改造后空间效果
体育艺术中心			
教学区			
走廊			
礼堂			

① 刘笑楠. 两次北大附中改造背后的设计思考——访 Crossboundaries 建筑设计事务所合伙人董灏、蓝冰可 [J]. 建筑技艺，2018（4）：26-35.

新的改造丰富了教学空间的形式、功能属性与空间开放度，各功能之间贯通融合，为学生的个性化学习与交流互动提供空间支持。

2.6 本章小结

本章系统梳理了我国从新中国成立至今 70 余年教育与教学空间的发展历史，并对当下教育变革与教学空间的理论与实践的新型成果、发展趋势作了研究。根据教育发展特点，将这 70 余年的历史分为 1949~2010 年和 2010 年至今两个阶段，比较两个阶段教育与教学空间的发展特点，总结经验与教训，为后文的研究提供借鉴与参考（表2.6-1）。

我国中小学教育变革与教学空间的特点归纳（1949 年至今）　　表 2.6-1

阶段	1949~2010 年	2010 年至今
教育变革	课程体系逐渐成熟，课程种类不断丰富，但由于单一的考试招生制度、具有等级观念的师生课堂关系与"重点学校"的设立等因素的影响，教育呈现以下特点： （1）在课程设置上，在"素质教育"的影响下，课程种类与数量不断丰富，但在实践中仍以学术课程为主，拓展课程重视不够，各地一直采用国家统一的课程体系，缺乏灵活性和多样性； （2）在教学方式上，以考定教，以教师为中心单方向灌输教育，强调教学的效率，学生的个性化需求得不到满足，期间以追求教育质量发展的"素质教育"改革工作收效甚微	"以学生为本"、尊重学生个性化与多样化发展成为教育发展的新趋势。经过十多年的发展，在中小学课程设置与教学方式上取得了实质性进展，这些新成果的特点如下： （1）在教育变革的程度上主要包括"基于传统教育进行局部优化"和"对传统教育进行系统性革新"两种类型； （2）一方面在国家课程标准的要求下，开足国家课程，但丰富课程设置形式，改变过去单学科设置方式，积极发掘地方和校本课程，突出学校特色。这就形成了以国家课程为本、以地方和校本课程作补充的多样化课程体系。具体体现在义务教育阶段校本课程的繁荣、高中教育阶段选课走班制下的选择性课程设置，传统统一课程体系改善； （3）在教学方式上，以学定教，因材施教，积极尝试新型教学方式，并将教育与生活紧密相连；师生在教学中的定位发生变化，学生成为学习的主动者，教师成为学习的引导者、陪伴者，"学生主体，教师主导"的"双主"教学模式被广为推崇，强调学生学习的自主性、师生的互动性，以确保新型课程的实施效果
教学空间	在教育本身的缓慢发展、规范的统一与严苛、设计习惯的僵化等因素影响下，教学空间呈现以下特点： （1）教学空间设计普遍采用"范式"，空间模式革新鲜有进步，经济与效率成为设计的主要原则； （2）期间对于教学空间的探索集中在以提升学生"课下"活动质量的"非正式"教学空间（共享空间）设计上	（1）基于传统教育进行局部优化类型，增加教室种类，主要对于"课下"活动的"非正式"教学空间（共享空间）进行进一步探索，形式更加丰富。从学生心理与生理发展出发，创造符合学生需求的"课下"活动空间，突破设计"范式"习惯，空间呈现出多元化、趣味性特点； （2）对传统教育进行系统性革新类型，则对教学空间的各个方面进行整体、全新的设计，包括教学空间框架、功能场室、共享空间等类型，涵盖室内空间、室外教学环境、细部设计等内容，以适应教学的新需求

阶段	1949~2010 年	2010 年至今
教育变革与教学空间之间的内在关联与作用机制	（1）在中小学教育没有取得实质性进展的前提下，中小学校教学空间的发展也主要体现在建设标准与建设量的不断提升上，空间模式鲜有突破； （2）教育学与建筑学之间的关系逐渐脱节，教育因素对于教学空间的影响力不断减弱甚至消失，教学空间的设计不再以教学需求作为创新驱动而转向其他	教育学与建筑学的关系紧密，教学需求成为教学空间设计的基础；教学空间的设计为教学的顺利实施提供保障，并反过来影响教学的调整与进步
教学空间的设计程序	"交钥匙"工程模式逐渐增多，教育者与建筑师之间的沟通受阻，彼此信任度缺失	包括建筑师、教育家、校方、政府部门、企业机构等多方形成协作共同体，采取"先有教育，后有学校"或"教育与学校共同发展"的设计程序

第**3**章 适应教育变革的教学需求研究

　　从前文国内当代中小学教育变革与教学空间的理论与实践研究可知，教育因素在教学空间设计中起到重要作用，教学需求是适应教育变革的教学空间设计的教育学基础。教学需求是由课程设置、教学方式共同决定的：教学方式对教学空间直接产生需求，而课程设置又直接影响教学方式的组成。本章立足国内，以一线城市为例，采用类型学的方法，基于教育变革背景下既有的课程设置与教学方式新型成果调研，将教育学要素转化为对设计具有切实指导作用的成果。

　　在技术路线上，采取"先构建整体教学需求集合，后分析实践下的教学需求"的顺序。首先，对直接影响教学空间设计的教学方式进行研究（图3-1中的1、2）。根据建筑设计研究的特点对教学方式进行适应性整合与归纳，借鉴国内外对教学方式在建筑学领域适应性研究的最新成果与方法，基于我国教育变革下的最新教学方式成果调研，纳入影响教学方式分类的影响因素。借鉴"整合理论"模型构建"教学方式整合模型"，将我国教学方式新成果整合到四个象限中，以此为工具对每种教学方式下的教学行为进行分析，研究各种教学方式的特点与需求，以此构建完整的教学需求集合。随后，以我国目前典型的四种教学方式的教学组织形式为例，研究教育变革在实践层面中课程设置和教学方式的构成特点，总结教学需求的共性与趋势，为后文研究提供教育学基础（图3-1中的3、4）。

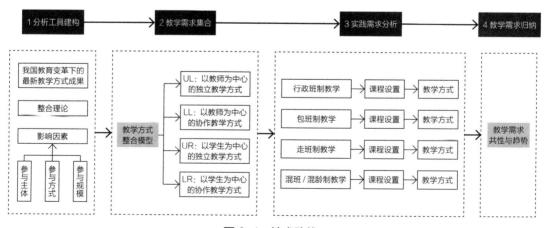

图 3-1　技术路线

3.1 教学方式在建筑学领域适应性研究综述

教育学领域对教学方式的分类极其丰富，不同的分类标准有不同的名称与特点，如当下新兴的就有项目式教学、探究式教学、启发式教学、游戏化教学等。这些从教育视角提出的概念目的是改进教学方法、增强教学效果，但对于建筑学的设计研究而言，则很难对教学空间设计提出具体的教学需求。因此，在研究教学需求之前，有必要根据设计研究的特点对其进行适应性整合与归纳，为教学空间设计提供基础。在此方面，国内相关研究较少，最新成果主要是国外学者的研究。在方法上，国外学者在此方面引入了教育学领域的行为研究——教学行为，即研究教学方式的表现形式。两个概念没有明确的界限，是教育学与建筑学领域的不同侧重点，强调共性（表3.1-1）。

国外学者对于教学方式在教育学领域适应性研究的主要成果对比　　表 3.1-1

序号	研究者	时间	教学方式 / 行为	特征	示意图
1	肯尼·费舍尔，斯科特·韦伯	2004～2005 年	授课教学	将信息由点到面传递	
			应用教学	学徒模式，一对一指导	
			创造与制作教学	平等地进行交流，将抽象知识转化为实际产品	
			交流	信息交流	
			决策	以决策为目的	

序号	研究者	时间	教学方式/行为	特征	示意图
2	基姆·杜威，肯尼·费舍尔	2014年	演示汇报（25~150人）	大部分人被动接受教育，受教育人数规模不定，从一个班到一个年级，信息交流高效	
			大规模交互式教学（25~75人）	教学行为的规模从小到大可自由调整，一般分为4~6个小组，进行小组教学	
			中等规模交互式教学（20~25人）	特点与上一种类似，但规模较小，有指导教师	
			创意性交互式教学（20~25人）	教学方式与上一种类似，但采取的工具和资源多样，注重动手实践	
			小规模交互式教学（2~5人）	小型的自主学习	
			个体学习（1人）	个人学习活动，包括阅读、写作、动手实践	

序号	研究者	时间	教学方式/行为	特征	示意图
3	韦斯利·伊姆斯，玛丽安·马哈特，特里·拜尔斯，丹·墨菲	2017年	教师协助演示，直接指导或大组讨论	—	
			教师协助小组讨论或指导	—	
			小组教师协助演示，直接指导或大组讨论	—	
			合作学习，教师根据需要进行指导	—	
			一对一指导	—	
			个体学习	—	
4	库尔特·埃格恩施威勒，M. 斯洛维切克	2008年	课堂授课和演示	包括以讲座、报告等形式进行信息交流	
			小组讨论	围绕桌子而坐，进行小组讨论，交换想法或者游戏	

序号	研究者	时间	教学方式/行为	特征	示意图
4	库尔特·埃格恩施威勒，M. 斯洛维切克	2008 年	分组练习	小规模地阐述观点、练习、交换想法，规模不定	
			项目学习	收集、介绍项目信息	
			自主学习	形式多样，学生根据需要进行自主学习	

资料来源：序号 1：FISHER K. Linking Pedagogy and Space [R]. Department of Education and Training, 2005：2.01-2.02；序号 2：改绘自 DOVEY K，FISHER K. Designing for adaptation：the school as socio-spatial assemblage [J]. The Journal of Architecture, 2014, 19（1）: 43-63；序号 3：IMMS W, MAHAT M, BYERS T, et al. Technical Report 1/2017: Type and Use of Innovative Learning Environments in Australasian Schools ILETC Survey 1 [R]. Melbourne: University of Melbourne, 2017: 14；序号 4：改绘自 EGGENSCHWILER K, CSLOVEJCSEK M. Acoustical requirements of classrooms and new concepts of teaching [C]. Paris: In Acoustics 08 Paris: 6395-6400.

（1）澳大利亚墨尔本大学的学习环境学家肯尼·费舍尔（Kenn Fisher）于 2004 年在其他相关研究基础上，将澳大利亚 P-12 中小学教学方式按照以学习者为中心的学习环境教学、基于问题和资源的点对点教学、基于问题和资源的综合教学、理论联系实践的整合教学、评估教学和基于实际问题的项目式教学的教育学方法，将在此之下的教学行为分为五种：授课、应用、创造、交流与决策[①]。

（2）澳大利亚墨尔本大学建筑与城市设计教授基姆·杜威（Kim Dovey）和肯尼·费舍

① FISHER K. Linking Pedagogy and Space [R]. Department of Education and Training, 2005: 2.01-2.02.

尔2014年对中小学内以"学生为中心"的各类教学方式结合教学行为规模，归纳为六种类型，分别为演示汇报（25～150人）、大规模交互式教学（25～75人）、中等规模交互式教学（20～25人）、创意性交互式教学（20～25人）、小规模交互式教学（2～5人）和个体学习（1人）[1]。

（3）澳大利亚墨尔本大学韦斯利·伊姆斯（Wesley Imms）等人在肯尼·费舍尔研究的基础上，在2017年的报告中又重新归纳了六种教学行为类型，分别为教师协助的演示、教师协助的小组讨论、教师协助的大组讨论、合作学习、一对一指导和个人学习[2]。

（4）英国伦敦南岸大学学者布丽奇特·希尔德（Bridget Shield）等人为应对教学空间内的声学设计，将教学行为类型分为四种：全体授课、个体工作、小组合作和观看/聆听[3]；瑞士声学专家库尔特·埃格恩施威勒（Kurt Eggenschwiler）等人在2008年的研究中也立足于声学角度，将教室内的教学行为分为五种，即课堂授课、小组讨论、分组学习、项目学习和自主学习[4]。

国外教学方式在建筑学领域的适应性研究成果对于我国而言具有两点不足。

（1）忽视教育学原理

上述提及的四种教学方式适应性研究方法，强调建筑学因素，而相对忽视了教育学教学方式的原理，缺乏必要的教学方式影响因素。无论是肯尼·费舍尔提出的教学方式五分法、六分法还是韦斯利·伊姆斯提出的教学方式六分法等，教学方式的参与主体、参与方式、参与规模三要素均不完整。这就使教学行为的分类过大，设计指导性较弱。

（2）缺乏国内运用的现实基础

这些研究往往带有鲜明的区域特色，并以西方国家的中小学教学方式为主要研究对象。在研究的方法上具有启发意义，但具体的成果运用于国内时，缺乏必要的现实基础，适应性较弱。

上述学者引入教学行为的研究为本书提供了启发。因此，本书以这些研究为基础，基于国内中小学教育变革现状研究与调研，从建筑学设计研究的适应性与完整性出发，对教学方式的适应性研究进行重新调整与完善，强调教育学与建筑学的融合，形成研究特色。

---

① DOVEY K, FISHER K. Designing for adaptation: the school as socio-spatial assemblage [J]. The Journal of Architecture, 2014, 19 (1): 43-63.

② IMMS W, MAHAT M, BYERS T, et al. Technical Report 1/2017: Type and Use of Innovative Learning Environments in Australasian Schools ILETC Survey 1 [R]. Melbourne: University of Melbourne, 2017: 14.

③ SHIELD B M, CONETTA R, DOCKRELL J, et al. A survey of acoustic conditions and noise levels in secondary school classrooms in England [J]. The Journal of the Acoustical Society of America, 2015, 137 (1): 177-188.

④ EGGENSCHWILER K, CSLOVEJCSEK M. Acoustical requirements of classrooms and new concepts of teaching [C]. Paris: In Acoustics 08 Paris: 6395-6400.

3.2 分析工具建构：教学方式整合模型

3.2.1 影响因素纳入

从前文可知，随着教育的变革，教学方式从传统的由"教师→学生"的单向灌输，发展至多样与多元。为此，本书基于这些新成果，重新纳入影响因素。

3.2.1.1 参与主体：教师与学生

从国内外中小学教育变革的现状与趋势可看出，学生的学习特征主要分为两大类：浅表学习（Surface Learning）和深度学习（Deep Learning）。这两种学习类型取决于教学方式中的两个参与主体：教师和学生。浅表学习是在传统教育中，为了满足教学评估需要而进行的针对性学习，是以教师为中心（Teacher-Centered），强调教学与管理的效率；深度学习则更加强调以学生为中心（Student-Centered），在教师的指导下，由学生自主构建知识架构，以实现高阶能力的掌握与应用[1]。因此，同一类型的教学方式虽然表现类似，但因教师和学生角色定位不同而使教学方式的出发点与本质有所区别（表3.2-1）。如同为小组讨论，以教师为中心的小组讨论注重模仿与记忆，学生的学习节奏受教师把控，本质上仍是传统授课制的一种变形，即"教师主动，学生被动"；而以学生为中心的小组讨论，教师则主要起到教学大方向的指导作用，学习的过程与结果取决于学生自己，即"学生主体，教师主导"。根据参与主体的不同，已经把所有教学方式分为两大类，即"以教师为中心"的教学方式与"以学生为中心"的教学方式。

"以教师为中心"与"以学生为中心"类型下的教学方式对比　　　　　表3.2-1

类型	学习特征	特点	优缺点	下位教学方式
以教师为中心	浅表学习	教师作为教学方式的主导者，教师传授知识与信息，学生被动接受，以测试作为教学评估，教学与评估独立分开	优点：课堂秩序较好，教师很容易控制教学节奏，教学效率高； 缺点：学生自主学习能力、与他人沟通能力减弱，教师的教学热情、学生的学习兴趣得不到较好调动	各类以教师直接指令为基础的教学方式，如教师授课、背诵等
以学生为中心	深度学习	师生关系平等，教学方式是教师与学生共同合作完成，教学评估的形式更加多样与灵活，教学与评估相互联系	优点：教学形式多样，满足学生学习的差异化； 缺点：课堂纪律与节奏变得复杂，对教师的教学水平要求高，否则很容易顾此失彼	项目式教学、探究式教学、启发式教学、游戏化教学、问题导向教学、现象式教学、真实的学习等

---

[1] 彭红超，祝智庭. 深度学习研究：发展脉络与瓶颈 [J/OL]. 现代远程教育研究，2020，32（1）：1-10.

从前文的教育发展研究可看出，传统教育中过度强调以教师为中心的浅表学习与时代的需求产生矛盾，越来越多的学校在教学中不断加大以学生为中心的教学方式比重，寻得二者之间的平衡[①]。

3.2.1.2 参与方式：独立与协作

教学参与方式有独立与协作之分，两者的区别在于教学方式的参与主体是否对其他人产生影响（特指学生与学生、教师与教师之间的影响）。顾名思义，独立的教学方式强调教学行为的独立、自主，并不与其他人产生关系与互动，如学生或教师个人的思考、阅读与操作，以教师为中心的授课（学生之间互不影响与交流）或在以学生为中心类型下的教师一对一指导（One-to-One，该学生与其他学生不交流）。协作的教学方式则是强调个体与个体之间的互动与合作，诸如小组讨论、圆桌会议、互动演讲等。这两种方式在中小学教学方式中同时存在。

3.2.1.3 参与规模：小和大

教学方式同时也受到参与主体规模的影响，同类型的教学方式因参与主体规模的不同而对教学空间产生不同的需求，最直接的表现在于空间的面积和形式。如同为集体参与的讨论式教学，4~6人的小组与20人的大组所需要的空间形式与规模是不同的。教学方式参与的规模越小，对空间的需求越简单，教学空间的适应性强；相反，参与规模越大，则对于教学空间的需求则越具体，设计的方向性就越明确。

在规模研究方面，往往以班额作为参与规模划分的主要依据。澳大利亚的基姆·杜威和肯尼·费舍尔提出的教学方式六分法中，所提及的规模范围梯度为1人—25人—75人—150人，这与澳大利亚中小学的普遍班额20~25人/班相适应；日本学者长泽悟在2019年所提出的"Learning Pod"规模梯度为1人—35人—100人，也与日本中小学的普遍班额30~40人/班相适应[②]。鉴于上述研究基础，本研究的参与规模因素基于国内中小学的普遍班额（包括一线城市）35~50人/班为单位[③]，规模梯度采取"1人—10人—50人（或35人，1个班）—150人（3个班）—整个年级—全校"，最后两个梯度由于学校之间差距太大，仅以概念描述。其中，1~10人为小规模教学方式；10~50人（1个班级左右规模）为中等规模教学方式；50人以上（超过1个班级规模）为大规模教学方式。

3.2.2 模型建构借鉴：整合理论

整合理论（Integral Theory），其最大的特点是将研究范畴变得更加全面与包容，积极吸

---

① https://teach.com/what/teachers-know/teaching-methods/.

② 长泽悟. 设计未来的学习空间：从课堂转变为 Learning Pod [R]. 上海：BEED Asia, 2019.

③ 完全小学班额45人/班，非完全小学班额30人/班（城市中该类型极少）；完全中学、初级中学、高级中学班额50人/班。根据调研结果，很多经济发达城市的部分中小学班额可以达到35人/班，甚至以下，因此本书选择区间为35~50人/班。详见：中小学校设计规范：GB 50099-2011 [S]. 北京：中华人民共和国住房和城乡建设部，2010.

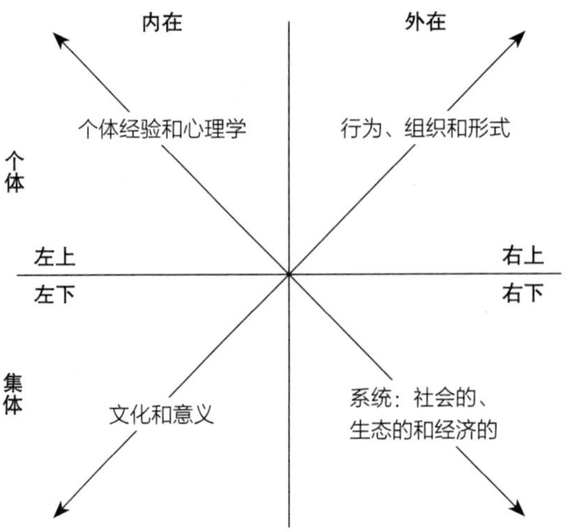
内在
外在
个体经验和心理学
行为、组织和形式
个体
左上
左下
右上
右下
集体
文化和意义
系统：社会的、
生态的和经济的

图 3.2-1　整合理论

资料来源：改绘自 BUCHANAN P. The big rethink Part 3：Integral Theory［J］. The Architectural Review，2012.

收与研究相关的其他学科内容，兼顾丰富性与严谨性、广度与深度，以此激发新的见解。

典型的代表人物是美国著名心理学家肯·威尔伯（Kenneth Earl Wilber），他提出的“全象限、全层次”AQAL（All Quadrant，All Level，简称 AQAL）是其哲学思想的核心。该模型主张心理学应当拓展研究视野，涵盖主观性、客观性、主体间性、客体间性[①]。根据威尔伯的理论，AQAL 将所有知识和经验都沿着“内在—外在”“个体—集体”的轴线放置在四象限网格中，并以此整合知识、经验与原则[②]。事物的内部就是“意识”，外部是可感知的“形式”[③]。

整合理论也被运用于建筑学领域。2011～2012 年，《建筑评论》（*The Architectural Review*）杂志推出彼得·布坎南（Peter Buchanan）撰写的评论文章《大反思》系列（*The Big Rethink*），其中第三篇引入了建筑整合理论，为 21 世纪的建筑和城市设计建立了一个新的研究框架[④]（图 3.2-1）。

3.2.3　教学方式整合模型建构与利用

本书借鉴肯·威尔伯提出的四象限模型方法，以国内教学方式现状调研为基础，引入影

---

① 李明，潘福勤. AQAL 模型及其心理学方法论意义［J］. 医学与哲学（人文社会医学版），2008（1）：37-39.

② WILBER K. An Integral Theory Of Consciousness［J］. Journal of Consciousness Studies，1997，4（1）：71-92.

③ WILBER K. Sex，Ecology，Spirituality. The Spirit of Evolution［M］. Boston&London：Shambhala，1995.

④ BUCHANAN P. The big rethink Part3：Integral Theory［J］. The Architectural Review，2012.

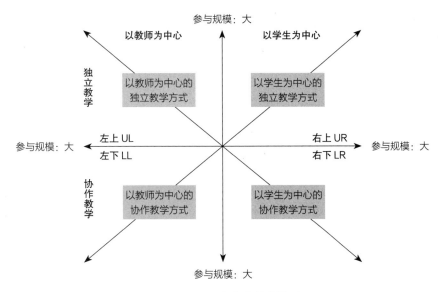

图 3.2-2　教学方式整合模型

响教学方式的三个影响因素：参与主体、参与方式与参与规模，提出教学方式整合模型，旨在拓展研究视野，尽可能全面而系统地涵盖各类教学方式。

模型由两根正交轴线划分为"以教师为中心—以学生为中心"和"独立—协作"四个象限，距离中心点的距离代表参与的规模大小（图 3.2-2）。由于此模型并不是严格意义上的"笛卡尔坐标系"，因此采取位置命名各象限名称。四个象限分别为：

（1）左上象限（Upper Left，UL）：以教师为中心的独立教学方式；

（2）左下象限（Lower Left，LL）：以教师为中心的协作教学方式；

（3）右上象限（Upper Right，UR）：以学生为中心的独立教学方式；

（4）右下象限（Lower Right，LR）：以学生为中心的协作教学方式。

在"以教师为中心"和"以学生为中心"两大类中，各有一个特殊情况，即全教师参与和全学生参与的教学方式。前者主要包括教师的办公、研讨和会议；后者主要是学生"课下"的自主活动。该模型相比于其他研究而言，最大限度地将国内乃至国外现阶段与可预见未来内的教学方式类型纳入，可系统、完整地分析教学方式对于教学空间的需求。下文则以该模型为工具，纳入教学行为研究，逐一分析每个象限的教学方式类型与特点。

3.2.3.1　左上象限 UL：以教师为中心的独立教学方式

1. 教学方式特点

该种教学方式是传统教育中常见的类型，但随着教育的发展，在具体的教学实践中呈现出新的特点。

（1）师生关系：教师在教学方式的开展中处于至高无上的地位，是教学方式的主动方，决定教学方式的节奏与发展方向。学生是信息和知识的被动接收方，通过记忆和模仿教师的知识和操作来学习。同时，参与教学行为的学生个体之间缺乏互动，强调个体的学习。

（2）知识传递方式：信息和知识主要通过"教师到学生"的单方向传授，强调教学效率与教学秩序。

2. 教学行为种类与特点

根据参与主体与参与规模，归纳以教师为中心的独立教学方式的各类教学行为如表 3.2-2 所示，并具有如下特点：

（1）小规模的教学行为具有灵活性、多样性特点，有正式和非正式偶发的区别；

（2）中、大规模的教学行为，由于考虑教学管理与效率，形式及发生的场所较固定。

以教师为中心的独立教学方式的教学行为 表 3.2-2

参与主体	类型	参与规模	示意图	教学行为场景	发生场所
全教师参与（教师办公）	教师个人办公	1 人			普通教室
	教师小组办公	1~3 人			开放教室
	教师大组办公	10~35 人			教师办公室
	教师集体办公	35 人以上			集中办公室

参与主体	类型	参与规模	示意图	教学行为场景	发生场所
全教师参与（教师办公）	教师会议	10～35 人			会议室
	讲座	150 人以上			会堂
师生共同参与	一对一指导	2 人			开放办公室
	小组授课	10～35 人			普通教室
	组群授课	35～50 人			普通教室

参与主体	类型	参与规模	示意图	教学行为场景	发生场所
师生共同参与	组群制作	35~50人			专用教室
	班级授课	35~50人			普通教室
					图书馆
					体育馆
					架空层

参与主体	类型	参与规模	示意图	教学行为场景	发生场所
师生共同参与	班级授课	35～50人			运动场
	合班授课	50人以上			合班教室 / 共享空间
	大规模讲座 / 典礼	150人以上		（资料来源：北京四中房山校区 / 提供）	礼堂 / 体育馆 / 室外庭院

注：示意图中黑色点代表教师，灰色点代表学生。

3. 对教学空间的影响

在强调教学效率与秩序、学生个体之间缺乏互动的教学特点下，教学行为类型与规模对教学空间产生以下影响。

（1）小规模的教学行为注重私密性。由于教学行为类型多样，所发生的场所也比较丰富，如正式的教室、办公室，非正式的走廊、图书馆、户外活动空间等。

（2）中、大规模的教学行为注重教学的秩序，往往产生的场所较固定，便于管理，如各类学科教室、公共教室等。由于参与主体之间互不影响，空间设计较简单，按照经济标准计算座位、面积等指标。

3.2.3.2 左下象限LL：以教师为中心的协作教学方式

1. 教学方式特点

"素质教育"的影响对该种教学方式的发展起到了促进作用，也是目前国内大部分中小学常采用的教学改革突破点，主要具有以下特点。

（1）师生关系：教师在教学方式的开展中处于至高无上的地位，是教学方式的主动方，决定教学方式的节奏与发展方向。学生是信息和知识的被动接收方，通过记忆和模仿教师的知识和操作来学习。同时参与教学行为的学生个体之间形成互动，但仍是以教师意愿为导向，具有明确的目的性，学生之间协作的过程与结果一般相似。

（2）知识传递方式：在主要通过"教师到学生"的单方向传授的基础上，增加了学生的反馈比重。

2. 教学行为种类与特点

根据参与主体与参与规模，归纳以教师为中心的协作教学方式的各类教学行为如表3.2-3所示，并具有以下特点：

（1）小规模的教学行为具有灵活性、多样性特点，以非正式的偶发为主；

（2）中、大规模的教学行为注重学生在课堂上的参与度，课堂氛围活跃。

以教师为中心的协作教学方式的教学行为　　　　　　　表3.2-3

参与主体	类型	参与规模	示意图	教学行为场景	发生场所
全教师参与（研讨）	教师研讨	2~5人			临时会议桌
	教师会议（非正式）	10~35人			普通教室
	教师论坛（正式）	150人以上			会堂

参与主体	类型	参与规模	示意图	教学行为场景	发生场所
全教师参与 （研讨）	教师论坛 （非正式— 聚焦）	150人以上			架空层 体育场
	教师论坛 （非正式— 无目的）	150人以上			大堂
师生共同 参与	小组讨论	3~10人			专用教室
	学生汇报 与提问	10~35人			普通教室
	组群协作	35~50人 （1个班）			专用教室

参与主体	类型	参与规模	示意图	教学行为场景	发生场所
师生共同参与	班级互动教学	35~50人（1个班）	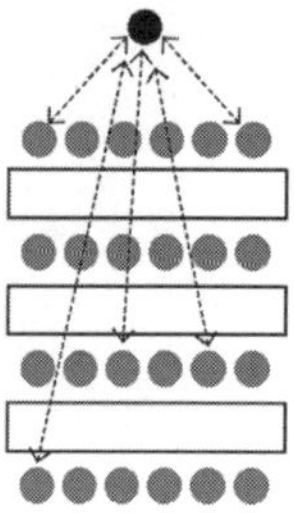		普通教室
	排练	50人以上	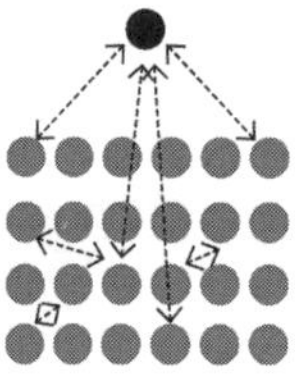		会堂
					舞蹈教室
	大规模演出	150人以上	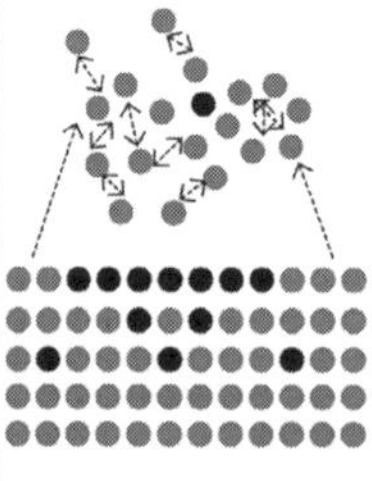		礼堂/体育馆

注：示意图中黑色点代表教师，灰色点代表学生。

3. 对于教学空间的影响

教学方式强调教学效率与秩序，同时兼顾学生个体之间的互动，增强学生的参与感。其教学行为类型与规模对教学空间产生以下影响。

（1）小规模的教学行为因具有灵活性、多样性、偶发性特点，教学空间主要以各类多功能的共享空间为主，如走廊、户外活动空间等。

（2）中、大规模的教学行为仍注重教学的秩序，虽发生的场所固定，但表现形式多样。教学空间需能满足多种形式教学方式需求的转换，如小组教学、大组教学等，空间氛围较活跃。

3.2.3.3 右上象限UR：以学生为中心的独立教学方式

1. 教学方式特点

对于以学生为中心的独立教学方式类型，主要针对学生个体的学习兴趣、学习规律与差异，满足不同学生个体的需求，实现个性化教学。

（1）师生关系：教师与学生在教学行为中地位平等，共同协作完成教学目标。教师是教学的主导者，对学生学习起到引导作用，学生成为学习的主动者，针对自身情况进行个人知识的建构。参与教学行为的学生注重个体的学习。

（2）知识传递方式：信息和知识的传递方向是双向的，教学过程与教学结果同等重要。

2. 教学行为种类与特点

根据参与主体与参与规模，归纳以学生为中心的独立教学方式的各类教学行为如表3.2-4所示，并具有以下特点：

（1）主要以小规模的教学行为为主，注重学生个体的发展；

（2）由于学生个体的差异性，所呈现的教学行为更为多样化，往往以非正式教学为主。

以学生为中心的独立教学方式的教学行为　　　　　表3.2-4

参与主体	类型	参与规模	示意图	教学行为场景	发生场所
全学生参与	个体学习	1人	●		普通教室
					走廊

参与主体	类型	参与规模	示意图	教学行为场景	发生场所
全学生参与	个体学习	1人			开放教室
					图书馆
	个体游戏	1人			架空层
					走廊
	小组阅览	2~5人			图书馆

参与主体	类型	参与规模	示意图	教学行为场景	发生场所
全学生参与	集体阅览	10 人以上	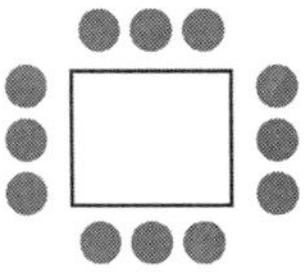		开放教室
			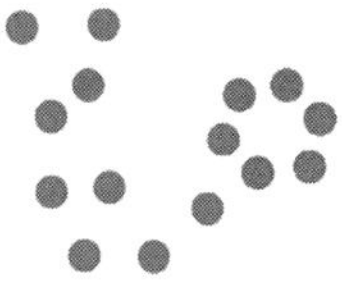		图书馆
师生共同参与	一对一教学	2 人	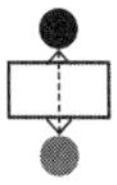		图书馆
					洗手台

注: 示意图中黑色点代表教师, 灰色点代表学生。

3. 对于教学空间的影响

该教学方式类型强调教学的差异化与个性化，主要以小规模的、非正式教学行为为主，对教学空间产生以下影响：

（1）空间注重私密性与多样性，空间氛围利于学习行为的发生；

（2）由于教学行为的偶发性，空间教学资源应分布均匀，以支持教学的随时发生。

3.2.3.4 右下象限LR：以学生为中心的协作教学方式

1. 教学方式特点

这一类型是国内外中小学所推崇的教学方式。以学生为中心的协作教学类型，注重师生之间的互动与交流，培养学生的协作、集体能力，将教学效果发挥到最大。

（1）师生关系：教师与学生在教学行为中地位平等，共同协同完成教学目标。教师是教学的主导者，对学生学习起到引导作用，学生成为学习的主动者，针对自身情况进行个人知识的建构。参与教学行为的学生、教师之间形成学习共同体，共同完成教学任务。

（2）知识传递方式：信息和知识的传递方向是双向的，教学过程与教学结果同等重要。

2. 教学行为种类与特点

根据参与主体与参与规模，归纳以学生为中心的协作教学方式的各类教学行为如表3.2-5所示，并具有以下特点：

（1）教学规模与形式极其丰富且灵活，以顺应教学目的多样化需求；

（2）教学行为的组成单元不再以个体为基本单位，而是以团体作为基本单位，教学行为在团体内具有极强的公共性特征。

以学生为中心的协作教学方式的教学行为 表3.2-5

参与主体	类型	参与规模	示意图	教学行为场景	发生场所
全学生参与（以课外活动为主）	一对一游戏	2人			走廊
	一对一交流（偶发）	2人			图书馆

参与主体	类型	参与规模	示意图	教学行为场景	发生场所
全学生参与（以课外活动为主）	一对一交流（正式）	2人			开放讲台
	移动式交流（非正式）	2~5人			走廊
	小组学习	2~10人			教室
					图书馆
					共享空间

参与主体	类型	参与规模	示意图	教学行为场景	发生场所
全学生参与（以课外活动为主）	小组学习	2~10人			共享空间
	小组游戏	2~10人			连廊
					室外庭院
					架空层
					楼梯走廊

参与主体	类型	参与规模	示意图	教学行为场景	发生场所
全学生参与 （以课外活动为主）	小组游戏	2～10人			操场
	班级游戏 （1个班）	35～50人			教室
		35～50人			室外庭院
		35～50人			室外广场

参与主体	类型	参与规模	示意图	教学行为场景	发生场所
全学生参与（以课外活动为主）	集体游戏（2个班以上）	50人以上			操场
	演出（非正式）	50人以上			学校大堂
师生共同参与	小组讨论（正式）	2~10人			共享空间
					教室
	小组讨论（非正式）	2~10人			咖啡吧

参与主体	类型	参与规模	示意图	教学行为场景	发生场所
师生共同参与	小组讨论（非正式）	2～10人			共享空间
	小组制作	5～10人		 （资料来源：卢路路／提供）	走廊
	小组游戏	10～35人			教室
	学生展示	5～10人			走廊

参与主体	类型	参与规模	示意图	教学行为场景	发生场所
师生共同参与	组群讨论（小规模）	10~35人			教室
	组群讨论（中等规模）	35~50人（1个班）			教室
	组群讨论（大规模）	50~150人（2~3个班）			教室
	学生演示（小规模）	10~35人			教室
	学生演示（大规模）	50~100人			共享空间

参与主体	类型	参与规模	示意图	教学行为场景	发生场所
师生共同参与	集体交流	150 人以上	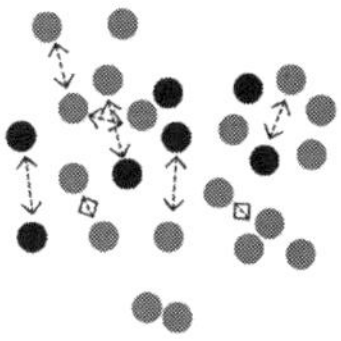		走廊
					架空层
	演出（正式）	150 人以上	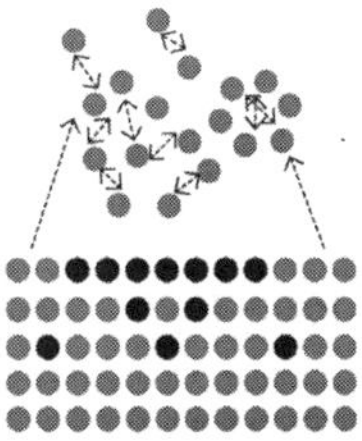		会堂

注：示意图中黑色点代表教师，灰色点代表学生。

3. 对于教学空间的影响

该教学方式类型强调师生之间的互动与协作，其教学行为类型与规模对教学空间产生以下影响：

（1）教学行为的规模具有不定性特点，教学空间也应以灵活性适应规模的自由调整；

（2）教学行为的发生场所具有不定性，学校的任何教学空间均可成为教学的发生场所。

3.2.4 完整教学需求集合

教学方式整合模型基本上涵盖了国内甚至国外目前与在可预见未来内的教学方式类型。在我国，地域与学校之间的差异使中小学的教育呈现多样化发展，教学方式整合模型的构建在把握教学方式本质的前提下简化了研究对象，更利于归纳教学需求（表 3.2-6）。

教学方式	左上象限 UL： 以教师为中心的独立教学方式	左下象限 LL： 以教师为中心的协作教学方式	右上象限 UR： 以学生为中心的独立教学方式	右下象限 LR： 以学生为中心的协作教学方式
教学方式特点	以教师为中心，强调教学的效率与秩序，知识传递方式是单向的		以学生为中心，教师为主导，知识传递的方式是双向的	
	学生个体之间不产生或很少产生互动	学生个体之间产生互动	注重学生个体的学习	师生之间、学生之间形成学习共同体
教学行为特点	小规模教学行为具有多元化特征，中、大规模教学行为注重效率与管理，形式较固定	小规模教学行为具有多元化与偶发性特征，中、大规模教学行为注重学生之间的参与度，课堂氛围活跃	以小规模的教学行为为主，注重个性化和差异性	形式与规模多样，具有极强的公共性特点
对教学空间的影响	以强调私密与领域感的教学空间为主，便于教学管理	在便于管理的前提下创造多样化空间满足师生之间的协作教学，同时提高教学空间人均建筑面积规模，以适应不同形式的协作教学	注重私密性与多样化，满足学生个性化学习需求	空间具有较强的灵活性，适应不同规模、不同形式的教学方式

将四种教学方式下的各类教学行为纳入教学方式整合模型中，可丰富模型的内容。教学方式的参与主体、参与方式与参与规模共同形成教学需求，实现将教育学要素转化为对设计具有切实指导的成果，形成完整的教学需求集合（图 3.2-3）。

3.3 教学组织下的教学需求发展研究

不同学校的教学方式特征，即四个象限教学方式不同配比的结果。微观层面的教学行为共同组成了一所学校整体的教学方式特征，同时，所有教学方式对于教学空间的需求也确定了整个学校的教学需求。

本节仍立足国内，以目前国内典型的四种教学方式的教学组织形式为例，包括行政班制教学、包班制教学、走班制教学和混班／混龄教学，利用教学方式整合模型逐一分析各教学组织下对教学空间的需求特点，把握教育变革在教育实践层面的教学需求共性与趋势，为后文研究提供教育学基础。

3.3.1 行政班制教学

3.3.1.1 教学组织特点

行政班制教学（Administration Class System），即将一定数量的学生编排成班，并以班级为单位进行统一的管理与教学。具有以下特点：

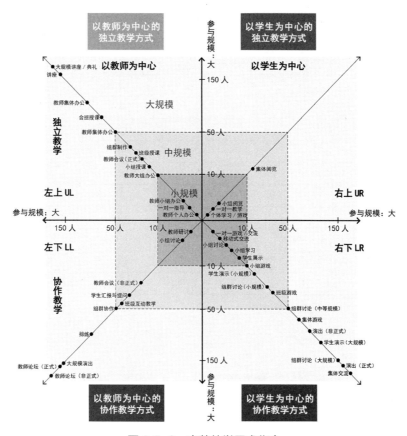

图 3.2-3　完整教学需求集合

（1）教学上采取分科教学，由不同的教师进行授课，学生上课地点固定，每个班级由一位班主任负责全班学生的主要事务；

（2）教学方式主要以教师为中心，强调教学的效率与秩序，同一个行政班的学生在同一学习进度下接受相同的教学内容；

（3）分班的标准主要依据学生的年龄和学习特征，学生差异受到忽视，教学方式较固定且单一。

这种教学组织形式被目前国内中小学校普遍采用，但随着教育的不断发展，有很多学校在原有基础上进行了改良和调整。

3.3.1.2　课程设置特点

课程设置特点决定了教学方式特点。现以广州市、深圳市与上海市共三所中小学学校的课程设置为例，分析行政班制下的课程设置特点。

1. 广州市华南师范大学附属小学

广州市华南师范大学附属小学，在确保国家与地方课程的要求下，增加校本课程。每节课程课时 35 分钟，课间 10 分钟；课间操每天 1 次，每次 30 分钟（表 3.3-1）。

广州市华南师范大学附属小学三年级某班课表

表 3.3-1

		周一	周二	周三	周四	周五
上午	7：50-8：05	早读				
	8：05-8：40	升旗／班会	语文	数学	英语	语文
	8：50-9：25	数学	语文	英语	科学	语文
	9：25-9：55	课间操				
	9：55-10：30	语文	英语	语文	音乐	体育
	10：45-11：20	美术	数学	语文	语文	英语
	11：30-12：05	音乐	综合实践	心理健康	英语	数学
下午	12：45-14：10	午休				
	14：30-14：45	午会				
	14：45-15：20	英语	科学	体育	数学	道德与法治
	15：35-16：10	体育	校本课程	级／班会	校本课程	校本课程

资料来源：根据广州市华南师范大学附属小学课表整理。

2. 深圳荔湾小学

深圳荔湾小学，在确保国家与地方课程的要求下，增加了诸如创客、围棋等相关的社团课程等。每节课程课时 40 分钟，课间 10 分钟；早操每天 1 次，每次 30 分钟；眼保健操每天 2 次，每次 5 分钟（表 3.3-2）。

深圳荔湾小学二年级某班课表

表 3.3-2

		周一	周二	周三	周四	周五
上午	7：50-8：05	早读				
	8：05-8：35	早操				
	8：35-9：15	班会	语文	语文	语文	美术
	9：25-10：05	数学	数学	数学	英语	体育
	10：05-10：10	眼保健操				
	10：20-11：00	语文	阅读	语文	科学	围棋
	11：10-11：50	英语	语文	美术	数学	道德与法治
下午	14：10-14：25	班主任				
	14：30-15：10	体育	语文	英语	音乐	音乐
	15：10-15：15	眼保健操				
	15：25-16：05	书法	体育	道德与法治	体育	语文
	16：15-16：30	数学	兴趣社团	英语	阳光体育	语文
	16：05-16：55	—		荣誉社团		—

资料来源：根据深圳荔湾小学课表整理。

3. 上海德富路中学

上海德富路中学，根据国家和上海地方课程要求，设置语文、数学、英语、思想与品德、地理、历史、体育等规定课程，也根据学生兴趣开设相关自由拓展课程。每节课程课时40~45分钟，课间10分钟；体育锻炼每天1次，每次30分钟（表3.3-3）。

上海德富路中学初一某班课表　　　　　　　　　　　　　　　表3.3-3

		周一	周二	周三	周四	周五
上午	8：00-8：40	地理	听力	语文	心理	科学
	8：50-9：30	数学	数学	英语	科学	语文
	9：30-10：00	体育锻炼				
	10：05-10：50	英语	语文	数学	阅读	英语
	11：00-11：40	语文	体育	历史	思维	数学
下午	12：35-12：55	专题教育	行规教育	专题教育	时势/健康	大扫除
	13：00-13：40	体育	班会	体育	英语	自拓
	13：50-14：35	劳技	美术	慧读	地理	自拓
	14：45-15：25	历史	思品	音乐	科学	
	15：35-15：55	微短练习				
	16：00-16：40	答疑	答疑	答疑	历史	

资料来源：根据上海德富路中学课表整理。

从上述三所学校可归纳出行政班教学组织下的课程设置特点如下：

（1）课程采取分科设置；

（2）随着教育的发展，学生兴趣与需求受到重视；课程类型包括"国家和地方"的必修课程与"校本"的选修课程两种，但前者占绝对的主导地位，占总课时的85%~90%；

（3）学生在校活动分为具有明显界限的"课上"与"课下"两种，"课上"的课程时间为每节35~45分钟，"课下"时间为10~30分钟（以10分钟为主）。课上时间占学生每天在校时间的80%~90%（不含午休时间）。

3.3.1.3　教学需求分析

很明显，在课程设置的影响下，教学方式类型主要集中在左侧两个象限：以教师为中心的独立教学与协作教学。但随着对学生需求的重视，校本课程与"课下"活动的补充则增加了右侧两个象限的教学方式类型的比重。四个象限教学方式的占比及对教学空间的影响如表3.3-4所示。

教学方式	左上象限 UL：以教师为中心的独立教学方式	左下象限 LL：以教师为中心的协作教学方式	右上象限 UR：以学生为中心的独立教学方式	右下象限 LR：以学生为中心的协作教学方式
占比	70%~80%（↓）	10%~20%（↑）	5%~10%（－）	5%~10%（↑）
曲线图示				
教学方式特点	以左侧象限的"以教师为中心"的教学方式为主，约占总体的 80% 以上，学生个体之间交流较少，主要通过教师进行单方向知识教授；随着教育的发展，对学生需求有所注重，但仍主要体现在形式上的变化，教学节奏被教师所把控			
教学行为特点	以教师为中心的班级授课行为占主要地位，占据了学生在校的大部分时间。但课堂形式有所变化，如小组、大组、中心式等，课堂氛围的活跃度有所提升			
对教学空间的影响	教学空间以注重领域感、隐私的特征为主，便于教师"课上"授课；同时教学空间应具有一定的多样性与灵活性特点，适应学生"课下"的自主活动			

3.3.2 包班制教学

包班制（Package Class System），诞生于 19 世纪的美国，并被当下欧美很多国家的小学所采用，随后逐渐被国内小学所吸收[1]。如深圳市从 2014 年起开始在五所小学的低年级进行试点，青岛市李沧区在课改推动下也实行包班制等[2]，并取得较好效果。2018 年，教育部发布《关于实施卓越教室培养计划 2.0 的意见》，其中提倡重点探索、借鉴国际小学全科教师培养经验[3]，全科教师则是包班制的最主要特征。在国家政策的推动下，这一教学组织形式也在越来

---

[1] 江净帆. 小学全科教师的价值诉求与能力特征 [J]. 中国教育学刊，2016（4）：80-84.

[2] 史会亭. 基于课程的视角：青岛市李沧区小学"包班制"的实践研究 [D]. 济南：山东师范大学，2017.

[3] 中华人民共和国教育部. 教育部关于实施卓越教师培养计划 2.0 的意见 [R]. 北京：中华人民共和国教育部，2018.

越多的地区实行。

3.3.2.1 教学组织特点

包班制，即每个班级的所有课程均由1~3名全科教师全权负责的教学组织模式[①]，以避免过早分科造成学生学习的知识缺乏系统性，主要运用于小学低年级教育。包班制是在行政班教学基础上的优化，虽然学生仍以班级为单位开展各类教学行为，但相比传统行政班而言具有以下特点：

（1）教学上提出"全课程"的理念[②]，采用学科融合交叉的方式，使教师对于学生的学习情况有更加详细的掌握，利于实现个性化教学；

（2）以学生为中心，包班教师与学生共同生活、学习，师生关系更加紧密；

（3）包班制下，教师具有较强的教学自主权，可根据学生的学习情况灵活决定课程形式与安排，适应性强。

3.3.2.2 课程设置特点

以深圳红岭实验小学为例，分析包班制下的课程设置特点（表3.3-5）。

深圳红岭实验小学一年级某班课表

表3.3-5

		周一	周二	周三	周四	周五
上午	8：00-8：10	早读课程				
	8：15-8：45	升旗 / 阳光体育课程				
	8：50-9：30	语文	语文	语文	语文	语文
	9：40-10：20	英语	美术	陶笛	语文	语文
	10：30-11：10	体育	美术	数学	音乐	英语
	11：20-12：00	道德与法治	数学	道德与法治	英语	数学
下午	13：50-14：00	午写课程				
	14：00-14：40	拓展	体育	形体	数学	—
	14：40-14：45	眼保健操				
	14：55-15：35	英语	英语	英语	音乐	—
	15：45-16：25	语文	英语	语文	数学	—

资料来源：根据深圳红岭实验小学课表整理。

从深圳红岭实验小学的课程设置情况可以看出，走班制教学组织下的课程设置与行政班制教学具有极其相似的特点，包括：

---

① 郭洪瑞，冯惠敏. 芬兰小学教育阶段的包班制模式对我国的启示［J］. 外国中小学教育，2017（12）：29-35.

② 温凯. "全课程"背景下的包班制班级建设［J］. 教育理论与实践，2018，38（23）：25-27.

（1）课程采取分科设置，与行政班类似；

（2）课程类型包括"国家和地方"的必修课程与"校本"的选修课程两种，前者仍占绝对的主导地位，占总课时的80%～90%，校本课程比例有所提升；但由于采取跨学科教学，课程体现的含义与行政班有所不同；

（3）学生在校活动分为具有明显界限的"课上"与"课下"两种，"课上"的课程时间为每节40分钟，"课下"时间为10～30分钟（以10分钟为主）。课上时间占学生每天在校时间的80%～90%。

3.3.2.3 教学需求分析

包班制与行政班制最大的不同主要体现在教学方式上。由于采取全科教育方式，注重教师与学生的紧密互动，学科教育上注重各学科的交叉融合，四个象限教学方式在教学中的占比发生变化，并对教学空间产生影响（表3.3-6）。

包班制教学组织下的教学需求分析   表 3.3-6

教学方式	左上象限 UL：以教师为中心的独立教学方式	左下象限 LL：以教师为中心的协作教学方式	右上象限 UR：以学生为中心的独立教学方式	右下象限 LR：以学生为中心的协作教学方式
占比	50%～60%（↓）	10%～20%（↑）	5%～10%（－）	20%～30%（↑）
曲线图示	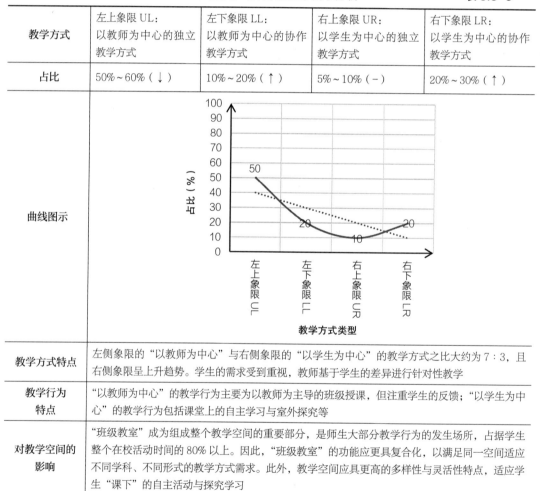			
教学方式特点	左侧象限的"以教师为中心"与右侧象限的"以学生为中心"的教学方式之比大约为7：3，且右侧象限呈上升趋势。学生的需求受到重视，教师基于学生的差异进行针对性教学			
教学行为特点	"以教师为中心"的教学行为主要为以教师为主导的班级授课，但注重学生的反馈；"以学生为中心"的教学行为包括课堂上的自主学习与室外探究等			
对教学空间的影响	"班级教室"成为组成整个教学空间的重要部分，是师生大部分教学行为的发生场所，占据学生整个在校活动时间的80%以上。因此，"班级教室"的功能应更具复合化，以满足同一空间适应不同学科、不同形式的教学方式需求。此外，教学空间应具更高的多样性与灵活性特点，适应学生"课下"的自主活动与探究学习			

3.3.3　走班制教学

走班制起源于 20 世纪 60 年代的美国，即"非固定班级"或"不分年级"（Non-graded Instruction）[①]。"走班制"在欧美、日本等很多国家与地区的中小学校普遍实行。在国内，近年来因"新高考"改革使其在高中教育中不断推广。同时，因其对选修课的组织更具适应性，走班制也不断被众多小学和初中学校所采用，以配合各种选修课的开展。

3.3.3.1　教学组织特点

走班制教学是指教师的上课地点、学科教室不变，学生则根据自身兴趣与特长制定个性化的教学计划，并根据计划到指定学科教室内学习的教学组织方式，又称选课走班制。

相比行政班制教学，走班制教学具有以下特点：

（1）学生具有更多的自主权，是实现个性化教育的一个途径；

（2）教师的教学积极性受到调动；由于学生拥有对课程的选择权，促使教师不断改进教学方式与方法以吸引更多学生；

（3）师生之间、学生之间由于教学行为的流动性，交流的机会增多，关系紧密。

因此，走班制为学生建立了一个开放性的人际交流平台。传统固定的行政班使学生在某个教育阶段所接触到的环境与人际关系都十分固定，而走班制则增加了学生进行跨班、跨级交流的机会，更有助于学生培养协作、互助等技能。

3.3.3.2　课程设置特点

在国内，走班制在实施过程中的类型主要包括三种：一是校本选修课的走班；二是必修分层课程的走班；三是全课程走班。这三种选课类型中学生的自主权与走班程度也由弱到强。总的来说，小学、初中、高中教育阶段走班自由程度逐渐降低。但无论程度如何，对于学生来说，传统行政班所实行的统一课表变成了学生个性化课表；对于教师来说，则会拥有所负责学科的授课课表与每节课程的学生名单，多样性增强。师生课表多元化，课程设置更加复杂与多样。本节以初中教育的走班制学校北京十一学校龙樾实验中学为例，研究走班制在义务教育阶段的特点。

北京十一学校龙樾实验中学采取分层、分类、综合与特需四种课程供学生选择，选择的余地极大。对于学生个体而言，个人课表与上述行政班制下的课表类似，仅上课地点有所不同。为此，研究以学科教师／教室视角，分析课程设置的特点。北京十一学校龙樾实验中学某数学任课教师和专属教室的课表如表 3.3-7 所示。

[①] 在国内，仍主要以年级为单位进行走班。详见：荣维东. 美国教育制度的精髓与中国课程实施制度变革——兼论美国中学的"选课制""学分制""走班制"[J]. 全球教育展望，2015，44（3）：68-76.

地点：		教室最大人数：26 人	学科教师：		
		周一	周二	周三	周四	周五

		周一	周二	周三	周四	周五
上午	8：00-8：45	数学Ⅱ-1-1	数学Ⅱ-2-2	数学Ⅱ-2-2	数学Ⅱ-1-1	数学Ⅱ-2-2
	8：55-9：40	数学Ⅱ-3-4	数学Ⅱ-3-4	数学Ⅱ-1-1	数学Ⅱ-2-2	—
	9：55-10：40	—	数学Ⅱ-1-1	数学Ⅱ-3-4	—	数学Ⅱ-3-4
	10：50-11：35	数学Ⅱ-2-2	—	自习-23	数学Ⅱ-3-4	数学Ⅱ-1-1
	11：45-12：30	—	—	—	—	—
下午	12：40-13：25	—	—	—	—	—
	13：30-14：15	—	自习-14	自习-30	—	自习-58
	14：25-15：10	自习-6	—	自习-35		自习-62
	15：40-16：25	—	自习-19	自习-40	自习-52	—
	16：35-18：15	答疑、自习、自主活动				

资料来源：根据北京十一学校龙樾实验中学课表整理。

从北京十一学校龙樾实验中学的课程设置情况可看出，走班制教学组织下的课程设置具有以下特点：

（1）课程采取分科设置；

（2）课程类型包括"国家和地方"的必修课程与"校本"的选修课程两种，前者仍占绝对的主导地位，占总课时的 80%~90%[①]；走班制与行政班制、包班制在课程设置上最大的区别在于课程种类的不同，必修课下分设各类分层、分类课程，课程种类则更加丰富，使每位学生的课程内容都尽量满足个性化需求；

（3）学生在校活动分为具有明显界限的"课上"与"课下"两种，"课上"的课程时间为每节 35~45 分钟，"课下"时间为 10~30 分钟（以 10 分钟为主），且这 10 分钟为学生走班时间。"课上"时间占学生在校时间的 80%~90%（不含午休时间）。

3.3.3.3　教学需求分析

学生的学习自主权得到提升，教师的教学积极性得到调动。此外，走班制增加了师生之间、学生之间的接触与互动机会，四个象限教学方式在教学中的占比发生变化，并对教学空间产生影响（表 3.3-8）：

[①] 每位学生一周 4 节选修课（必须满足），占一周总课时的 11%，占比与其他两种教学组织形式相当。

走班制教学组织下的教学需求分析　　　　　　　表3.3-8

教学方式	左上象限 UL：以教师为中心的独立教学方式	左下象限 LL：以教师为中心的协作教学方式	右上象限 UR：以学生为中心的独立教学方式	右下象限 LR：以学生为中心的协作教学方式
占比	40%~50%（↓）	10%~20%（↓）	5%~10%（↑）	30%~40%（↑）
曲线图示				
教学方式特点	左侧象限的"以教师为中心"与右侧象限的"以学生为中心"的教学方式之比约为6∶4，且右侧象限呈上升趋势。各类分层课程、选修课程的设置由学生情况确定，学生的需求受到重视，教师基于学生的差异进行针对性教学，形式多样，类型丰富			
教学行为特点	"以教师为中心"与"以学生为中心"的教学行为相互融合，包括以教师为主的班级授课、答疑，和各类由学生自发进行的选修课程行为和学生社团活动等。特别指出的是，走班制下，学生"课下"走班的行为成为特殊的活动形式			
对教学空间的影响	"学科教室"成为整个教学空间的重要组成部分，也是师生教学行为的主要发生场所。因此，学科教室应具有功能上的复合化与形式上的多样化，支持教师进行针对性教学和特色空间的营造；各类学生选修课也要求教学空间具有更高的灵活性与通透性，增强学生之间的自发交往			

3.3.4 混班 / 混龄制教学

混班 / 混龄制教学是这四种教学组织中最为复杂，对教师的教学能力、管理能力要求最高的一种形式。该类型的教学组织在欧美很多国家中小学中实施，如美国、芬兰等，并取得较好成效。国内由于现实的国情，包括考试压力、教师水平等原因，实例很少。北京中关村三小万柳校区是典型的代表，其基于国情下所探索出的教学经验，在全国范围内都产生了较大影响。

3.3.4.1 教学组织特点

混班 / 混龄制教学，即在教学中对班级、年级和学科进行多样化组合，打破班级、年级与学科之间的界限，以此构建最真实的学习关系，充分为学习服务。与其他三种教学组织形式相比，具有以下特点：

（1）学生的组织形式更加多元，在教学中打破了班级与年龄的限制，整个学校的所有师生形成一个巨大的学习共同体，联系紧密；

（2）学生的学习自主权与教师的教学热情得到大幅度提升，充分做到"以学生为本"，教学方式更加多元，并处于不断变化调整的动态之中。

3.3.4.2 课程设置特点

以北京中关村三小万柳校区为例，混班／混龄制下的课程设置特点如表3.3-9所示。

北京中关村三小万柳校区五年级某班课表　　　　表3.3-9

		周一		周二		周三		周四		周五	
第一板块	8：00-9：30	单学科	语文 / 数学	语言类	语文	语言类	英语 / 语文	单学科	数学 / 语文	单学科	语文 / 数学
组群活动	9：30-10：10	大课间：身体健康活动									
第二板块	10：10-11：40	跨学科	写字 / 品社	单学科	英语 / 数学	跨学科	品数 / 美术	跨学科	音乐 / 阅读	跨学科	体育 / 英语
组群活动	11：40-13：20	午餐＋组群生活（如社员活动，组群生活会等）									
第三板块	13：20-14：50	跨学科	科学 / 体育	项目学习		跨学科	音乐 / 体育	跨学科	体育 / 科学	选修课	

资料来源：根据北京中关村三小万柳校区课表整理。

从北京中关村三小万柳校区的课程设置情况可看出，混班／混龄制教学组织下的课程设置具有以下特点：

（1）强调学科之间的融合与交叉，具有单学科课程、跨学科课程、同学科课程等类型，种类丰富；

（2）课程类型中"国家课程"与"校本课程"之间的界限变得模糊，二者相互融合；

（3）学生在校的学习活动中"课上"与"课下"的界限也变得模糊；如北京中关村三小万柳校区采取板块制教学，学生每天的学习活动整合为3个板块与2个组群活动，每个板块90分钟，在这90分钟内由2位及以上的教师根据教学需要自行安排时间，极具灵活性；组群活动分为40分钟和100分钟。板块时间只占总课时的65%，给予教师与学生更多的自主时间。

3.3.4.3 教学需求分析

混班／混龄的教学组织打破了班级和学科之间的壁垒，使学生之间、师生之间的关系更加紧密，同时教师的活动成为提升整个教学品质的重要因素。四个象限教学方式在教学中的占比发生变化，并对教学空间产生影响（表3.3-10）。

混班/混龄制教学组织下的教学需求分析　　　　　　表3.3-10

教学方式	左上象限 UL：以教师为中心的独立教学方式	左下象限 LL：以教师为中心的协作教学方式	右上象限 UR：以学生为中心的独立教学方式	右下象限 LR：以学生为中心的协作教学方式
占比	20%~30%（↓）	10%~15%（↓）	10%~15%（↑）	40%~50%（↑）
曲线图示				
教学方式特点	左侧象限的"以教师为中心"与右侧象限的"以学生为中心"的教学方式之比为4:6，且右侧象限呈上升趋势。教师成为学习的引导者，学习的自主权最大限度地交给学生。教学方式的开展以"学生为本"，教学方式与规模极其多样。同时，教师的活动成为整个教学方式中的重要组成部分			
教学行为特点	行为多样，包括以教师为中心的班级授课（基础知识教授与总结），更多的是师生之间、学生之间注重学习互动过程的行为，如小组探究、访谈问卷、大班级协作与交流等。同时，教师之间的研讨、协作行为也不断增加			
对教学空间的影响	空间应具有极高的灵活性与多样性，以满足师生个性化教学需求，不同类型、规模的教学空间可促进学生自主学习、协作学习的发生。教师的办公、研讨等空间应具有开放性			

3.3.5　研究小结

四种教学组织下的教学需求分析及对教学空间的影响如表3.3-11所示。

教学组织形式	行政班制	包班制	走班制	混班 / 混龄制
教学方式占比曲线图				
曲线类型	下降型	平缓型	平缓型	上升型
教学需求分析	（1）教学方式主要以左侧象限为主，教师在教学行为中占主导地位； （2）随着教育改革的推行，学生需求受到重视，主要体现在右侧象限占比的提升，这也是很多学校在课堂教学改革上的主要体现	（1）左侧象限教学方式仍占主要部分，但占比减少。因学生年龄较小，自制力较弱，教师在教学行为中占主导地位； （2）在"师生共同学习、共同生活"理念下，右侧象限教学方式增加近一倍	（1）左侧象限教学方式仍占主要部分，但占比减少，主要集中在必修课的教学上； （2）右下象限增加近一倍，这也是选课走班的特性使然。课程设置的原则是针对学生的兴趣开设，教师根据学生的情况采取针对性的教学方式	（1）左侧象限与右侧象限教学方式占比与行政班制相比刚好相反，教学更加注重以学生为中心的独立和协作教学； （2）左上象限以教师为中心的独立教学方式比重大幅减少，主要集中在教师之间的互动协作，教师的活动成为整个教学行为中重要组成部分
对教学空间的影响	（1）教学空间以注重领域感、隐私的特征为主，便于教师"课上"授课； （2）教学空间应具有一定的多样性与灵活性特点，适应学生"课下"的自主活动	（1）教室单元作为师生主要的活动场所，要求功能更加复合，形式灵活，以便根据需求变换空间形式； （2）增加空间的多样化，应对学生自主学习行为	（1）学科教室成为整个教学空间的重要组成部分，具有功能上的复合化与形式上的多样化； （2）各类学生选修课要求教学空间具有更高的灵活性与通透性	（1）空间应具有极高的灵活性与多样性，以满足个性化教学需求，不同类型、规模的教学空间可促进自主学习、协作学习； （2）教师的办公、研讨等空间应具有开放性

3.4　本章小结

　　本章探讨了教育学要素对教学空间的影响机制，并将教育学要素转化为对设计具有切实指导的成果。研究立足国内，以一线城市为例，对我国当下教育变革影响下的最新课程设置与教学方式实践成果进行系统整合，归纳教学需求，把握共性与趋势。

　　首先，根据建筑设计研究的特点对教育学领域的教学方式进行适应性整合与归纳。借鉴国内外对教学方式在建筑学领域适应性研究的方法，以国内最新的教学方式调研和前文对教学方式发展现状与趋势研究为基础，纳入三个影响教学方式分类的因素：参与主体、参与方式、参与规模，借鉴"整合理论"模型构建教学方式整合模型。该模型按照四象限分法，将国内甚至国外目前与在可预见未来内的教学方式类型划分为四个象限：左上象限：以教师为中心的独立教学方式；左下象限：以教师为中心的协作教学方式；右上象限：以学生为中心的独立教学方式；右下象限：以学生为中心的协作教学方式。

其次，基于国内中小学最新教学方式调研与研究，逐一对上述四个象限内的教学方式下的教学方式特点、教学行为与对教学空间的影响进行归纳，充实了教学方式整合模型的内容，形成完整的教学需求集合。

最后，针对国内典型的四种教学方式（即行政班制、包班制、走班制、混班/混龄制）的教学组织形式为例，运用教学方式整合模型对每种教学组织下的教学需求进行分析，总结教育变革在教育实践层面的教学需求共性与趋势，为后文研究提供教育学基础，并得出以下结论。

（1）教育的变革不在于使教学方式从一个极端到另一个极端，不是完全消除"以教师为中心"的教学方式，而是对传统教育根据新的目标进行改良，达到四种教学方式新的均衡。行政班制、包班制、走班制、混班/混龄制四种教学组织形式中左侧象限"以教师为中心"的教学方式类型占比逐渐下降，右侧象限的"以学生为中心"的教学方式比重不断提升，学生的个性化需求受到重视，每种教学组织形式内部的教学方式类型也呈现类似规律。师生在教学中的定位发生变化，学生拥有更多的学习自主权，教学方式表现形式更加丰富。

（2）丰富教学行为的开展促使教学空间朝向功能复合化、形式多样化发展，对传统教学空间的功能组成、空间结构、空间边界等方面提出挑战。

第4章 适应教育变革的教学空间设计理论框架建构

本章以前文对国内外中小学教育变革与教学空间的理论与实践作为借鉴，以国内适应教育变革的教学需求作为设计的教育学基础，提出以"教学需求"作为教学空间设计的重要创新驱动，构建适应教育变革的中小学校教学空间设计理论框架，以此应对教育变革给教学空间设计带来的新挑战。该理论从理论基础、设计原则、设计程序、设计内容上，针对传统研究与设计中出现的问题进行针对性调整。

4.1 设计创新驱动的丰富

过去因教育对教学空间的需求几十年如一日，使教育因素对教学空间的设计影响逐渐减弱，空间"范式"的运用成为行之有效且效率极高的设计方法与策略。教育的开展与教学空间的设计均以管理和效率为本，忽略了学生个体的需求与差异性，这就导致在教育上出现一系列的教育问题，在教学空间上形成"千校一面"的创作瓶颈。随后，有建筑师试图对趋同的学校类型进行改变，但创新的驱动点主要从非教育因素入手，如地域文化、气候环境、高密度城市环境等。一段时间以来，中小学校建筑的立面设计、造型设计成为创作的主要着眼点，而教学空间的模式、空间结构与功能组织仍与传统无异。也有研究与实践尝试对教学空间新模式进行探索，但总体上是基于传统行列式、廊式基础上的变形与微调，如受到用地周边环境、建筑规模等因素的影响下演化出的"鱼骨式""围合式""E形""S形"等，空间模式并未发生根本性改变。

鉴于此，有建筑师从关注学生"课下"的自主活动入手，"非正式"教学空间的设计成为主要的创作切入点。也有针对"课上"教学活动的探索，但在方案实施过程中，很容易出现建筑师的想法与校方实际教学需求产生矛盾，适得其反，是个不可持续的创作过程。以建筑师单方面促进教学空间的进步是十分困难的，教育本身的进步是教学空间发展的前提。

当代，经济社会的转型、新一轮科技革命与人们对于美好教育的追求为中小学教育的变革创造了条件，也使当下成为现代教育体系自成熟以来最接近深刻变革的时期。政府的推动、社会各界力量的积极加入不断探索出大批的教学新成果，这些成果对传统教育产生冲击，不断重塑学校的形态，也给教学空间的设计带来了机遇和挑战、提出了新需求。

教育新发展与传统教学空间设计之间的矛盾不断加深。上海中同学校建筑设计研究院院长吴奋奋曾用电影院与电影的关系类比学校与教育的关系，"没有电影院也能放电影，但效果会大打折扣"，同样，"在传统的教学空间内也可以进行新型的教育，但效果也会大打折扣"[①]。

建筑设计大师陶郅认为，寻求一条合乎逻辑的解决方案比凭空拼凑要更加踏实而有效。在教育上不仅仅是缩减班额、提升师生比，而是教育理念、育人方式的转变；同样，在教学空间的设计上，也并不仅仅是提高建设标准、选用时髦的形式，而是设计理念、思维与方法的转变。为此，本书构建适应教育变革的教学空间设计理论框架，该理论强调教育因素在教学空间设计中的重要作用，并以教学需求作为空间设计的重要创新驱动点。同时，教育的不断发展重塑了传统教与学单一的二元关系，使其向更为综合、复杂的多元关系发展，其成果也为教学空间的设计提供了更加广阔的切入方法，以及一条行之有效、可持续的创作途径。教学空间的设计以教学需求为基础，减少纯形式上的优劣对比，增强方案的科学性与合理性，使教学空间真正为教学而设计，促进教育学与建筑学的融合，有助于解决"千校一面"的设计现状。

4.2　理论基础：教育学与建筑学相关理论

本书强调教育学与建筑学的融合，理论基础包含教育学相关理论与建筑学相关理论两类。

首先，教育学理论作为教育的核心，是教育模式与方式的基本原理，决定了教育发展的特点，也决定了教学空间设计的教育学基础。如今，随着世界各国中小学教育改革的不断进行，新型课程设置与教学方式层出不穷，STEM教育、创客教育、项目式学习、真实的学习、翻转课堂、情境式教育等新成果在很多国家中小学教育中被实践，以取代传统的以教师为主导的灌输式教育。在我国，新一轮的改革也强调教学过程中要注重引导学生主动思考、积极提问、自主探究，开展研究型、项目化、合作式学习等。这些种类繁多的新型课程与教学方式都是基于不同于工业社会强调教学效率的相关理论而产生的。影响当代新型教育变革的理论有很多，包括约翰·杜威提出的"做中学"理论、玛丽亚·蒙台梭利（Maria Montessori）提出的蒙台梭利教育法、吉恩·皮亚杰（Jean Piaget）提出的建构主义理论、乔治·亚历山大·凯利（George Alexander Kelly）提出的个人建构理论、杰罗姆·西摩·布鲁纳（Jerome Seymour Bruner）提出的认知学习理论等。这些理论相互影响，在很多方面有类似的地方，但也有各自的侧重点。总的来说，这些理论与工业社会中以《耶鲁报告》为基础的古典教育理论和20世纪初社会改良主义者提出的"科学管理"理论等强调教学效率的观点有很大区别。

教育理论往往都是包括哲学、教育、心理学、脑科学等在内的多学科研究成果，提出者也并非仅仅是教育学领域的学者，其他诸如哲学家、心理学家、脑科学家等学者也加入其中，其综合程度与复杂程度可见一斑。同时，教育是个复杂的系统，尤其在当下教育变革背景下，更不应是以某一种教育理论进行解决，方案注定是多元的。本书以教育学理论中的"做中学"

---

① 何徐麒. 中国学校设计如何走出"镀金拖拉机"时代——中国教育学会学校建筑设计研究中心副主任吴奋奋访谈［J］. 建筑与文化, 2006（10）: 86-95.

理论、建构主义理论、问题求解理论、情境认知与学习理论为主要理论基础。

其次，建筑学理论为教学空间设计提供了方向与方法。传统教学空间设计理论已无法较好地应对教育变革给教学空间带来的新挑战，在此背景之下，新的理论被提出。本书主要以学校城市理论、空间环境教育理论为主要理论基础。随着当下教育学与建筑学的不断融合，两个领域的理论在很多方面也存在相互融合的关系。

4.2.1 "做中学"理论

"做中学"是由美国著名的哲学家、心理学家和教育家约翰·杜威于20世纪初提出的以学习者的经验为中心，主张从经验中学习的一种教学思想[①]。

杜威将科学研究模式带入到学校教育中，并从心理学的角度，根据教学过程中儿童思维发展的不同阶段制定探究学习的"五步教学法"。第一步，设置真实的学习情境。学习情境与生活紧密联系，以便于学生能掌握面对生活所需要的知识。第二步，提出真实的问题。教师基于生活提出学习的目标，以促进学生的思考。第三步，搜集解决问题的材料。教师帮助学生通过各种方式搜集资料，如观察、阅读、记忆等，为接下来解决问题做好准备。第四步，根据掌握的资料提出解决问题的假设与方案。第五步，验证假说和方案以最终解决问题[②]。通过这一教学过程，使学生掌握能应对真实生活的知识，提高学生的自主思考能力与创新能力。

"五步教学法"与传统教学方式相比具有以下三个特点。第一，教学活动以学生为中心。正如杜威所说："儿童变成了太阳，教育的措施便围绕他们而组织起来"[③]。教师的角色变为引导者，尽量减少对学生学习的干涉，重在让学生自己发现问题与解决问题。学生从传统的被动的知识接受者转变为主动的知识获取者。第二，注重兴趣的培养。杜威认为，初等教育对于学生学习的认识与态度会产生巨大影响，会直接决定学生未来事业、习惯的形成。满足学生的好奇心、求知欲是教育的首要出发点，这比教会学生更多的知识更加重要。因此，教学的组织、学习情境的营造、问题的提出都应充分考虑到学生的兴趣特点，以便更好地激发学生学习的积极性[④]。第三，强调探究的学习过程。传统的教育将现有的知识直接灌输给学生，并用结果来评估学生的表现，这种模式不利于学生创造性思维的培养。杜威特别强调假设与验证假设的过程，学生通过在实践中形成自己的经验，认为只有行动后才能掌握真正的知识，提升学生的探究精神[⑤]。因此，在整个教学中，围绕这三个特点，可实现课程设置与教学方式的合一，将学习过程视为做、学、思的统一[⑥]。

---

① 约翰·杜威. 民主·经验·教育 [M]. 彭正梅，译. 上海：上海人民出版社，2009：278.

② 约翰·杜威. 民主主义与教育 [M]. 王承绪，译. 北京：人民教育出版社，2005：166.

③ 赵祥麟，王承绪. 杜威教育论著选 [M]. 上海：华东师范大学出版社，1981：32.

④ 赵祥麟，王承绪. 杜威教育论著选 [M]. 上海：华东师范大学出版社，1981：86.

⑤ 约翰·杜威. 杜威五大演讲 [M]. 胡适，译. 合肥：安徽教育出版社，1999：137-138.

⑥ 谭琳. 赫尔巴特四步教学法与杜威五步教学法之比较 [J]. 教育实践与研究（小学版）：2008（11）：4-7.

4.2.2 建构主义理论

建构主义理论（Constructivism Theory）的心理学起源于瑞士哲学家、心理学家与教育学家吉恩·皮亚杰（Jean Piaget）的认知发展理论。后又经过其他心理学家，如美国的劳伦斯·科尔伯格（Lawrence Kohlberg）、斯滕伯格（R. J. Sternberg）与苏联的列夫·维果茨基（Lev Vygotsky）等人的完善与发展，产生了很多种流派，包括激进建构主义、社会性建构主义、信息加工建构主义等[1]，并对心理学、教育学、社会学产生影响[2]。由于受到杜威教育思想的影响，建构主义理论对于教育的理解在很多方面都与其具有相似性[3]。

建构主义理论是关于知识与学习关系的理论，认为学生的认知发展是内因与外因相互作用的结果，并在相互作用中逐步构建起自己的知识体系。知识在本质上是主动的，是主体主动建构形成的结果[4]。学习并不是新知识的简单积累，而是与旧知识产生相互作用，进行新的结构重组。这个过程可以描述为学生基于已有的旧知识体系，面对新事物形成合乎逻辑的理解，从而掌握新知识。在学习过程中，教师与学生的角色发生变化：学生成为知识学习的主动者，教师成为帮助学生掌握新知识的引导者。

进入到信息时代，技术的迅猛发展为建构主义理论的应用和推广提供了较好的物质基础。从学生认知发展基础上产生的建构主义被运用于教学中，产生出的教学方式具有与传统教育截然不同的特点。何克抗教授将在建构主义教育理论影响下的教学特点概括为"以学生为中心，在教师的引导与帮助下，利用真实情境、协作等学习环境帮助学生自主学习，实现学生自身知识的建构"[5]。第一，以学生为中心。教学活动的开展，包括课程设置与教学方式均以学生作为出发点，发挥学生的学习主动性，以实现学生对自己知识架构的建构。第二，真实情境的构建。受到杜威的"教育即生活""学校即社会"理念的影响，建构主义特别强调真实情境的设计。在真实的社会环境中提出学习的问题或任务，以真实的情境激发学生的学习热情，构建符合社会需求的综合性知识体系。第三，强调协作学习。学生均成为整个学习群体中重要的一员，为了解决问题与实现教学目标共同协商、共享、交流与互助。对于团体，实现整个学习群体学生的知识建构；对于个体，会形成知识更深层、更完整的理解。第四，自由的学习环境。营造自由、放松的学习环境，以促进学生的主动学习。第五，充足的教学资源以支持学习。包括各类教学工具、信息资源等均为学生服务，学生可自由地使用各类教学资源以实现学习目标。

改变过去以教师为主的灌输式、被动式教育，增强学生学习自主性成为很多教育者所探

---

① 钟志贤. 建构主义学习理论与教学设计［J］. 电化教育研究，2006（5）：10-16.

② EDDY M D. Fallible or Inerrant? On the Constructivist's Bible［J］. British Journal for the History of Science，2004（37）：93-98.

③ 刘华初. 杜威与建构主义教育思想之比较［J］. 教育评论，2009（2）：144-148.

④ 吉恩·皮亚杰. 发生认识论［M］. 范祖珠，译. 北京：商务印书馆，1990.

⑤ 何克抗. 建构主义的教学模式、教学方法与教学设计［J］. 北京师范大学学报（社会科学版），1997（5）：74-81.

索的主要方向，而建构主义理论为其提供较好思路①。相比传统教学方式，建构主义教学主要的衡量标准是学生建构知识的能力，而非应用旧知识的能力②，建构主义理论下的教学拓展了学习研究的领域与范围，深化了知识学习的深刻认识③。目前很多学校开设的探究式学习、问题式学习、情境式学习与2016年芬兰实施的"现象式教学"都或多或少地受到建构主义理论的启发。

4.2.3　问题求解理论

心理学家与教育学家普遍认为，问题求解能力是教育中所教授学习者的一项重要技能。人们所需要求解的问题丰富多样，但根据类型来分，总体上可以分为良构问题（Well-Structured problem）与劣构问题（Ill-Structured problem）两种④。

良构问题，即具有明确限定条件、可描述的问题，可通过若干原理、概念进行解决，并获得一致性的结果。传统中小学所教授的问题大部分都属于良构问题，如以数学、物理等为代表的理工科问题。良构问题的解决过程受到信息加工建构主义理论的影响，认为学习是可以运用于各个领域的普遍化技能⑤。

劣构问题，即相对良构问题而言，无论是在限定条件、问题描述等方面都具有模糊性与不确定性，所运用的原理、知识点都具有综合性，因此也往往不会形成统一的解决办法。现实社会中遇到的问题大部分属于劣构问题，而劣构问题的求解能力恰恰是传统中小学教育所忽视的，造成了教学与现实的脱节。劣构问题相对于良构问题，具有范围与目标界定不明确、解决办法与评价标准多样、知识的综合性强等特点。同时，由于劣构问题具有极强的趣味性，很容易提高学习者的学习兴趣⑥。劣构问题主要根植于建构主义理论与情境认知学习理论，强调从真实的情境中学习知识。

随着时代的发展，社会更加需要具有较好解决真实问题能力的人才，以面对未来未知发展的世界。而传统中小学的以良构问题求解为主要目标的教学方式无法培养学生拥有较好劣构问题的求解能力。为此，在中小学教育领域，劣构问题教育逐渐受到重视。不同的教育目标所采取的教学方法也不同，劣构问题同样需要与之相配的教学方式。劣构问题的解决不仅

① 温彭年，贾国英. 建构主义理论与教学改革——建构主义学习理论综述［J］. 教育理论与实践，2002（5）：17-22.
② 钟丽佳，盛群力. 建构主义教学理论之科学性探讨［J］. 电化教育研究，2016，37（10）：22-28.
③ 杨维东，贾楠. 建构主义学习理论述评［J］. 理论导刊，2011（5）：77-80.
④ JONASSEN D H. 基于良构和劣构问题求解的教学设计模式（上）［J］. 钟志贤，谢榕琴，译. 电化教育研究，2003（10）：33-39.
⑤ JONASSEN D H. 面向问题求解的设计理论（上）［J］. 钟志贤，谢榕琴，译. 远程教育杂志，2004（6）：15-19.
⑥ 张茂红，赵兴芝，朱效丽，等. 基于良构与非良构问题的教学设计模式研究［J］. 中国校外教育，2016（3）：28.

需要结构性知识，还需要认知的调节、认知观和非认知因素，比良构问题的解决更加复杂[①]。当下，很多中小学实施的问题驱动的学习、基于项目或问题的学习、真实的学习等新型教学方式均是培养学生劣构问题求解能力。

当然，良构问题与劣构问题并不是完全对立的关系，而是一个问题的连续统一[②]。具体的知识是解决良构问题的主要成分，而良好的知识结构也是解决劣构问题必不可少的前提，两种问题的解决能力都十分重要。

4.2.4 情境认知与学习理论

情境认知与学习理论（Situated Cognition and Learning Theory）是起源于当代西方的学习理论，主要以反思传统教育中知识与现实社会脱节的弊端，并在教育心理学与人类学两大领域产生众多相关理论与实践成果。经过不断的演进与发展，情境认知与学习理论在20世纪90年代以来，成为西方学习理论领域的主流，当代西方很多国家开发的一些新型教学模式基本上都与之相关[③]。同时，该理论对世界其他国家的教育，包括中小学教育在内的各阶段、各类型教育也产生巨大影响。

情境认知与学习理论特别强调知识的"情境性"特征[④]。传统教育由于注重抽象知识的获取，并以考试作为学习目的，导致"惰性知识"（Inert Knowledge）的产生。阿尔弗雷德·诺斯·怀特海（Alfred North Whitehead）认为，这些惰性知识由于与现实的情景脱节，不具备解决真实问题的能力[⑤]。劳伦·B.瑞斯尼克（Lauren B. Resnick）对学校的情境与社会情境做了对比，认为学校情境更加注重抽象推理和学习的必然性，而社会情境则强调情境推理与学习的偶发性[⑥]。随后，人类学家也开始对情境认知与学习理论进行研究，提出情境学习的概念。情境学习理论强调了情境对于学习的重要性，认为知识是基于社会情境的一种活动，而非抽象的对象。

在教学实践中，尤其在课程设置与教学方式方面，相关学者先后创设"实践场"（Practice Field）与"实践共同体"（Communities of Practice）两种教学开发模式。"实践场"是为了达到学习目标而开发的功能性学习情境，以促进学习的真实发生。但这一类型由于是人设背景，与社会生活仍有区别，为此，人类学家在此基础上提出"实践共同体"概念，实现学习

---

① NAMSOO S H. 解决良构问题与非良构问题的研究综述 [J]. 杜娟，盛群力，译. 远程教育杂志，2008（6）：23-31.

② JONASSEN D H. 基于良构和劣构问题求解的教学设计模式（下）[J]. 钟志贤，谢榕琴，译. 电化教育研究，2003（11）：61-66.

③ 王文静. 情境认知与学习理论研究述评 [J]. 全球教育展望，2002（1）：51-55.

④ 王文静. 情境认知与学习理论：对建构主义的发展 [J]. 全球教育展望，2005（4）：56-59+33.

⑤ WHITEHEAD A N. The Aims of Education [M]. New York: Simon and Schuster, 1967.

⑥ RESNICK L B. Education and Learning to Think [M]. Washington, D.C.: The National Academies Press, 1987.

与社会之间的真正联系，使学习者承担真实的社会角色或接受真实的任务[①]。

4.2.5 学校城市理论

中小学校规模虽小，但组成教学空间的功能种类几乎包含了社会上所有的建筑类型。安德里亚·吉安诺蒂（Andrea Giannotti）以此提出"学习中的城市"（Learning Cities）理论，将学校空间与社会中的城市空间进行映射，认为教学空间并不仅仅具有常规的教学功能，更是具有促进与诱发学生进行公共交往的重要作用[②]。如供学生学习的教室映射到社会中的各类学校、学校中的实验室映射到社会中的科研建筑、学校中的工作坊映射到社会中的工厂等，学生本人也就映射到社会公民（表 4.2-1）。

学校空间与社会城市空间的映射关系 表 4.2-1

学校空间	社会城市空间
普通教室、图书室、展厅	学校、图书馆、博物馆
实验室、工作坊	科研建筑、工厂、商店
办公室	办公楼
风雨操场	体育馆
礼堂、剧院	影剧院、音乐厅
食堂	餐厅、酒吧、零售
宿舍	住宅楼
景观、室外运动场	公园、运动场

资料来源：根据 SANAA 建筑事务所，等. C3 建筑立场系列丛书（NO.89）：学习中的城市［M］. 贾子光，段梦桃，译. 大连：大连理工大学出版社，2019：126-131. 整理。

国内的建筑师对此也有类似论述，如 OPEN 事务所的黄文菁在"有方空间"的采访中也表述了相似观点[③]；迹·事务所的华黎在四川德阳孝泉镇民族中学设计中采取"微缩城市"的概念[④]等，都探索了学校环境与社会环境的相互关系。因此，学校作为社会的缩影，在教育和设计上都具有一定的社会属性。组成学校的各功能都可映射到社会中的各类建筑，学校即为一座微缩的城市。在教学空间设计上也可依据社会环境为样板进行真实环境的模拟，为学生

---

① JONASSEN D H, LAND S. Theoretical Foundations of Learning Environments［M］. Abingdon-on-Thames: Routledge, 1999: 65.

② SANAA 建筑事务所，等. C3 建筑立场系列丛书（NO.89）：学习中的城市［M］. 贾子光，段梦桃，译. 大连：大连理工大学出版社，2019：126-131.

③ 史建. 建筑还能改变世界——北京四中房山校区设计访谈［J］. 建筑学报，2014（11）：1-5.

④ 华黎. 微缩城市——四川德阳孝泉镇民族小学灾后重建设计［J］. 建筑学报，2011（7）：65-67.

提供沉浸式学习环境，适应教育生活化的需求，实现学校与社会的自然衔接。

4.2.6　空间环境教育理论

"我们塑造建筑，建筑又反过来塑造我们"——丘吉尔。建筑设计大师陶郅也认为，建筑师从某种意义上来说就是设计别人的生活。空间的育人作用也很明显。中小学校教学空间被瑞吉欧教育（Reggio Emilia Approach）视为除师长、伙伴之外的"第三位教师"（The Third Teacher）[1][2]。心理学、神经科学、脑科学与环境心理学的研究不断证实，中小学生对于空间环境的认知会对其意识构建产生巨大影响[3][4]，英国索尔福德大学最新学校环境研究表明，学校环境空间可以给学生的学业和行为带来65%的差异[5]。对学生情绪产生积极影响的物理空间不仅会促进学习，也会使师生对空间产生强烈的情感依赖，成为师生想学习、喜欢学习的地方[6]。当下，学生的学习范围早已突破传统的书面教材而转向身边的所有物体，从"空间中获取知识"的概念也被越来越多的教育者所接受。教学空间本身不仅为教学活动的开展提供基础庇护，更是特殊的教育方式。不同的空间设计语言、空间特质和空间元素会诱发和影响学生不同学习行为的产生，从而增强学习的多样性与趣味性，发挥教学空间的教育属性。

4.3　设计原则：教育学与建筑学的相辅相成

4.3.1　适应当下并面向未来的教学需求

以需求定设计，将教学需求在教学空间中进行合理性的表达是中小学校教学空间设计的立足点。但同时，当代教育变革发展的动态不稳定性与中小学校建筑的稳定性发生矛盾。一方面，时代的变迁促使中小学的教育处在不断发展的状态中，新的教育理念、课程设置、教学方式更新频率比过去显著加快，世界范围内的大批中小学教育研究者与教育实践者不断尝试与探索教育的全新形式，产生出一大批教育创新成果，而新的成果也在实践中不断调整

① Sojo Animation. The Reggio Emilia Approach: in a nut shell［EB/OL］.（2016-08-20）［2020-02-17］. https://www.youtube.com/watch?v=cvwpLarbUD8.

② CARTER M. Making Your Environment "The Third Teacher"［J］. Exchange, 2007（8）: 22-26.

③ HALFON N SHULMAN E, HOCHSTEIN M. Brain Development in Early Childhood. Building Community Systems for Young Children［R］. California: UCLA, 2001.

④ LACKNEY J A. Educational Facilities: The Impact and Role of the Physical Environment of the School on Teaching, Learning and Educational Outcomes［M］. Milwaukee: Center for Architecture and Urban Planning Research Books, 1994: 1.

⑤ 宋立亭，刘可钦，梁国立，等. 学校3.0的空间设计与营造初探［J］. 教育与装备研究，2016（4）: 29-33.

⑥ OBLINGER D G. Learning Spaces［M］. Washington, DC: EDUCAUSE, 2006: 6. 2.

与进步；另一方面，中小学校建筑在设计、建造过程中消耗大量公共资源，且长达50年的使用寿命使其具有稳定性特征。如何在这一矛盾中取得平衡，是教学空间设计首要考虑的问题。

当下，我国出现越来越多的中小学校教学空间因不满足教育变革所带来的新需求而面临改造的案例。如前文提到的北京大学附属中学近年来因实行走班制与书院制，除将本部教学楼改造之外，还将朝阳未来学校和道尔顿学院进行改造。甚至出现学校刚刚建成就因与教学需求不符而面临改造的窘境；如上海师范大学附属实验小学嘉善校区，室内二次设计完全摒弃了建筑设计的空间框架，采用更加多样的形式应对学校的教学新需求。

国内外众多学者与建筑师对此也作了探讨与研究。教学空间如何不过时？如何面向未来？更加开放的空间、高新技术、优质材料的采用或结构的突破是否是行之有效的策略？越来越多的实例表明，教学空间只有适应教育发展的趋势，才会不过时。为此，很多建筑师在教学空间设计之初，都会充分调研学校的教育发展情况，并以此作为方案创作的主要依据。如前文提到的我国建筑师黄汇在设计北京四中老校区时，就拜访每个教研室，询问教师20年后如何教书[1]。因此，教学空间的设计，除了要深入了解当前教育的发展与需求之外，更需要把握在可见的未来内学校教育的发展方向，不仅适应当下的教学需求，更为教育的未来拓展提供余地，保持空间的长期有效性，提高建筑的投资回报率（Cost-Effectiveness）。

4.3.2 促进教育的良性发展

在数字化、智能化时代，基于互联网技术提出的"云校园""虚拟校园"理念引发公众对于实体学校消亡论的探讨。教学空间在教育发展过程中到底起到什么样的作用，是当代建筑师必须要思考和面临的问题。若教学空间还是像过去脱离教育学而存在，实体学校的存在价值就会使人质疑，进而建筑师在教育发展中的角色定位也会逐渐边缘化。

未来教育与学校到底以何种形态存在，研究很难去定义。就目前而言，实体学校所提供的"人与人真实情感的交互"是其在未来不被"云校园"取代的决定性因素。因此，教学空间并非仅仅是供教育使用的"机器"，其与教育之间的影响是相互的：建设之初，教学空间以教学需求为基础而设计，建成之后，良好的教学空间也会反过来促进教育的不断调整与进步。建筑师虽不是教育者，但必须了解教育，即使不能推动教育的变革，但要了解如何通过设计促进变革[2]。如美国内在特许学校，多样化的教学空间使教师很难回到传统的灌输式教育中；北京中关村三小万柳校区的"三室一厅"教学组团，也不断促进教师对于跨班、跨学科教学的优化与调整。

---

① 史建. 建筑还能改变世界——北京四中房山校区设计访谈 [J]. 建筑学报, 2014 (11)：1-5.
② IMMS W, CLEVELAND B, FISHER K. Evaluating Learning Environments: Snapshots of Emerging Issues, Methods and Knowledge [M]. Rotterdam：Sense Publishers, 2016：73.

4.4 设计程序：多方协同的良性互动

过去由于教育学与建筑学之间的脱节，使空间的"范式"成为教学空间设计的主要策略，导致包括建筑师在内的很多相关团体认为中小学校建筑是建筑设计中最简单的类型。教学空间设计程序较简单，以满足规定的指标要求为目标，以建筑学单学科的"设计强排"工作为主，以"交钥匙"为工程建设模式，以施工图交底为设计工作的结束，对后期施工与建成之后的使用反馈关注较少。中小学校教学空间的设计成为程序化、标准化极强的设计内容。

随着当下教育的不断变革，教育学与建筑学这两个学科逐渐将关注点放到"人"的需求上，教育的复杂性也决定了教学空间的复杂性与综合性。过去的设计程序早已适应不了新的挑战。

因此，适应教育变革的教学空间设计需要多领域、多学科、多团体的共同合作，包括教育机构、设计机构、政府管理机构（或代建机构）、施工机构、设备研发与供应机构等，内容涉及政治、经济、教育、心理、人文、规划、建筑、室内、景观、美学、科技、管理、统计、能源、材料、物理、安全等各个方面。这些不同的团体在教学空间的建设中发挥的作用不尽相同，在设计程序上形成一个良性的闭环：教育机构根据教育愿景提出教学需求—设计机构对需求进行归纳与应对—政府管理机构（或代建机构）对创新方案的支持—施工机构对方案的建造实施—设备研发与供应机构对空间运营的保障—建成之后教育机构的使用后评价反馈。同时，这个闭环并非是单向的，各个机构之间也是双向的互动关系，共同构建良性的工作机制（图4.4-1）。这一设计程序有效保障教学空间建设的质量，使设计工作朝理性、高效的方向发展。除此之外，社区、家长等其他社会团体的互动也同样重要，将这些诸多团体组合成利益共同体，共同推动教学空间的发展与进步。

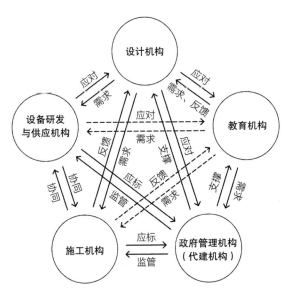

图 4.4-1　设计程序：多方协同的良性互动

4.4.1 教育机构：空间的需求提出者与评价者

教育机构作为教学空间的使用者，是需求的提出者与空间的评价者。有建筑师在设计之初会以自身对教育的理解作为教学需求，但这些理解难免会片面与主观。事实上，教育研究者会更加专业与理性地去思考。教育机构中的研究者与实践者通过各类教育理论，结合学校情况指导教学实践，将教师与学生的需求进行归纳，形成教学特色。尤其在当下，即便是在国家教育政策的统一宏观把控下，每所学校由于教育理念、课程设置、教学方式的不同，使其在教育实践层面对教学空间的需求也不尽相同。因此，教学空间在设计之初，教育机构的参与十分重要且必要，尤其作为教育机构的代表——校长，更要与其他机构建立起紧密的合作关系。如前文提及的北京四中房山校区校长黄春，北京中关村三小万柳校区校长刘可钦，深圳红岭实验小学校长张健，北京十一学校龙樾实验中学校长王海霞等，都积极参与到方案设计与建设的全过程中来，将教学需求及时向设计师反馈，增强设计合理性。

4.4.2 设计机构：空间的表达者与中坚力量

将教育机构的教学需求在教学空间中进行合理的表达是设计机构的主要工作。教育机构所提出的教学需求往往种类与数量繁多，同时由于专业的特性，很多需求极富感性色彩。这就要求设计机构的各专业工程师，将这些教学需求进行重新吸收与归纳，厘清主要需求和次要需求，把握主要矛盾，将教学需求纳入任务书中，以此调整相关指标与设计条件。或设计工作从拟定任务书开始，使设计更具针对性。以此为基础，在设计上突破传统设计"范式"与习惯，实现教学空间的创新。诚然，建筑创作难免会带有设计师个人的主观色彩，但基于需求之下的创新使成果更具科学性。

在整个设计全过程中，设计机构中的建筑师不仅是各专业的"龙头"，也是绝对的中坚力量。创新性方案的提出、调整与后期建造等各方面都离不开建筑师的设计能力、对方案的坚持与热爱和对社会的责任感，并时常在各机构之间充当问题的协调者与解决者。在设计方面，转变传统设计习惯思维，以新的标准和策略应对教育新需求；在方案落实方面，坚持全过程设计，注重施工图设计深度与合理性，保障方案的完成度。深圳新校园计划总策划人周红玫认为，一个创新方案的落地实施大部分靠的是建筑师本身的能力。在前文我国教学空间新型案例的调研中也可看出，这些典型案例除了方案设计本身具有高水准之外，建筑师对方案的坚持与热爱更是保障了教学空间的高质量落地。如上海德富路中学，建筑师在各方协调中坚持了 6 年，甚至不计成本[1]。正如建筑师王澍认为：原创不一定花很多钱，但是要有耐心[2]。

---

① 张佳晶. 高目设计过的 K-12 [R]. 上海：北京中外友联建筑文化交流中心，等，2019.
② 殷智贤. 设计的修养 [M]. 北京：中信出版集团，2019：132.

4.4.3　政府管理机构（或代建机构）：空间发展的推动者

政府管理机构（或代建机构）是教学空间发展的保障者与推动者。基于我国国情，很多情况下，设计方案的最终决定权往往掌握在政府管理机构手中。尤其对于教育建筑这一对"创新"极其敏感的建筑类型，任何方面、程度的建筑创新都很容易遇到来自各方的压力与阻力。在过去，设计师的创作过程往往是与政府管理机构相互博弈的过程，这一不正常的合作关系使成功的经验具有偶然性与特定前提条件。因此，政府管理机构的支持与信任不仅是新型教育理念实施的保障，更是创新教学空间实践的保障。这其中包括合理对待规范条文、方案前期规划指标预留调整余地、根据方案的情况合理调整规划条件、优化审批程序等内容，以建立弹性的工作制度。从管理上赋予建筑师更多的设计主导权，为创新方案的顺利实施创造更多有利条件。而这些工作对方案的影响远大于相关规范条文的影响。从前文的研究可看出，当下我国新型教学空间案例的顺利实施很多都是在政府管理机构的推动与支持下完成的，有些影响甚至是决定性的。北京四中房山校区的设计者李虎认为，方案的最终实施离不开政府和万科的信任与支持[①]；深圳红岭实验小学的设计者何健翔也认为，政府部门的理解与信任对方案的最终落地起到重要作用；深圳新沙小学的 78% 覆盖率和零退线设计，都是与政府部门共同协商的结果。

4.4.4　施工机构：空间建造品质的保障者

优秀的教育理论只有落实到实践层面，才能发挥理论的最大作用。同样，创新的教学空间设计方案只有高质量地建造，才能较好实现方案的最初设想，而这就是施工机构的主要职责。由于专业分工的过度细化，很多方案的施工图并没有进行合理设计，加之施工单位的粗暴施工，导致创新方案在建造过程中形成永久遗憾的案例屡见不鲜，使之前的诸多努力成效大打折扣。深圳红岭实验小学主创建筑师蒋滢认为，建筑最终呈现的结果是施工过程、施工习惯等因素共同作用的结果，任何一个环节出现问题都可能会对方案的品质造成致命影响[②]。因此，在方案的建造过程中，设计机构应与建设单位、监理单位、施工单位进行充分合作，构建良性的工作反馈机制。设计机构根据施工工期、工作机制、施工习惯、施工水平等因素及时调整设计内容；施工机构则将现场问题及时向设计机构反馈，共同商讨应对策略。尽可能避免粗放施工、事后定责的情况出现，以此保障教学空间的建造品质[③]。

4.4.5　设备研发与供应机构：空间运营的支持者

教学空间发挥作用，还需要相关设备的支持，尤其对于当下的教育而言，教学行为的开展对设备的依赖更大。中小学校建筑虽然规模相对较小，但在功能的种类上几乎包含了社会上所有建筑类型，其所涉及的设备类型也十分丰富，包括建筑各类材料和构件、天花设备、

---

① 城市笔记人，李虎，黄文菁. 伸向地景与天空［J］. 建筑师，2015（1）：25-42.
② 何健翔，蒋滢. 走向新校园：高密度时代下的新校园建筑［R］. 深圳：深圳市规划和自然资源局，2019.
③ 张振辉. 从概念到建成：建筑设计思维的连贯性研究［D］. 广州：华南理工大学，2017.

声学设备、灯光设备、教具设备、实验设备、运动器材、卫生设备、智能化设备、校服、校园文化设施等各个方面。同时，教师和学生作为设备的主要使用者，其在心理与生理上的特殊性使这些设备所涉及的领域更加复杂，仅靠单一专业是无法完成的。随着专业分工的不断细化，很多中小学设备研发与供应机构对本领域的前沿发展与研究更加专业与深入，积极探索新的技术并运用到实践中。这些设备与教学空间一起支撑教学行为的发生，成为空间重要的组成部分。

4.5 设计内容：对传统设计方法与策略的适应性调整

以适应教育变革的教学需求为基础，对教学空间框架、教学空间要素的设计策略进行研究，包括教学空间集、功能场室与共享空间。对传统设计方法与策略进行适应性调整，研究在新的教学需求下，教学空间的新功能、新定位、新场景与新形态（图4.5-1）。

如果以建筑物作为教学空间的类比，教学空间集类似于建筑的结构框架，而空间要素则类似于建筑构件。随着教育的不断发展，对于教学空间的需求更加丰富多元，框架和构件的种类也会越来越多。运用各类设计策略，打造注重个性差异的教学空间超市（Teaching and Learning Mall），给予师生多样化的选择，有助于解决"千校一面"的设计现状。

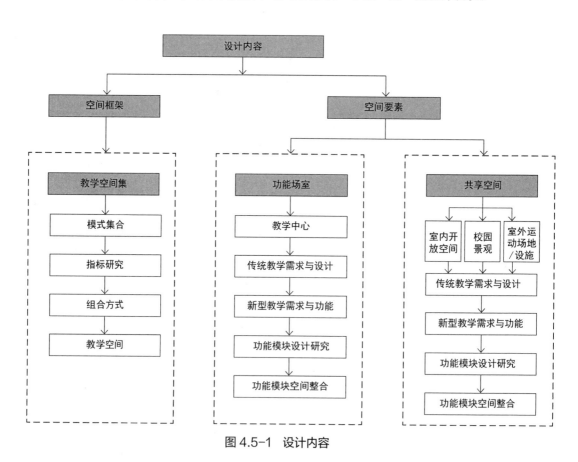

图 4.5-1 设计内容

4.5.1　空间框架：教学空间集

教学空间集是组成教学空间的基本单位，相互之间进行组合形成教学空间的框架。传统中小学教育由于"以管理为本"，注重教学效率，不同教室内的学生彼此之间很少产生联系。教学空间集的组成要素主要包括各类功能场室，并在教学空间集的设计上，常以功能分区为原则，将具有相同功能属性的功能场室进行组合形成各类功能单一的功能区。诸如由普通教室组成的教学区、各类实验教室组成的实验区、体育用房组成的体育区、各类办公用房组成的办公区等。这些功能区通过连廊或直接成栋，构成整个教学空间框架。这些教学空间集由于功能类型单一，彼此之间在教学活动中是相互协作的关系，教学活动类型的改变需要师生在不同功能区之间流动。这就使教学空间集在使用上具有"潮汐效应"，有些功能区被利用，同时另外的功能区则被闲置，空间利用率不高。

随着教育多样化发展，教学方式不断突破班级的范畴而重视团体的互动，不同教学方式之间的转换更加频繁；同时，提倡自主学习的教育发展趋势给予师生更多的选择，而传统功能分区、分栋的设计不利于空间的自主使用[①]。在此影响下，教学空间集在功能属性上也应从传统单一功能区到功能复合化转变，所组成的空间要素也不仅仅是功能场室，还包含没有具体功能属性的各类共享空间，以提升教学空间的功能拓展余地。教学空间集所承担的教学活动种类越多，所包含的功能类型越多，其所具备的教学功能就越完整，最终形成自主的"校中校"。这就使每个教学空间集所服务的学生密度得以均衡，提高空间利用率（表 4.5-1）。

教学空间集功能组成的对比　　　　　　　　　　　　　　表 4.5-1

功能类型	特点	图示
传统教育影响下的单一性	以功能分区为原则，形成单一功能区，各区不具备独立的教学功能。教学活动类型的改变需要师生在不同的教学空间集之间流动，并影响空间的自主使用	

---

① 扬·盖尔. 交往与空间 [M]. 4 版. 何人可，译. 北京：中国建筑工业出版社，2014：195.

功能类型	特点	图示
教育变革影响下的复合性	以教学多样化发展为原则，所构成的功能类型更加丰富，直至具有独立的教学功能，教学活动类型的改变不需要师生进行大范围流动，利于空间的自主使用	

新的教学需求、教学空间集的新转变对设计提出了新的挑战。本书基于这些改变，对教学空间集的功能组成、空间模式、组合方式等方面进行研究，从而构建适应教育变革的全新教学空间框架。

4.5.2 空间要素：功能场室与共享空间

基于教育变革与教学空间的最新发展，教学空间要素主要由功能场室与共享空间组成。对于空间要素的分类主要是出于方便研究的角度，并非人为进行强制划分，二者之间的界限也会随着教学需求不同而重新定义，甚至消失。功能场室基于课程而设，若在未来取消固定课程，功能场室也就失去了存在的意义，将转变为共享空间，最终形成以学校为单位的、完整的"学习场"，这是空间要素未来发展的一个方向。

4.5.2.1 功能场室

功能场室（Function Room），即具有主要功能属性的室内、半室内教学空间。传统教学需求由于注重教学效率，因此功能场室往往采取功能单一的"专用教室"概念，每个功能场室都有固定的功能属性，所承载的教学方式、发生的教学行为也固定。根据《中小学校设计规范》GB 50099—2011（以下简称"中小学规范"），中小学功能场室主要由各类教学及教学辅助用房、行政办公用房和生活用房三大功能用房组成。其中，教学及教学辅助用房包括普通教室、各类专用教室、公共教学用房及其辅助用房；行政办公用房包括各类校务、教务办公等用房；生活服务用房包括食堂、宿舍等。这些规范与标准具有共同的特点，即基于传统教学需求而制定。诸如学科教室的分类与行政班下的分科课程设置与教学方式相吻合，每种学科教室的设计原则具有功能与使用上的单一性与明确性。"专用"一词表示各用房为课程定制，具有专属功能属性；"室"则表示功能具有的明确边界，强调私密性。

传统的教育强调效率优先，提倡学生的勤奋刻苦与心无旁骛。因此，中小学规范也以此为基础，列出了每间用房的设计要点、原则与指标，尤其在噪声控制、视线要求等方面做了详细规定。同时，2011 年与中小学规范配套出版的《〈中小学校设计规范〉图示》11J934-1（以下简称"图集"）更是提供了每间功能场室的平面布置方式、用房的形状、具体尺寸与家具布置尺寸。在方案设计与评审中也大多以此为依据，即使各类规范与图集中很多内容只是作为设计参考，却时常以此作为应当遵守的强制标准。正如高目建筑设计事务所张佳晶感叹："我们的青春就被一公分一公分地限定了"[①]。

在教育发生巨大变革的今天，师生的教学方式与生活习惯早已发生改变，10 年前的规定也与实际教学需求产生差距；此外，很多学校在建设时不断拓展出规范中没有的新型功能场室类型，其设计方法无据可依。复合化、个性化的教育发展需要更加复合化的功能场室。为此，研究提出功能复合化的"教学中心"（Teaching and Learning Centers）概念，优化传统的单一功能属性"专用教室"，强调学校的所有功能场室都可承载多样化的教学需求，而相关设计策略的研究尚属空白（表 4.5-2）。

"专用教室"与"教学中心" 表 4.5-2

概念类型	功能组成图示	功能特点	教学需求适应性
专用教室	功能属性	单一性、固定性	由于功能上的单一与固定，所承载的课程与教学方式类型也较固定

---

① 张佳晶. 谈点建筑好不好 [M]. 北京：清华大学出版社，2014.

概念类型	功能组成图示	功能特点	教学需求适应性
教学中心		多元化、复合化	功能的多元化与复合化使其可承载更多的课程、教学方式类型，满足教学需求的多样化发展

4.5.2.2　共享空间

随着社会、文化及人们生活习惯的改变，现代建筑也经历了"形式追随功能"—"形式追随多元"—"形式追随生态"—"形式追随共享"的演变历程，共享空间成为当代公共建筑重要的组成部分[①]。对于中小学校教学空间而言，共享空间（Common Space）是相对单一功能或具有主要功能属性的功能场室而言，指可根据使用者需求在多种功能属性之间相互转化的空间，有研究称之为"多义空间"，是过去仅为"课下"活动提供服务的"非正式"教学空间的发展。此外，共享空间没有固定的空间边界，形式灵活，对教学需求的适应性更强。本书根据空间性质和特点将共享空间分为室内开放空间、校园景观与室外运动场地／设施三类，分别对各类共享空间的设计策略进行研究。教育的变革重塑了三者的空间定位，进而对传统设计策略产生影响（表4.5-3）。

第一，在室内开放空间设计方面。近几年相关研究对室内开放空间有所注重，并在设计实践中将其作为重要的创新出发点。但在空间的定位上，正如前文所述，仍以服务学生"课下"的自主活动为主，因此被很多研究称为"非正式学习空间"。室内开放空间主要定位为功能场室的辅助空间，正式教学行为涉及较少，相关研究与实践也往往集中在室内开放空间本身的面积与形式方面。然而，教学需求的改变也同样对室内开放空间的功能定位产生影响，其作用已不仅仅是辅助"课下"活动的空间类型。其与功能场室具有不同的空间属性与特质，更是与功能场室一起成为支撑包括正式教学在内的全部教学行为的场所，与功能场室形成互补。

第二，在校园景观设计方面。传统的教育对于校园景观的需求大多仅以视觉观赏为主。在后期运营上，以管理为本，通过各种策略禁止学生与景观元素发生直接接触。在设计上同

---

① 李振宇. 形式追随共享：当代建筑的新表达［J］. 人民论坛·学术前沿，2020（4）：37-49.

样对此有所忽视。由于城市中小学校用地面积普遍较小，因此设计也以管理为本，常采取填充的方式，以满足相关绿地指标为目标进行景观的处理。但随着教育的发展，校园景观作为重要的户外课堂，对教育的重要性不断显现。室外校园景观是学生接触自然的重要途径，其教育属性得到强化。

第三，在室外运动场地/设施设计方面。传统的教育对于室外运动场地/设施需求单一，以常规的体育课程授课、运动和比赛为主，经常出现使用率低、单位面积服务学生人数少等问题。在设计上，通常按照相关规范的指标预留足够用地，采取标准化做法进行建造，设计发挥余地也并不大。随着教学需求的转变，占用大部分学校用地的室外运动场地/设施的其他功能不断被挖掘，集授课、运动、游戏于一体，同时由于新生代学生运动习惯的改变，场地与设施的种类也变得更加丰富。

各类共享空间的空间定位与功能组成 表 4.5-3

序号	类型	空间定位转变	功能组成	备注
1	室内开放空间	辅助课下活动→辅助活动与互补教学相结合	休息游戏、非正式教学与交流、公共储藏与展示、公共辅助资源、跨班级授课	成为重要教学空间类型
2	校园景观	以观赏为本→教育属性强化	休息游戏、非正式教学与交流、正式教学、校园文化建设	重要户外教学空间
3	室外运动场地/设施	单一性与无趣→多样性与趣味性	体育课程授课教学、运动、比赛与游戏	

4.6 本章小结

本章构建了适应教育变革的中小学校教学空间设计理论框架。以前文对国内外中小学教育变革与教学空间的理论与实践研究为借鉴，以我国中小学教育变革下的教学需求为设计的教育学基础，提出以教学需求作为教学空间设计的重要创新驱动。从理论基础、设计原则、设计程序与设计内容方面，对传统设计方法及策略进行适应性调整，构建适应教育变革的中小学校教学空间设计理论，以应对教育变革给教学空间设计带来的挑战，为后文策略研究提供逻辑与思路（图 4.6-1）。

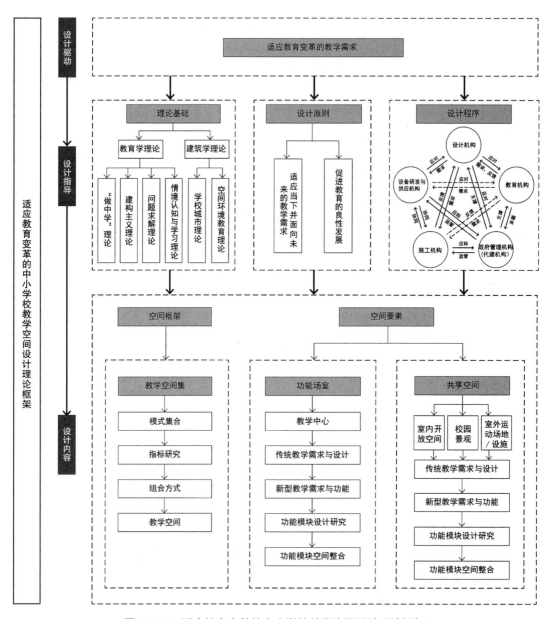

图 4.6-1 适应教育变革的中小学校教学空间设计理论框架

下 篇

适应教育变革的中小学校
教学空间设计策略研究

第5章 适应教育变革的教学空间集设计策略

本章以适应教育变革的教学需求为基础,从教学空间框架层面,对教学空间集的设计策略进行研究。由于国内教育变革尚属起步阶段,相关教学空间设计实践较少,为使研究更加全面,本章以国际视角,以国内外中小学校教学空间实践的新型成果和笔者所参与的相关设计实践为例,对教学空间集的模式集合、指标研究及组合方式进行研究,最终形成完整的教学空间框架。

5.1 相关概念界定与研究综述

5.1.1 教学空间集

教学空间集(Teaching and Learning Space Cluster),指组成中小学校教学空间中的各要素按照一定规律与原则组合在一起形成的教学空间基本单元,这些基本单元再相互组合最终形成完整的教学空间(图 5.1-1)。

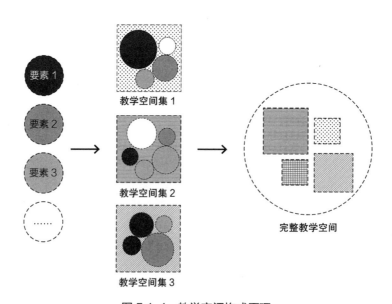

图 5.1-1 教学空间构成原理

5.1.2 组成要素

研究按照功能属性的不同将组成教学空间的各要素分为两大类：功能场室与共享空间。需要指明的是，鉴于以往研究成果，本书将走廊划归到共享空间范围。这两个要素也是组成教学空间集的主要要素，其具体的设计研究将分别在后续的章节详细论述。两者特点如表 5.1-1 所示。

组成教学空间的两种空间要素　　　　　　　　　表 5.1-1

空间要素	功能组成	空间特点	教学适应性
功能场室	由具有主要功能属性的室内、半室内空间构成，包括传统研究中的教学及教学辅助用房、行政办公用房和生活用房等，本书则采取复合化概念"教学中心"	领域感与相对的私密性	是学校教学行为的主要发生场所，根据空间功能的具体属性，所适应的教学方式有所差别
共享空间	共享空间分为室内开放空间、校园景观与室外运动场地/设施三种	公共性与开放性	通常作为功能场室的辅助补充与外延，但随着教育的不断发展，共享空间可承载功能场室不能承载的教学方式类型，与功能场室的作用相辅相成

5.1.2.1 功能场室

功能场室是指具有主要功能属性的室内、半室内空间。根据《中小学校设计规范》GB 50099—2011，这些功能场室主要包括各类教学及教学辅助用房、行政办公用房和生活用房，具有领域感与相对私密性，是进行各类教学行为的主要场所。但随着教育多元化的发展趋势，功能场室的功能组成也逐渐复合化与多样化。

5.1.2.2 共享空间

共享空间是与功能场室相对，供师生自主使用的空间，具有开放性与公共性特点，为教学提供适当的拓展余地。共享空间包括室内开放空间、校园景观与室外运动场地/设施，后两者属于室外教学环境范畴。

无论室内还是室外，共享空间在整个教学空间中发挥着越来越重要的作用，也一直是当下中小学校教学空间设计研究中的热点，其形式、规模对教学的影响是研究者与建筑师不可回避的问题。

5.1.3 教学空间集类型学最新研究综述

过去对于中小学校教学空间的研究，在类型学上往往将其分为两类，即封闭式空间（Closed Space）和开放式空间（Open Space）。但随着教育的不断发展，这一分类早已不适应多样化的教学需求，介于这两者之间的"半开放空间"（Semi Space）成为新的类型，很多研究着重对半开放空间进行再次细化分类。

对于我国而言，以教学空间集进行研究的方式在国内的教学空间领域仍然很少见，而基于国情、立足于国内中小学教育变革最新发展的类型学研究成果则更少。相关研究主要是国外学者的研究。

前文提及的基姆·杜威和肯尼·费舍尔以世界上三个国际组织、近10年建设的59所典型中小学校为样本[①]，对其教学空间类型进行分析并归纳为六类：传统封闭教室（Classroom）、共享空间（Commons）、街道空间（Streetspace）、会议区（Meeting Area）、固定功能空间（Fixed Function）和户外学习空间（Outdoor Learning）[②]。随后，二人将上述空间类型进行组合，于2014年提出五种教学空间集群类型，并根据空间的开放程度由弱至强描述了空间设计的趋势（表5.1-2）[③]。

基姆·杜威和肯尼·费舍尔提出的五种教学空间集类型（五分法）　表5.1-2

类型	A	B	C	D	E
特点	传统的由走廊联系的封闭式教室	在类型A的基础上增加开敞的"街道空间"	传统教室内增加灵活隔断，提升空间的灵活性	开放式空间，但保留了可以划分为传统教室的可能	全开放空间，很难划分为传统教室类型
图示					

资料来源：根据OSELAND N. Open Plan Classrooms, Noise& Teacher Personality [R]. Workplace Unlimited, 2018: 28. 整理。

以基姆·杜威教学空间集五分法为代表的分类方式主要根据空间边界作为分类的主要标准，仍缺乏其他影响因素，如教学空间集组成要素的相互关系与功能类型。

5.2 教学空间集模式集合建构

本书在最新研究基础上，纳入更加全面的三种分类方式：组成要素之间的相互位置关系、功能场室的功能类型与组成要素的空间边界关系。其中，根据组成要素之间相互位置关系的不同将教学空间集模式分为四个大类，再根据功能类型与空间边界的不同在四大类基础上进一步细分为24个子类，基本上涵盖了目前国内外最新的教学空间集模式类型。每种教学空间集所适应的教学需求各不相同，以最大限度地应对教育的多元化需求。

---

① 学校样本来源主要针对英语国家，并包括部分日本、新加坡、荷兰与中国案例。

② DOVEY K, FISHER K. Designing for adaptation: the school as socio-spatial assemblage [J]. The Journal of Architecture, 2014, 19（1）: 43-63.

③ OSELAND N. Open Plan Classrooms, Noise & Teacher Personality [R]. Workplace Unlimited, 2018: 28.

5.2.1 教学空间集模式大类

在具体的教学空间设计中，不同的功能场室往往以共享空间为介质相互联系。根据功能场室与共享空间之间的相互位置关系，按照二者整合强度由弱至强分为并列式（功能场室＋共享空间）、包含式（共享空间包含功能场室）、集中向心式（功能场室围绕中心共享空间）与分散混合式（功能场室与共享空间分散混合）四种教学空间集模式类型（表5.2-1）。

按照组成要素之间的相互位置关系分 表5.2-1

序号	类型	图示	位置关系	特点
1	并列式	功能场室　共享空间	功能场室＋共享空间	功能场室与共享空间形成一对一关系
2	包含式	共享空间　功能场室	共享空间包含功能场室	功能场室被共享空间包含，给功能场室的拓展提供较大余地
3	集中向心式	功能场室　共享空间	功能场室围绕中心共享空间	空间凝聚力增强，共享空间的使用效率提高
4	分散混合式	共享空间　功能场室　功能场室　共享空间	功能场室与共享空间分散混合	功能场室与共享空间充分融合，共享空间具有相对的私密性与领域感

5.2.2　教学空间集模式子类

5.2.2.1　按功能场室的功能类型分

在组成教学空间集的两个要素中，性质相对稳定的是共享空间部分，公共、开放的属性使其在功能组成上往往拥有多元化特征。相比而言，具有主要功能属性的功能场室则一直根据教学需求而变化，集合主要可分为单一功能和混合功能（表5.2-2）。

按功能场室的功能类型分　　　　　　　　　　　　表5.2-2

序号	类型	图示	功能分析	特点
1	单一功能		由除卫生间、楼梯等基本功能之外的同类型功能场室结合共享空间组成，如普通教室、专用教室、公共教学用房、行政办公用房、生活服务用房中的一类	（1）教学空间集功能类型单一，形成各不相同的功能区；所开展的课程与教学方式类型也较固定，但与传统功能区相比，由于增加了共享空间的类型，为教学空间集的功能拓展提供了条件；（2）各教学空间集相互联系，共同组成完整的教学空间；（3）课程与教学方式的转变需要在不同的教学空间集之间往返
2	混合功能		由除卫生间、楼梯等基本功能之外的两种或以上功能场室集合共享空间组成，具有相对完整的教学功能	（1）形成功能复合的"小型教学单元"，可支撑较多的课程与教学方式类型；（2）各教学空间集具有教学上的自主性，功能种类越多，自主性越强，直至完全自主形成"校中校"；（3）课程与教学方式的转变不需要或很少在不同的教学空间集之间流动

1. 单一功能

即教学空间集由除卫生间、楼梯等基本功能之外的同类型功能场室结合共享空间组成，是对传统功能区的优化。如分别由普通教室、专用教室、体育用房、行政办公用房、生活服务用房结合共享空间组成的教学区、实验区、体育区、办公区与生活后勤区，各功能区相互独立，类型单一，整个学校的教学行为由各功能区共同支撑。但相比传统的功能区，由于增加了共享空间的类型，为教学空间集的功能拓展提供了余地。这也是国内常见的教学空间集设计模式。

2. 混合功能

即教学空间集由除卫生间、楼梯等基本功能之外的两种或以上功能场室组成的"小型教学单元"。国外有研究称之为"小型学习社区"（The Small Learning Community，简称SLC）、"学习工作室"(Learning Studio)[1]、"学习舱"(Learning Pod)[2]等。如由普通教室、教师办公室、专用教室、生活服务用房等两种或以上功能结合共享空间组成的教学空间集。由于功能复合化，相比单一功能，这类教学空间集对教学的适应性较好，课程与教学方式的改变不需要师生频繁进行大范围往返。因此，教学空间集内的功能种类越多，所能开展的课程与教学方式就越多，直至完全自主。这就将整个学校所有功能相互协同才能满足教学需要的空间形式，划分为若干个具有教学自主性的小型教学单元，即"校中校"(Schools-Within-Schools，简称SWIS)。

5.2.2.2 按组成要素的空间边界关系分

随着教育的发展，不同教学需求之间的灵活转换和不断变化对空间的边界产生影响。根据功能场室与共享空间之间的边界关系，分为固定边界、灵活边界和开放边界三种，以应对不同学校的教学需求（表5.2-3）[3]。空间的边界越开放和灵活，则空间对于教学变化的适应性就越强，但同时对于教师的教学组织能力要求就越高。

按组成要素的空间边界关系分 表5.2-3

序号	类型	图示	边界分析	特点
1	固定边界	功能场室　共享空间	由固定边界将功能场室与共享空间分割	（1）功能场室与共享空间之间界限明确，空间形式确定，所支撑的教学方式固定，因此职能明确； （2）空间灵活性较差，对教学需求的适应性较弱； （3）教学秩序容易管理
2	灵活边界	功能场室　共享空间	由灵活的边界将功能场室与共享空间分割。如可移动的隔断、帷幔等	（1）功能场室与共享空间灵活分隔，空间形式有多种组合，可根据教学需求进行重组，但由于仍存在边界，重组的形式有限； （2）空间灵活性较好，对教学需求的适应性较好； （3）对教师的教学组织能力要求高，但由于空间可在封闭与开放之间灵活改变，余地较大
3	开放边界	功能场室　共享空间	功能场室与共享空间完全开放，二者边界模糊。通过教具、构筑物的形式进行空间的临时划分	（1）功能场室与共享空间之间界限消失，空间形式理论上达到最大值； （2）空间灵活性极高，对教学需求的适应性达到最高； （3）对教师的教学组织能力要求更高，否则适得其反，使课堂秩序混乱

---

① WALDEN R. Schools for the Future: Design Proposals from Architectural Psychology [M]. Berlin: Springer International Publishing, 2015: 194.
② 长泽悟. 设计未来的学习空间：从课堂转变为 Learning Pod [R]. 上海：BEED Asia, 2019.
③ 功能场室内也存在这三种空间边界类型，将在下一章具体研究。

5.2.3 教学空间集模式集合

在上述三种分类方式下，可将教学空间集模式分为四大类和之下的 24 个子类，以此建立完整的教学空间集模式集合，其内容基本包含了国内外典型教学空间集类型，以应对多样化的教学需求（图 5.2-1）。

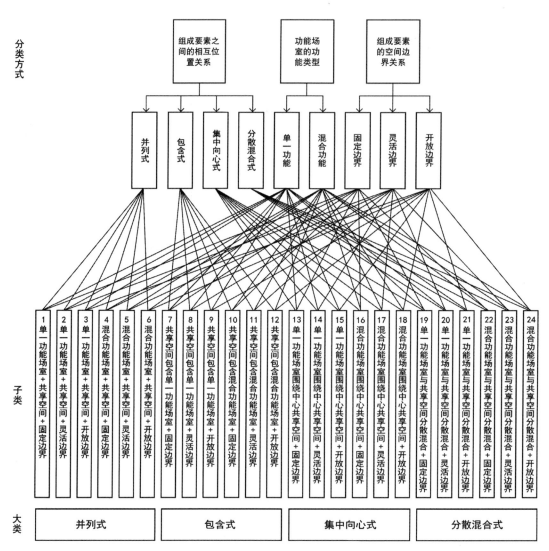

图 5.2-1　教学空间集模式集合

5.2.4 教学空间集模式实例

以现阶段教学活动的主要发生场所普通教室作为基础功能要素的教学空间集类型为例，对上述 24 种教学空间集模式进行举例（表 5.2-4）。由于该教学空间集模式集合是理论上所有类型的推演，部分类型尚未找到实例。

24 种教学空间集模式实例

表 5.2-4

序号	大类	子类	学校案例	平面示意	功能场室组成
1	并列式	单一功能场室 + 共享空间 + 固定边界	北京大学附属中学实验学校		普通教室
2		单一功能场室 + 共享空间 + 灵活边界	日本池袋本町小学		普通教室
3		单一功能场室 + 共享空间 + 开放边界	日本金山町立明安小学		普通教室
4		混合功能场室 + 共享空间 + 固定边界	青岛外语学校		普通教室、教师办公室、资料室、讨论室
5		混合功能场室 + 共享空间 + 灵活边界	北京中关村三小万柳校区		普通教室、教师办公室
6		混合功能场室 + 共享空间 + 开放边界	台湾昌平国小		普通教室、教师办公室
7	包含式	共享空间包含单一功能场室 + 固定边界	深圳红岭实验小学		普通教室

序号	大类	子类	学校案例	平面示意	功能场室组成
8	包含式	共享空间包含单一功能场室 + 灵活边界	日本城南小学		普通教室
9		共享空间包含单一功能场室 + 开放边界	—	—	—
10		共享空间包含混合功能场室 + 固定边界	日本上田市立第一中学		普通教室、媒体室、研究室
11		共享空间包含混合功能场室 + 灵活边界	—	—	—
12		共享空间包含混合功能场室 + 开放边界	—	—	—
13	集中向心式	单一功能场室围绕中心共享空间 + 固定边界	德国特鲁德灵 – 里姆文理学校		普通教室
14		单一功能场室围绕中心共享空间 + 灵活边界	美国本杰明富兰克林小学		普通教室
15		单一功能场室围绕中心共享空间 + 开放边界	美国萨米特小学		普通教室

序号	大类	子类	学校案例	平面示意	功能场室组成
16	集中向心式	混合功能场室围绕中心共享空间 + 固定边界	北京师范大学盐城附属学校		普通教室、教师办公室、计算机教室
17		混合功能场室围绕中心共享空间 + 灵活边界	德国阿伦斯堡小学		普通教室、讨论室、资料室
18		混合功能场室围绕中心共享空间 + 开放边界	澳大利亚圣玛丽小学		普通教室、讨论室、资料室、游戏区
19	分散混合式	单一功能与共享空间分散混合 + 固定边界	台湾光隆国小		普通教室
20		单一功能与共享空间分散混合 + 灵活边界	澳大利亚凯里浸信会语法学校		普通教室
21		单一功能与共享空间分散混合 + 开放边界	日本立川市立第一小学校		普通教室

序号	大类	子类	学校案例	平面示意	功能场室组成
22	分散混合式	混合功能与共享空间分散混合＋固定边界	上海师范大学附属实验小学嘉善校区改造		普通教室、专用教室
23		混合功能与共享空间分散混合＋灵活边界	新加坡盛康中学		普通教室、专用教室
24		混合功能与共享空间分散混合＋开放边界	日本广岛县立广岛叡智学园中学		普通教室、实验室、家庭室

注：平面图中，浅灰色填充范围为功能场室，深灰色填充范围为共享空间，对于开放边界类型，颜色填充仅代表二者的大致范围。

5.3 教学空间集指标研究

教学空间集因功能场室类型不同，在指标上相差甚远，最典型的如大空间风雨操场和普通教室。本书结合当下教育发展现状，以教学活动的主要发生场所普通教室作为基础功能要素的教学空间集类型为例，研究相关教学空间集的指标。其他功能类型的教学空间集可参考接下来两章的内容，根据具体功能组成确定。

5.3.1 相关研究综述与研究样本选取

对设计产生影响的指标主要包括单位教学空间集内的学生人数（即学生密度）和面积指标。首先，在学生人数方面。在传统的教学需求下，教室作为教学空间的主要部分，很多学者也着重对教室的班额指标进行研究，并取得诸多成果。自20世纪80年代以来，心理学、社会学等多学科领域的相关研究不断证实，学生密度对教学成效、互动作用、学生成绩、师生健康等方面产生巨大影响，小班额的学生相比大班额而言，师生对教学行为的满意度、参与度都更高①②③④。这些研究成果促进了小规模学校、小班额学校的推广。在我国，消除大班额也成为教育发展的重要目标之一。同样，作为新的教学空间基本单元，单位教学空间集内所服务的学生人数也是有规律的，学生数量过少则不经济，过多则很容易使教师目不暇接，导致教学秩序失控，均不利于应对新的教学需求。

国内外在此方面的研究极少。国外方面，目前最新的研究中，有杰弗里·拉克尼（Jeffery A. Lackney）提出的小型学习社区概念，认为单位社区内学生人数为150～160人⑤；长泽悟提出的"学习舱"概念，认为学生人数在数十人到100人。相比而言，国内现有研究主要针对班额和整个学校的学生规模，对于教学空间集的学生人数研究尚属空白。

其次，在面积指标方面。本书着重对生均使用面积进行研究，包括单位教学空间集的总生均使用面积、组成空间集的功能场室与共享空间（特指室内开放空间）的生均使用面积。国外相关研究中，长泽悟提出的"学习舱"概念，认为每个学习舱的生均面积 > 3m²/生⑥；基姆·杜威所提出的六种空间形式，指标研究如下（表5.3-1）⑦。同样，国内对此研究极少。

基姆·杜威提出的六种空间类型下的指标研究   表5.3-1

空间类型	教室	共享空间	街道空间	会议区	固定功能	户外学习空间
指标建议	40～60m²	40m²	宽度 > 3m	40m²	—	—
学生人数	20～30人	25人	—	5～40人	—	—

资料来源：改绘自 DOVEY K, FISHER K. Designing for adaptation: the school as socio-spatial assemblage [J]. The Journal of Architecture, 2014, 19（1）: 43-63.

由于目前国内相关实例较少，本节以国际视角，综合笔者的调研与研究成果，选取国内外最新中小学校案例21个，其中包括国内7所，国外14所（含美国、英国、德国、日本和韩国）。综合国内外案例指标对比，结合国情，归纳和优化空间集内的学生人数与使用面积的

---

① MCMULLAN B J, SIPE C L, WOLF W C.Charters and student achievement: Early evidence from school restructuring in Philadelphia [M]. Bala Cynwyd, PA: Center for Assessment and Policy Development, 1994.

② COTTON K. Affective and social benefits of small-scale schooling [R]. Charleston, WV: Clearinghouse on Rural Education and Small Schools, 1996.

③ RAYWID M A. Current literature on small schools [R]. Charleston, WV: ERIC Clearinghouse on Rural Education and Small Schools, 1999.

④ LEE V E, SMITH J B. Effects of high school restructuring and size on early gains in achievement and engagement [J]. Sociology of Education, 1995, 68（4）: 241-270.

⑤ WALDEN R. Schools for the Future: Design Proposals from Architectural Psychology [M]. Berlin: Springer International Publishing, 2009: 194.

⑥ 长泽悟. 设计未来的学习空间：从课堂转变为 Learning Pod [R]. 上海: BEED Asia, 2019.

⑦ DOVEY K, FISHER K. Designing for adaptation: the school as socio-spatial assemblage [J]. The Journal of Architecture, 2014, 19（1）: 43-63.

相关指标。由于样本数偏少，该研究成果只作为阶段性设计指标参考。

需要说明的是，首先，在开放边界类型中，功能场室与共享空间没有明确的边界，故相关案例中二者的面积不单独列出；其次，由于卫生间与楼（电）梯间等必备辅助功能的指标确定并不以教学为主要目的，因此为使研究更具针对性，功能场室的面积不含楼（电）梯间、卫生间、管道井等内容，共享空间特指室内开放空间，不含校园景观、室外运动场地/设施。21所中小学案例教学空间集的相关指标如表5.3-2所示。

21所中小学案例教学空间集相关指标　　　　表5.3-2

学校案例		平面示意	人数（人）	班数（个）	使用面积（m²）			生均面积指标（m²/人）		
					功能场室	共享空间	总面积	功能场室	共享空间	总生均
国内	北京大学附属中学实验学校		150	5	285.0	334.3	619.3	1.9	2.2	4.1
	中国人民大学附属中学北京航天城学校		240	6	409.3	213.9	623.2	1.7	0.9	2.6
	北京第二实验小学兰州分校		160	4	321.2	247.6	568.8	2.0	1.5	3.6
	青岛外语学校		160	4	588.9	367.4	956.3	3.7	2.3	6.0
	北京中关村三小万柳校区		120	3	288.4	280.0	568.4	2.4	2.3	4.7

学校案例		平面示意	人数（人）	班数（个）	使用面积（m²）			生均面积指标（m²/人）		
					功能场室	共享空间	总面积	功能场室	共享空间	总生均
国内	北京师范大学盐城附属学校		150	5	383.0	312.4	695.4	2.6	2.1	4.7
	上海师范大学附属实验小学嘉善校区		90	3	392.7	544.6	937.3	4.4	6.1	10.5
国外	美国罗莎公园小学		90	5	764.3	212.7	977.0	8.5	2.4	10.9
	美国福比昂小学		150	6	367.0	105.7	472.7	2.4	0.7	3.2
	美国阿灵顿小学		150	6	603.6	255.0	858.6	4.0	1.7	5.7
	美国威尔克斯小学		100	4	408.9	209.3	618.2	4.1	2.1	6.2

学校案例	平面示意	人数（人）	班数（个）	使用面积（m²）			生均面积指标（m²/人）		
				功能场室	共享空间	总面积	功能场室	共享空间	总生均
国外	美国 本杰明富兰克林 小学	100	4	716.8	283.5	1000.3	7.2	2.8	10.0
	美国 萨米特 小学	75	5	—	—	958.4	—	—	12.8
	英国 诺埃尔－贝克 与圣马丁学校	180	6	537.5	133.8	671.3	3.0	0.7	3.7
	德国 特鲁德灵－里 姆文理学校	100	4	213.0	261.0	474.0	2.1	2.6	4.7
	日本 湘南学园 小学	120	3	281.0	117.6	398.6	2.3	1.0	3.3

学校案例		平面示意	人数（人）	班数（个）	使用面积（m²）			生均面积指标（m²/人）		
					功能场室	共享空间	总面积	功能场室	共享空间	总生均
国外	日本近江八幡市立岛小学	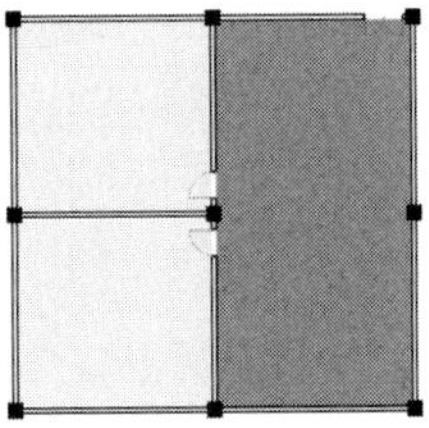	40	2	116.7	116.7	233.4	2.9	2.9	5.8
	日本金山町立明安小学	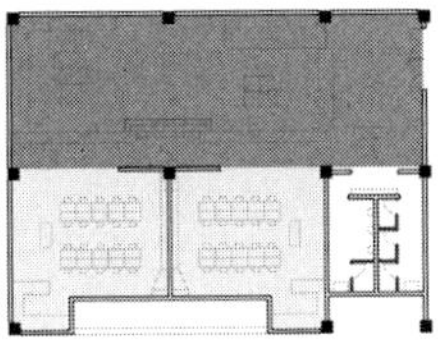	40	2	—	—	225.5	—	—	5.7
	日本同志社小学	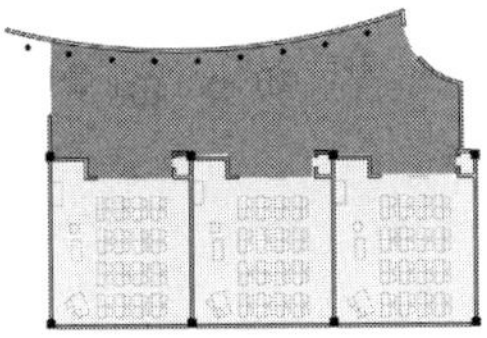	90	3	304.3	222.2	526.5	3.4	2.5	5.9
	日本池袋本町小学	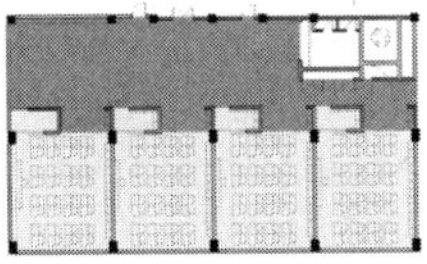	120	4	288.0	173.4	461.4	2.4	1.5	3.9
	韩国松三小学	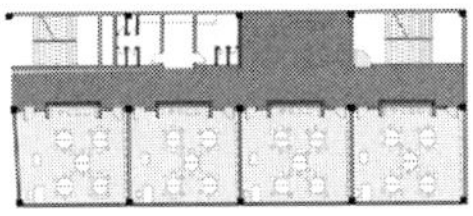	120	3	357.4	185.6	543.0	3.0	1.5	4.5

注：平面图中，浅灰色填充范围为功能场室，深灰色填充范围为共享空间，对于开放边界类型，颜色填充仅代表二者的大致范围。

5.3.2 单位教学空间集内的学生人数

21所中小学案例单位教学空间集内的学生人数指标如图5.3-1所示。

从图中可以看出，在国内中小学案例中，单位教学空间集内的学生人数集中分布在120~160人之间，有5所，占总数的71.4%；国外中小学案例中，单位教学空间集内的学生人数大部分分布在80~120人区间，有9所，占总数的64.3%。国外案例的人数区间比国内降低40人，其中的原因主要与国内外中小学的总人数规模有关。根据最新数据显示，2014年我国主城区的中小学校平均学生规模均超过1000人以上[①]，这一数据就已超出西方国家大部分学校的规模。

同时，与学生人数指标相关的单位教学空间集内的班数指标，情况如图5.3-2所示。

从图中可看出，国内外中小学案例单位教学空间集内的班数都集中在3~5班之间。国内有6所，占总数的85.7%；国外有9所，占总数的64.3%。班数相同而人数不同的主要原因在于班额的差距。对于我国中小学而言，根据中小学规范，小学班额为45人/班，中学班额为

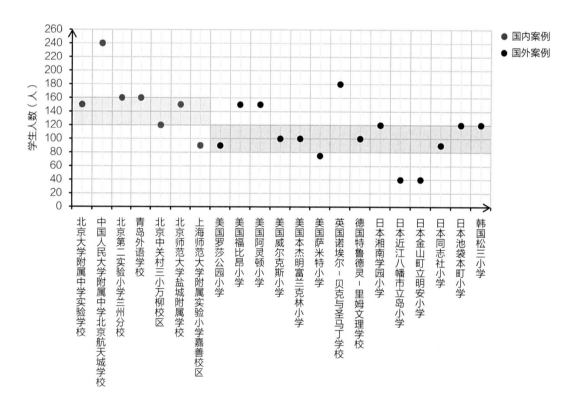

图5.3-1 21所中小学案例单位教学空间集内的学生人数

---

① 其中小学平均学生规模1113人，初中平均学生规模1049人。详见：陈晓宇. 教育公平与中小学布局研究［R］. 北京：北京大学基础教育中心，等，2020.

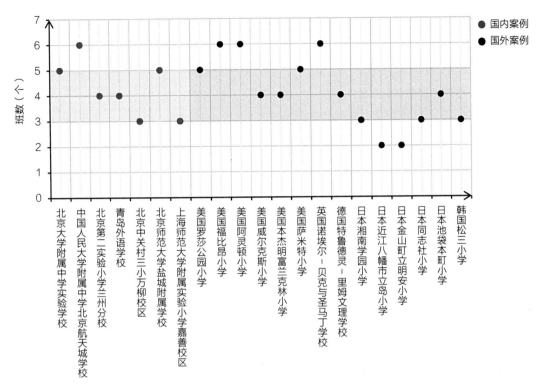

图 5.3-2　21 所中小学校案例单位教学空间集内的班数

50 人 / 班。近年来，在国家提出缩减大班额举措的背景下，很多经济发达城市的学校班额在此基础上再次降低，达 35～40 人 / 班，因此国内的中小学班额区间为 35～50 人 / 班。而对于欧美国家，中小学班额普遍在 30 人 / 班以下，即便是人口密度较高的亚洲国家日本也在 40 人 / 班以下（表 5.3-3）。

国内外中小学班额情况　　　　　　　　　　表 5.3-3

国家 / 地区	中国		美国	英国	德国	澳大利亚	日本
	大陆	台湾					
班额（人 / 班）	35～50	29	25～30	25～30	15～25	20	30～40

　　为此，结合我国国情，可大致确定单位教学空间集内的学生人数区间为 120～180 人，将其转换为班数，则大概为 3～5 班。

5.3.3　单位教学空间集的面积指标

　　从表 5.3-2 中可以看出，21 所中小学案例的单位教学空间集内功能场室、共享空间与总使用面积指标的区间浮动太大，在总指标方面无法获得指标规律。因此，研究纳入生均面积指标。

5.3.3.1　功能场室生均面积指标

21所中小学案例的单位教学空间集内功能场室生均面积指标对比如图5.3-3所示。

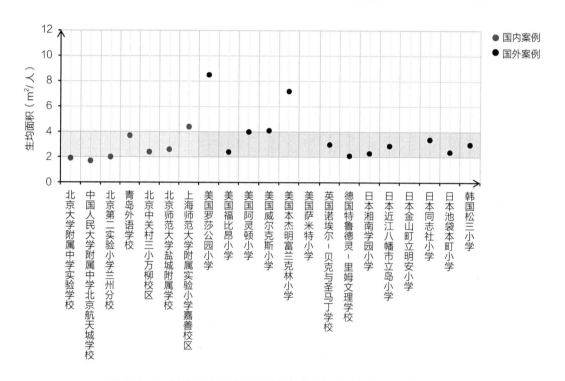

图5.3-3　21所中小学案例的单位教学空间集内功能场室生均面积

可以看出，国内外中小学案例单位教学空间集内的功能场室生均面积均集中在 2.0～4.0m²/人区间附近。其中国内案例全部包含；国外案例有10所，占12所学校的83.3%，这也与实践相符合。区间相差较大的原因在于功能场室类型不同。教学空间集类型中，在相同学生人数下，混合功能场室教学空间集的生均功能场室面积比单一功能场室教学空间集要大。因此，当功能场室为单一功能类型时，下限值为 2.0m²/人；当功能场室包含混合功能时，则下限值为 4.0m²/人，具体取值可根据第六章实际的功能组成确定。

5.3.3.2　共享空间生均面积指标

21所中小学案例的单位教学空间集内共享空间生均面积指标对比如图5.3-4所示。

从图中可以看出，国内中小学校案例中，单位教学空间集内的共享空间生均面积集中在 1.5～2.5m²/人区间附近，有5所，占总数的71.4%；国外案例则集中在 1.5～3m²/人区间附近，有9所，占12所学校的75%。案例数据浮动较大的原因在于具体学校因教学需求不同，共享空间面积越大，则越注重不同班级之间学生的互动，并将其作为主要的教学场所。

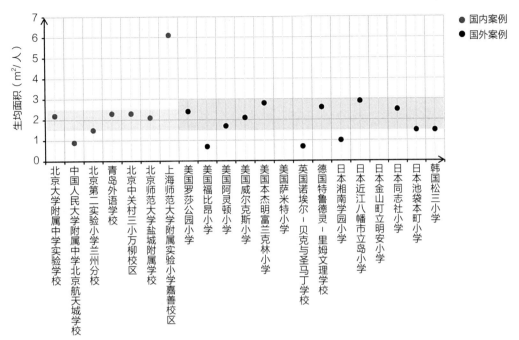

图 5.3-4　21 所中小学案例的单位教学空间集内共享空间生均面积

5.3.3.3　其他指标

综合上述功能场室与共享空间指标，可得出 21 所中小学案例的单位教学空间集内功能场室与共享空间使用面积的比值（图 5.3-5）和总生均面积指标（图 5.3-6）。

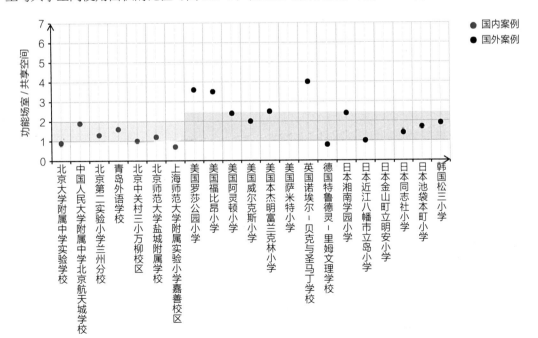

图 5.3-5　21 所中小学案例的单位教学空间集内功能场室 / 共享空间使用面积比值

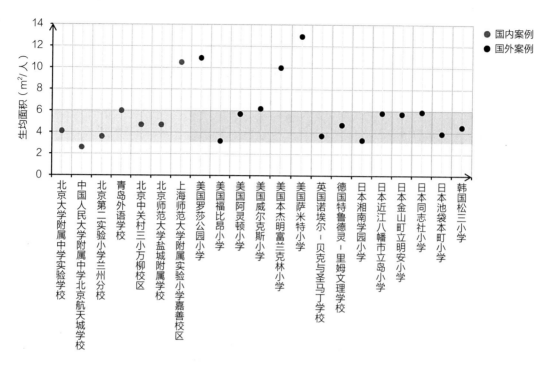

图 5.3-6 21 所中小学案例的单位教学空间集总生均面积

从图 5.3-5 可看出，单位教学空间集内的功能场室与共享空间使用面积比值，国内案例集中在 1.0～2.0 区间附近；国外案例集中在 1.0～2.5 区间附近，有 9 所，占 12 所学校的 75%。从数据也可看出，随着教育的不断发展，强调学生协作学习的共享空间被重视，在面积上几乎与功能场室相当。鉴于我国国情，则建议取值在 1.0～2.0 之间，且右侧象限"以学生为中心"教学方式占比与共享空间面积的占比成正比关系。

从图 5.3-6 可看出，在教学空间集总生均面积指标上，国内外案例集中在 3.5～6.0m²/ 人区间附近，具体的指标可根据功能场室与共享空间的生均面积相加得出。

5.3.4 教学空间集指标优化与建议

综合上述对于案例的分析，立足国情，结合国内中小学班额、总生均面积情况，可阶段性得出单位教学空间集内的相关指标取值范围，为设计提供参考（表 5.3-4）。

教学空间集指标取值　　　　　　　　　　　　　　　表 5.3-4

项目	学生人数（人）	班数（个）	功能场室生均面积（m²/ 人）	共享空间生均面积（m²/ 人）	功能场室与共享空间使用面积比值	总生均面积（m²/ 人）
指标区间	120～180	3～5	2.0～4.0	1.5～2.5	1.0～2.0	3.5～6.0

注：功能场室与共享空间相关指标不适用于开放边界类型。

5.4 教学空间集组合方式

教学空间集构建之后，将这些空间基本单元按照一定的规律组合在一起，就形成了完整的教学空间框架。现根据各教学空间集之间组合的不同方式，提出串联组合、围绕全校共享空间组合、空间立体互通组合三种方式，并结合国内外典型案例与笔者所参与的相关设计实践，逐一分析三种组合方式的设计策略（表5.4-1）。

教学空间集组合方式对比 　　　　　　　　　　　　　　　　　表5.4-1

序号	类型	图示	特点
1	串联组合	教学空间集1　教学空间集2　……　教学空间集n	各教学空间集直接串联组合，彼此独立并通过必要的交通相互联系，由于是线性关系，非相邻的教学空间集之间距离较远
2	围绕全校共享空间组合	教学空间集1　　教学空间集n　全校共享空间　教学空间集2　　……　教学空间集3	各教学空间集通过全校共享空间集中组合，不仅有利于提升共享资源的使用率，也增强了不同教学空间集之间的联系
3	空间立体互通组合	教学空间集1　教学空间集2　……　教学空间集n	各教学空间集在垂直方向上形成空间互通。尤其在用地紧张的情况下，教学空间没有足够的用地水平展开时可采取该策略。空间上强调竖向联系，削弱了层与层之间的隔阂，增强了不同层学生的互动

5.4.1 串联组合

串联组合，即各教学空间集直接串联组合在一起，各单元相互独立又通过交通形成必要的联系。

5.4.2 围绕全校共享空间组合

围绕全校共享空间组合，即各教学空间集单元围绕更大的全校共享空间集中组合。这里的共享空间可以是开放空间，也可以是全校共享资源。这其实是把各教学空间集单元视为一个规模更大、功能复合化的功能场室。与"串联组合"方式相比，全校共享空间为各单元之间的互动与交流提供了条件，增强了各教学空间集之间的凝聚力。

5.4.3 空间立体互通组合

上述两种组合方式往往是平面上的组合，不同层教学空间集之间的联系较弱。同时，对于学校用地紧缺，没有足够的面积进行教学空间集水平布局时，往往采取垂直方向上的空间立体互通组合，利于增强垂直方向上不同层师生之间的互动。

在具体的组合策略上分为两种：通过共享空间形式上的变化联系其他空间单元、通过教学空间集空间形式上的变化联系其他空间单元。

1. 通过共享空间形式上的变化联系其他空间单元

由于各教学空间集功能上的复杂性与局限性，在设计中往往通过形式更加灵活的共享空间实现空间上的联系。共享空间利用空间形式的变化，将垂直方向上的各教学空间集单元联系为一体，削弱彼此间隔阂。这一策略是共享连廊连接的变形，即将共享空间纳入连廊中，不仅丰富了连廊形式，也实现了空间层次的互通。

如在深圳市福田中学的设计中，建筑师将共享空间处理为线性连续的"空中活动圈"，通过共享台阶、坡道与平台实现标高的不断变化，将不同层的教学空间集连为一体，丰富共享空间的形式类型；在笔者参与设计的广东省华南城九年制学校中，则将共享空间作线性化处理，并通过高差层数的不断变化，形成"空中游廊"，将不同层的教学空间集单元连为一体 [1]（表 5.4-2）。

通过共享空间形式上的变化联系其他空间单元　　　　　　表 5.4-2

设计策略	在原有连廊连接基础上变形，丰富共享空间的功能属性与形式，通过大台阶、楼梯、坡道、平台等形式使空间标高不断变化，以此削弱垂直方向的封闭感，将不同层的教学空间集单元连为一体			
分析图示	基本模式	连廊拓宽	丰富连廊空间形式	强化楼层间的联系

---

① 苏笑悦，陶郅. 综合体式城市中小学校园设计策略研究［J］. 南方建筑，2020（1）：73-80.

	深圳市福田中学	广东省华南城九年制学校
学校案例	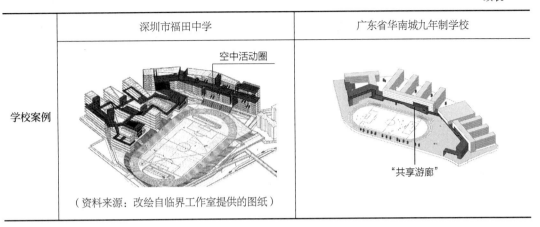	

（资料来源：改绘自临界工作室提供的图纸）

2. 通过教学空间集空间形式上的变化联系其他空间单元

在建筑面积较紧张的情况下，没有足够的共享空间面积和规模，则采取对某个教学空间集空间形式进行多样化设计，以此联系其他空间单元。如笔者参与设计的深圳太子湾国际学校，将图书馆空间集开放化与立体化，形成开放式台阶阅览，以此联系其他教学空间集单元，形成空间上的互通。该种策略同时也丰富了空间集本身的层次感，从平面向立体发展（图 5.4-1）。

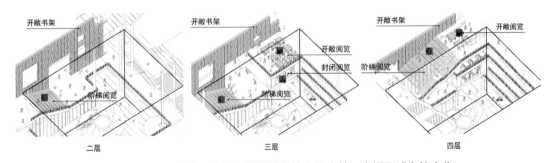

图 5.4-1　深圳太子湾国际学校图书馆空间集单元空间形式上的变化

5.5　本章小结

本章从教学空间框架层面，以适应教育变革的教学需求为基础，对教学空间的基本组成单位——教学空间集的设计策略进行研究，为下文空间要素层面的功能场室与共享空间设计策略研究提供空间框架基础。

首先，根据组成教学空间集的两个空间要素的相互位置关系、功能场室的功能类型与空间要素的空间边界关系三种分类方式，将教学空间集模式分为四个大类与在此之下的 24 个子类，以此构成完整的教学空间集模式集合；随后，以教学活动的主要发生场所普通教室作为基础功能要素的教学空间集类型为例，通过国际视角，对教学空间集的相关指标进行研究，包括单位教学空间集内的学生人数与使用面积指标，并得出阶段性取值区间，以此指导设计实践；最后，从空间布局角度，提出教学空间集的三种组合方式，最终形成完整的教学空间框架。该内容为教育变革背景下的多样化教学需求提供了全面的教学空间框架构建策略与形式，满足不同学校的不同教学需求，有助于从教学空间框架层面摆脱传统趋同的设计范式。

第 6 章 适应教育变革的功能场室 设计策略

本章以适应教育变革的教学需求为基础，从教学空间要素层面，对教学空间组成要素之一的功能场室的设计策略进行研究，提出功能复合化的"教学中心"（Teaching and Learning Center）的概念以优化传统研究与设计中具有独立功能的"专用教室"。同样以国际视角，以国内外中小学校教学空间实践的新型成果调研和笔者所参与的相关设计实践为例，梳理适应教育变革的各功能场室的新功能、新定位、新场景与新形态。

6.1 相关概念界定与技术路线

中小学校教学空间中的功能场室主要是指具有主要功能属性的室内或半室内（如架空层）教学空间。同时，因具有全天候使用特点，功能场室是当下教学行为发生的主要场所，也一直是研究与设计关注较高的内容。

6.1.1 教学中心

教学需求决定功能场室的定位与形式，在教育变革影响下，传统的各功能场室将会以新的形式存在，有些类型将会消失，同时新的类型又会随着教学的需要而出现。

注重个性化、协作教学的需求，使课程设置与教学方式朝向综合性发展，学科之间的壁垒不断被打破，彼此之间实现了融合与整合。因此，功能场室也应突破原有"专用"的单一功能概念，以全新的形式应对教学需求的变化。为此，本书基于教育变革下的教学需求，对各功能场室进行重新梳理和整合，提出功能复合化的"教学中心"的概念。用"教学中心"代替"专用教室"，并非仅仅是概念上的改变，而是更加强调空间对多样化教学需求的适应性。在研究内容上，限于篇幅与研究针对性，本书选择中小学最典型的功能场室类型，并增加当下新型的功能场室，共构建15种"教学中心"（图6.1-1）。

6.1.2 技术路线

本章以前文适应教育变革的教学需求为设计的教育学基础，以国内外最新中小学校教学空间研究成果与实践为例，主要包括笔者调研的中小学案例及参与的相关设计实践，针对各"教学中心"的特点与必要性，大致按照"发现问题—分析问题—解决问题—形成策略"的顺

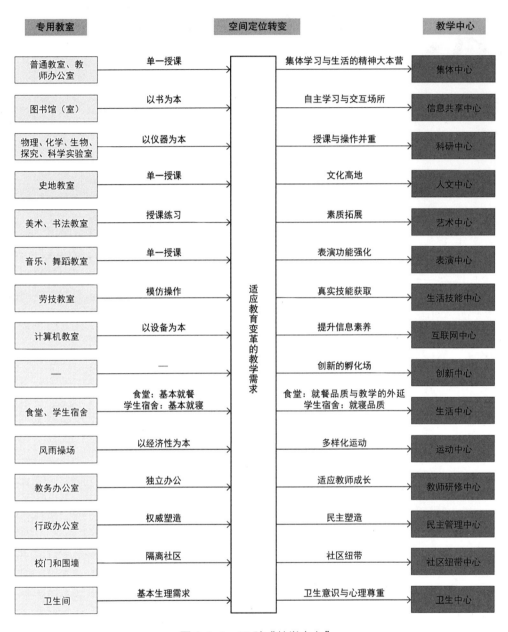

专用教室	空间定位转变	教学中心
普通教室、教师办公室	单一授课 →	集体学习与生活的精神大本营 → 集体中心
图书馆（室）	以书为本 →	自主学习与交互场所 → 信息共享中心
物理、化学、生物、探究、科学实验室	以仪器为本 →	授课与操作并重 → 科研中心
史地教室	单一授课 →	文化高地 → 人文中心
美术、书法教室	授课练习 →	素质拓展 → 艺术中心
音乐、舞蹈教室	单一授课 →	表演功能强化 → 表演中心
劳技教室	模仿操作 →	真实技能获取 → 生活技能中心
计算机教室	以设备为本 →	提升信息素养 → 互联网中心
—	— →	创新的孵化场 → 创新中心
食堂、学生宿舍	食堂：基本就餐 学生宿舍：基本就寝 →	食堂：就餐品质与教学的外延 学生宿舍：就寝品质 → 生活中心
风雨操场	以经济性为本 →	多样化运动 → 运动中心
教务办公室	独立办公 →	适应教师成长 → 教师研修中心
行政办公室	权威塑造 →	民主塑造 → 民主管理中心
校门和围墙	隔离社区 →	社区纽带 → 社区纽带中心
卫生间	基本生理需求 →	卫生意识与心理尊重 → 卫生中心

（中间竖条：适应教育变革的教学需求）

图 6.1-1 15 种"教学中心"

序，逐一对 15 大"教学中心"的设计策略进行研究。在研究内容上强调与传统研究及设计的差异性，体现研究特色。

1. 发现问题：传统教学需求与设计

归纳传统教育对各"专用教室"的需求与设计策略，与接下来的教学新需求形成对比，找到矛盾点并发现问题，进而为新的设计策略寻找突破口。当然，对于新兴的功能场室类型，则没有这部分内容。

2. 分析问题：新型教学需求与功能

包括两个方面：第一，教育变革对各"教学中心"的教学需求研究；第二，基于新型教学需求，对各"教学中心"的功能组成与定位进行研究。需要说明的是，这些需求是在教育变革影响下的各种可能，在实际的设计中还需根据具体的教学需求选择性地纳入。传统的"专用教室"由于功能组成较单一和明确，没必要进行内在的功能分析。而"教学中心"由于教学需求的复合化，所组成的功能更加丰富。因此，应重新梳理各"教学中心"的功能组成，以需求定设计。而对于有些"教学中心"，虽然在功能组成的类型、指标上与传统相比并未发生太大变化，但功能的定位与形式发生了改变，研究则分析这些"教学中心"的功能定位与使用特点，为设计策略打下基础。

3. 解决问题：功能模块设计研究

对"教学中心"内部的各组成功能，运用教育学与建筑学的新理念、新手法进行设计策略研究，内容包括平面布置、指标研究[1]、边界设计、教具设计、标识设计、材料设计等，形成功能模块。

4. 形成策略：功能模块空间整合

将"教学中心"内的各组成功能模块进行整合，以此构建完整的"教学中心"空间模块，形成设计策略。限于篇幅，本书涉及的空间组合主要是平面的组合，当学校的容积率较大而没有足够的用地时，可采取竖向组合，即形成占据两层及以上的、类似 LOFT 住宅的功能场室类型。

6.2 设计原则

根据适应教育变革的教学空间设计理论、适应教育变革的教学需求与国内外相关设计经验，归纳出八条功能场室设计原则，范围涵盖空间形式、空间功能、空间边界、空间环境、空间要素、空间交互、空间品质与空间余地，为后文的设计策略研究提供方向。

6.2.1 空间形式：多样化与个性化

多样化（Diversification）与个性化（Personalization）是未来中小学教育发展的趋势之一。正如当下消费领域出现的私人定制，学校教育也不断寻求各种方式给予学生个性化服务。以学生为中心的教育发展，使课程设置与教学方式的实施层面从"集体"转变到"个体"，学生的个体需求不断受到重视，课程设置与教学方式愈发多元。在设计上，也应对教育的变化做出回应，对学生个体的需求给予更多关注。个体的差异势必会对教学空间产生差异性的需求，而中小学校作为规模并不大的建筑类型，在有限的空间内满足更多学生的需求是设计的主要出发点之一。迹·建筑事务所的华黎认为，一所学校要足够丰富，以更好地包容人性的

---

[1] 由于很多功能属性弹性太大，给指标研究带来不便。研究根据实际需要对功能模块相关指标提出建议性区间值。

不同需要 [①]。因此，在功能场室的空间形式设计时，应基于不同形式、不同规模的教学需求，针对性地给出空间设计策略，形成区域内的空间特色。这一原则尤其对九年一贯制及以上的学校类型（如十二年一贯制、十五年一贯制）更具意义。一个学生在一所学校内学习、生活十几年，若周边空间环境趋同化，则十分不利于学生的全面成长，也十分不人道。

6.2.2 空间功能：功能复合化

功能复合化（Mix-Used）是满足教育复合化发展的需要，也是顺应现代建筑发展趋势的需要。当代社会，人们的生活方式与需求已变得多样化，正如商场已不仅仅是纯粹的购物场所，酒店也不仅仅是住宿的建筑 [②]。中小学校作为现代建筑的一部分，更应该顺应新生代学生的行为习惯。

传统的中小学校教学空间设计常以功能分区为本，独立成区、成栋，形成教学楼、行政楼、实验楼、文科楼、图书馆、体育馆等，每个功能区内的功能场室均被赋予特定的使用功能与使用方式。如教室仅仅是授课、实验的场所，办公室仅仅是办公的场所，图书馆仅仅是借阅看书的场所，餐厅仅仅是就餐的场所，体育馆仅仅是运动的场所等。在图书馆内授课、在教室内办公与在餐厅内学习都被认为是秩序的混乱。这就使各功能场室在设计上通常占据一个独立的空间，室与室之间界限明显，分区明确。在教学上，授课类型的改变需要以场室的改变来支撑，师生在不同的功能区和功能场室之间往返，成为教学秩序的一种体现。

当下，课程设置上进行的学科整合重组使教学方式更加灵活与多变，对于功能的需求也更加复合化与综合化，兼顾集体与个体、公共与私密的多重属性。如在走班制下，在一间学科教室内就可完成授课、学习、制作、实验、借阅、演示、讨论等教学行为，各行为之间灵活转换而不需要移步至其他场所；在包班制与混班 / 混龄制下，学科的融合与重组使教师在一间教室内就可完成大部分教学内容。因此，功能场室在功能设计上也应以复合化应对：各功能按照教学需求进行整合，打破功能之间的壁垒，以随时满足师生的教学需求，提升教学资源的利用效率。在我国当下，由于课程设置的特点使具体的功能场室仍具有主要的功能属性，但随着泛在学习概念的不断发展，功能属性将会愈发丰富，主要功能属性的强度也会逐渐变弱，甚至消失。

6.2.3 空间边界：灵活性、透明性与复杂性

灵活性（Flexibility）是适应未来教育变革不确定性、需求多元化的重要设计原则。这一原则影响了很多其他类型建筑的空间设计，尤以科研实验建筑最为典型。科学技术的快速进步使科研工具的更新频率加快，科研实验建筑常以灵活的空间特质适应未来科研需求的变化，

① 向玲，等. 日常项目深度报道：海口寰岛实验学校初中部 / 迹·建筑事务所 [EB/OL]. (2019-11-10) [2020-02-12]. https://www.gooood.cn/gooood-topic-haikou-huandao-middle-school-trace-architecture-office.htm.

② 刘笑楠. 两次北大附中改造背后的设计思考——访 Crossboundaries 建筑设计事务所合伙人董灏、蓝冰可 [J]. 建筑技艺，2018（4）：26-35.

以提高建筑的投资回报率[①]。随着教育的不断发展，课程设置与教学方式的类型将会越来越丰富，若以相对有限的空间应对无限的教学变化则注定不现实，而空间的灵活性则是较好的解决策略。相关研究也表明，灵活的教学空间对学生的行为产生积极影响，加之"以学生为中心"的教学方式，可有效促进学生教学活动的参与度[②]。空间的边界变得灵活且模糊，突破物理上的限制，各功能之间可根据需要灵活转换，增强空间的包容性，尽可能适应不断变化的教学需求，打造因变的学习场所。

透明性（Transparency）具有两个方面内容。第一，指空间边界的物理透明度。即采用通透的材料，甚至全开放边界设计，使空间之间互为可见。这不仅出于采光上的考虑，更是促进师生之间、学生之间协作交流的手段。美国社会学家詹姆斯·科尔曼（James S. Coleman）在1966年著名的《科尔曼报告》中得出一个重要结论：学校所能教给学生的东西远不如同伴的多[③]。在"以学生为中心"的教学方式类型中，协作教学方式占比不断增加，教学方式的公共属性不断增强。不同的教学行为向外展示，增强师生、学生之间的视觉联系，用行为影响行为。第二，指空间现象层面的"透明性"，主要用于开放教学空间的设计。这里参考了柯林·罗（Colin Rowe）关于现象层面的建筑透明性理论[④]。这个概念从立体主义绘画中产生，指两个或更多的图形叠合在一起，每个图形都试图把公共的部分占为己有，为解决这种空间维度的两难，就必须认为重叠的图形是透明的，以此保证视觉上的完整性。运用到空间设计与分析上来，则表示对一系列不同空间位置进行感知。在设计时，将部分空间设计成为其他空间的公共部分，根据教学需要自行组合，形成临时的领域感。

复杂性（Complexity）是针对功能场室的外部边界设计（即空间形状）而言，是应对功能复合化的设计策略。在功能复合化发展下，常见的空间边界设计策略是在原有平面的基础上扩大使用面积，空间形状仍是规整的矩形。但此种策略在功能组成较复杂时具有一定的劣势，如对于公、私空间需求较多时，因功能场室本身面积的有限性，完整的空间很容易造成动静分区相混。为此，本书提出另外一种策略：复杂边界设计。

国外对于复杂边界教室的设计进行过很多研究，最早是针对主要的功能场室——普通教室的边界设计。其中比较典型的是赫曼·赫兹伯格（Herman Hertzberger）提出的铰接式教室（The Articulated Classroom）[⑤]和其他学者提出的L形教室概念。两个概念具有很多相同点，现主要分析L形教室。1994年，詹姆斯·戴克（James A. Dyck）就提出复杂边界的形式之一L形教室设计模式，认为这种形式相比原有规整矩形教室，更利于促进师生多样化教

① 苏笑悦，陈子坚，郭嘉，等. 高校科研实验建筑设备管井单元设计策略［J］. 住区，2019（6）：141-145.
② KARIIPPANON K E, CLIFF D P, LANCASTER S J, et al.Flexible learning spaces facilitate interaction, collaboration and behavioural engagement in secondary school［J］. PLOS ONE, 2019, 14（10）：1-13.
③ 徐中仁. 20世纪80年代以来美国中小学校多样化研究［D］. 重庆：西南大学，2014.
④ 柯林·罗，罗伯特·斯拉茨基. 透明性［M］. 金秋野，王又佳，译. 北京：中国建筑工业出版社，2008.
⑤ 林鑫. 赫曼·赫兹伯格的学校设计理念及作品分析［D］. 广州：华南理工大学，2012.

学行为的开展①。随后，彼得·利普曼（Peter C. Lippman）也对L形教室设计模式进行分析，认为这些多出的角落空间可以为师生提供更多的活动场地选择②。近年来，杰弗里·拉克尼（Jeffery A. Lackney）也提出L形教室的"Learning Studio"概念，并在实践中提出相应的策略③。

到了当代，随着功能复合化的发展，复杂边界设计也对其他功能场室类型有很大的参考作用。尤其对那些所包含的功能种类丰富，在设备管线、空间结构方面没有特殊要求的功能场室类型而言更具适应性。空间形式也可在原有L形基础上再次进行拓展，演化为其他更加复杂的形式。具体的边界也不一定是线性的，非线性的曲线边界也可根据需要进行设计。

与方整的空间边界相比，复杂边界的空间具有以下三个优点：第一，给予授课方式多样化的选择。授课的方向不是固定的单方向，由于墙面多样性则有更多选择。这就把整个教学空间从传统的单中心划分为多中心，可根据需要同时进行不同类型的教学活动。第二，增加储藏与展示功能的余地。将储藏与展示功能结合墙面设计是功能场室设计中最常用的设计策略，墙面越多，可利用的空间就越多，为教室的拓展留下的余地就越大。第三，提供多样化的教学空间围合形式，兼顾公私需求。相比于规整的空间，边界复杂的教室无形中为各类小空间的围合与限定提供了条件，尤其适合同时拥有公共与私密功能属性的功能场室类型。

当然，复杂边界设计在经济性方面具有一定的劣势，对于一些功能组成并不复杂或对设备、结构有特殊需求的功能场室，则要根据实际需要进行设计。复杂性也只是一种应对教学需求的设计策略，并不是判断教学空间设计优劣的标准。限于篇幅，本书在各"教学中心"的空间范例上，主要以线性的矩形为主，具体的空间边界形式设计可根据方案需要进行针对性发挥，本书不做过多具体形式上的研究。

6.2.4 空间环境：沉浸式教学氛围

这一原则是依据"教育生活化"的教育发展趋势与学校城市理论提出的。教学空间环境的设计其实是教学氛围与场景的设计，用氛围影响行为，进而形成场景。中小学教育是为学生适应社会生活做准备，学生在学校中通过极小的代价获取社会经验，教育即生活也成为教育界不断推崇的理念。模仿社会生活情境、"真实的问题"、"真实的学习"成为学校的教学环境设置原则，以此实现教育与生活的无缝连接。在现实中，有学校根据所开设的特色校本课程，直接利用相关实物改造形成教学场所。如上海市蓬莱路第二小学，利用废弃的公共汽车改造为教室，进行与汽车相关的校本课程，真实感十足。

---

① DYCK J A. The case for the L-shaped classroom: Does the shape of a classroom affect the quality of the learning that goes inside it? [J]. Principle, 1994: 41-45.

② LIPPMAN P C. The L-shaped classroom: A pattern for promoting learning [R]. Minneapolis, MN: Design Share, 2005.

③ WALDEN R. Schools for the Future: Design Proposals from Architectural Psychology [M]. Berlin: Springer International Publishing, 2015: 193.

因此，在学校各功能场室的空间环境设计中，可积极借鉴与模拟相应的城市建筑空间设计原则与经验，学习与吸收社会生活中不同的空间环境氛围，并以此运用到对应的教学空间氛围设计中，打造沉浸式微型社会，为学生沉浸式教学提供基础。

6.2.5　空间要素：设计要素教材化

学校的本质，就是利用一切资源激发师生的学习潜力。当下，受建构主义理论等影响，学校建筑不仅为师生提供物理庇护的场所，组成功能场室的各个部分，包括空间本身、建筑材料、景观、家具、建筑设备、标识系统等均具有教育属性，成为学生身边真实的教育资源。设计中要充分发挥这些要素的教育作用，向学生开放展示，刺激学习行为的发生。整个学校即是一本教材，处处是学习资源，营造处处可学习的教学空间。

6.2.6　空间交互：泛在互联的智慧校园

泛在互联（Ubiquitous Interconnection）是功能场室应对信息时代挑战的原则。无处不在的互联网、人工智能、大数据、云技术成为社会变革的四大驱动力，也是推动教育变革的重要力量，信息技术逐渐成为当代教育发展中不可或缺的一个内容。

无论是约瑟夫·铂金斯（Joseph Perkins）提出的 21 世纪学习空间框架（Framework for Considering 21st Century Spaces）[1]，还是大卫·拉德克利夫（David Radcliffe）提出的学习空间设计和评估框架（Pedagogy-Space-Technology，简称PST）[2]，都强调了信息技术在教育、空间中的重要作用（图 6.2-1）。这些针对高等教育空间的理论逐渐运用到中小学教育中，智慧校园建设也成为当下中小学校教学空间建设的重点。

一方面，生活在信息时代的新生代具有与过去学生不同的生活与学习方式。对于他们而言，科技是生活环境的一部分，使用科技就像呼吸一样必要且自然[3]。各类上网电子设备，如笔记本电脑、平板、智能手机被学生广泛运用于生活与学习中。另一方面，为了更好地应对信息时代对教育的冲击，积极运用高新技术于教育中为教学服务，可以提高教育品质，增强教学体验，支持多样化教学方式。因此，可在单个功能场室设计中引入信息技术，构建"互联网/信息化+功能场室"智慧空间建设模式，赋能空间；同时，加强网络通信技术建设，如校园进行无线网络（WiFi）全覆盖，将校内所有功能场室的教学资源通过信息技术实现互联，并延伸至校外，以此实现数字空间与实体空间的融合，最大限度地整合教育资源，提高资源利用率，打造泛在互联的智慧校园。

① PERKINS J. Enabling 21st century learning spaces: practical interpretations of the MCEETYA Learning Spaces Framework at Bounty Boulevard State School, Queensland, Australia [J]. QUICK, 2010: 3-8.

② RADCLIFFE D, WILSON H, POWELL D, et al.Learning Space in Higher Education: Positive Outcomes by Design [M]. Brisbane: The University of Queensland, 2009: 13.

③ TAPSCOTT D. Grown Up Digital: How the Net Generation Is Changing Your World [M]. New York: McGraw-Hill Education-Europe, 2008.

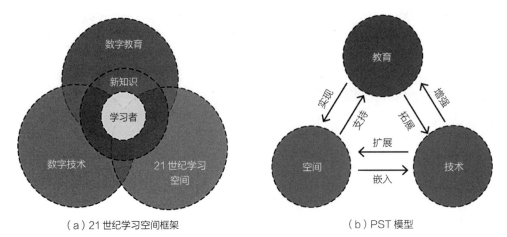

（a）21世纪学习空间框架　　　　　　　　　　（b）PST 模型

图 6.2-1　两种学习空间理论框架

资料来源：（a）改绘自 PERKINS J. Enabling 21st century learning spaces：practical interpretations of the MCEETYA Learning Spaces Framework at Bounty Boulevard State School，Queensland，Australia [J]. QUICK，2010：3-8；（b）改绘自 RADCLIFFE D，WILSON H，POWELL D，et al.Learning Space in Higher Education：Positive Outcomes by Design [M]. Brisbane：The University of Queensland，2009：13.

6.2.7　空间品质：人文关怀

以人为本、注重用户体验是新时代建筑发展的趋势之一。传统的学校设计普遍重"对外展示"轻"对内使用"，对立面往往考虑得最多，使用的材料也更加昂贵，但对室内空间的设计有所忽视，导致教学空间体验感较差。而师生对于空间的体验感受不仅影响教学的效率，更是一所学校是否"以人为本"的直接体现。因此，在功能场室设计中，更应该关注师生的心理与生理需求，使空间蕴含人文属性。设计范围应包括室内教具人机工程设计、光线、声学、材质的触感、视觉的美感等一系列总体和细部设计。

6.2.8　空间余地：留白设计

留白设计是设计领域一种十分重要的设计原则与方法。本书所提到的留白设计并非出于美感而言，而是从实用方面考虑。中小学校建筑与其他建筑类型相比最大的特征是在使用过程中会产生教育痕迹。集体班级文化的建设、师生个体的作品展示以及教学的不断变化都需要一定的拓展空间。因此，设计师应控制住"表达欲"，功能场室的设计不宜面面俱到、为空间的每个角落都进行定义。在设计时应进行适当的留白，为师生在后期使用过程中自由发挥提供余地，留下属于集体或个体的特色痕迹，增强使用者对于空间的归属感。留白设计不仅包括在建筑规划层面上预留后期发展用地，在空间内部设计上也可呈现出多样化特征。南京大学窦平平教授针对建筑适应后期使用的方法提出：盈余式（提供比需求更多的空间）、切换式（空间的灵活性设计）、多价式（模糊内部空间）、体系式（运用技术手段创造可灵活变化的建筑体系）、临时式（采取特殊建造手段缩短建筑使用寿命以应对需求的变化）、未完成式（使设计处于一直更新深化的状态）和部分式（与完整建筑相对应，根据需求建造部分内容）

设计策略[1]。该内容对中小学校教学空间后期使用的适应性具有参考作用，建筑师只需给使用者搭建舞台即可，将具体的使用权交给师生，增强"用户参与度"。

6.3　集体中心（原普通教室）

6.3.1　传统教学需求与设计：单一授课

普通教室是传统及当下中小学校教学空间中使用频率最高的功能场室类型，也是设计中重要的切入点——普通教室的平面尺寸在一定程度上决定了整个建筑的柱网，进而决定了其他功能场室的尺寸。在传统教育中，其最主要的作用是将学生按照一定的标准（如年龄、成绩）进行统一集中管理，具有极强的领域感与私密性。这一空间使用方式从工业社会现代教育成熟之后一直延续至今，仍被很多学校所采用。

在行政班授课的组织下，普通教室是师生进行各科教学和举行班级事务的场所，是"教学管理"的工具。鉴于此，普通教室的主要功能主要包括三个方面：整个班级学生的授课教学功能、学生私人物品储藏功能与展示功能。

普通教室平面设计则基于这三大功能进行标准化设计：教学功能区为"教"服务，包括学生课桌椅与教师讲台，布置教师讲台、悬挂黑板的墙面则是普通教室的"主墙"，其余设计均受到主墙及其黑板的影响[2]。学生课桌为标准的 600mm×400mm 的尺寸，满足课桌椅间的距离，前排边座座椅与黑板远端的水平视角不小于 30°（以下简称"30° 视角"），满足走道宽度、课桌与墙面距离等指标；学生的私人储藏需求则主要依靠授课功能区中的课桌来解决，致使课桌上堆满学生学习用品，课桌十分笨重，移动不便；教室前后墙面分别作为授课墙面与展示墙面，且由于场地与类型的限制，只能展示平面作品（表 6.3-1）。在该设计标准下，普通教室的平面设计就存在空间利用效率上的"最优解"，即在同一班额下，满足上述要求的矩形教室比方形教室使用面积更小；方整平面的教室比其他形状平面的教室（如梯形、圆形、异形等）使用面积小。因此，普通教室的平面形状最优解是在设计中为了节省面积而经常采取的策略。

随着教学需求的转变，一些新型教学理念与方式的出现对这一设计现状形成冲击。首先，普通教室的使用方式与功能更加丰富，成为"教学的营地"。如在包班制下，普通教室内就可进行大部分教学内容。其次，普通教室的"教学管理"功能大幅度减弱甚至消失，尤其在走班制下，普通教室都可以不复存在。为此，本书基于新的教学需求，提出两种截然不同的设计策略：功能复合化的"集体中心"与功能最简化的精神属性"集体中心"。

---

① 窦平平. 创造性地应对使用［EB/OL］.（2019-07-23）［2019-08-05］. https://www.gooood.cn/gooood-idea-49.htm.

② 何徐麒. 中国学校设计如何走出"镀金拖拉机"时代——中国教育学会学校建筑设计研究中心副主任吴奋奋访谈［J］. 建筑与文化，2006（10）：86-95.

序号	教学需求	功能组成	平面示意	空间效果
1	班级授课教学	整个班级的集体授课区		
2	学生私人物品储藏	学生私人的储藏空间		
3	展示需求	以平面化展示为主的展示区		

6.3.2 功能复合化的"集体中心"

作为当下教学活动的主要发生场所，很多其他"教学中心"都是在"集体中心"基础上的发展，无论在功能上还是设计上都具有相似性。因此，该部分内容对于后文其他与之相似的"教学中心"类型具有同样的参考作用，类似内容则不再赘述。

6.3.2.1 新型教学需求与功能

教学方式的多元化发展对普通教室提出更加多样的需求，其主要需求包括五个方面。

1. 授课教学需求

这是对普通教室最基本的需求，但教学方式与教学规模更加多样。个人学习、小组讨论、群组授课，1~3人的小组、5~10人的大组、35~50人的组群或集中授课等，从个人学习到全班额的集体教学无所不包。

2. 教师办公需求

为了增强师生之间的互动，同时便于教师指导学生，教师办公需求被纳入教室内。根据实际的教学需求，有临时办公区与固定办公室两种形式。

3. 储藏需求

包括学生私人储藏、教师私人储藏与整个班级的公共储藏需求。学生私人储藏方面，传统的单一课桌储藏形式已满足不了多样化的储藏需求，同时，为了适应教学方式与教学行为规模的多样化，学生的储藏功能从课桌椅上脱离，以便于灵活布置教具；教师的储藏需求方面，教师办公场所的纳入需要储藏区收纳教学文件，同时教师的私人物品也需要足够的储藏空间；公共储藏方面，因教学的需要，各教室内需储藏大量相关的教学书籍与资料等。

4. 展示需求

班级规章制度、学生的作品、教学过程中的成果或荣誉需要临时或长期展示，这也是增强教学氛围、提升集体荣誉感的手段之一。展品类型更加多样，包括平面化的成果（如作业、海报等）或立体的作品（如立体手工作品、奖杯等），过去仅通过教室墙面的展示无论在面积上还是在形式上都已满足不了多样化的展示需求。

5. 其他拓展需求

诸如班级文化角、生物角、衣帽间、洗手台（饮水处或卫生间）等，这些功能的纳入需要适当的拓展空间予以满足。因此，此时的普通教室已形成功能复合的"集体中心"。

基于上述五个方面的教学需求，基本可确定"集体中心"的功能组成，即授课教学功能、办公功能、储藏功能、展示功能与拓展功能。

6.3.2.2 功能模块设计研究

不同功能因所承载的教学需求不同，在设计上具有不同的侧重。

1. 授课教学功能模块设计

多样化教学方式的实现主要受到生均使用面积指标与教具设计的影响。

（1）生均使用面积指标

传统的普通教室授课教学区的面积是在标准的班额与严格的教具间距布置下所确定的，以 50 人／班的普通教室为例，扣除升起的讲台区、储藏柜等空间，在满足 30° 视角、前后课桌与墙面距离等要求下，供学生课桌椅布置的授课教学区使用面积约 50.9m²，生均 1.0m²／人。这一面积大小仅可进行"排排坐"授课，各种形式的小组布置根本没有足够余地（图 6.3-1）。

教室形状与教具尺寸都会对授课教学区的面积指标产生影响。为了使研究更具针对性，笔者以规整的授课教学区、以 400mm×600mm 尺寸的课桌为例，以调研的 12 所国内外案例为基础，研究可供多样化组合的授课教学功能使用面积指标（表 6.3-2）。

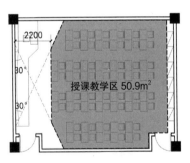

图 6.3-1 中小学规范中普通教室授课教学区使用面积

12 所国内外相关中小学"集体中心"内授课教学区使用指标对比 表 6.3-2

	学校案例	使用面积（m²）	学生人数（人）	生均使用面积（m²／人）
国内	北京四中房山校区	58.3	30	1.9
	北京十一学校龙樾实验中学	56.0	25（最大值）	2.2
	深圳南山外国语学校科华学校	82.4	45	1.8
	深圳红岭实验小学	82.6	45	1.8
	北京中关村三小万柳校区	79.8	35	2.3

続表

	学校案例	使用面积（m²）	学生人数（人）	生均使用面积（m²/人）
国内	北京大学附属中学实验学校	51.0	30	1.7
国外	日本池袋本町学校	58.6	30	2.0
	日本立川市立第一小学校	103.6	35	3.0
	日本追手门学院中学	100.6	40	2.5
	日本板桥区立赤塚第二中学校	60.5	35	1.7
	日本同志社小学	64.9	30	2.2
	日本同志社初中	64.0	35	1.8

上述12所中小学"集体中心"内的授课教学区生均使用面积指标对比如图6.3-2所示。

由图6.3-2可看出，国内中小学校案例的授课教学区生均面积集中在1.5~2.0m²/人区间内；国外案例取值范围比较大，集中在1.5~2.5m²/人区间。此外，这些案例大部分不设升起讲台，并且不受30°视角和其他距离的影响，摆脱"主墙"的约束（具体策略在下文详细说明），给课桌椅的自由布置留下更多余地。因此，综合国内外案例调研结果，建议满足不同教学形式下的授课教学区的生均使用面积指标最小值在1.5~2.0m²/人之间，并建议不设升起讲台，比中小学规范所要求的1.0m²/人有所提升。

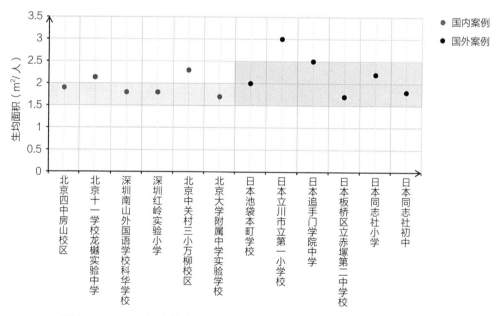

图6.3-2　12所国内外中小学"集体中心"内的授课教学区生均面积指标

（2）教具设计

授课教学区的教具主要包括学生的课桌椅、书写设备与其他电子设备。教具是教学行为发生的载体，对促进教学的开展具有十分重要的作用。随着行业分工的不断细化，相关教具研发与供应商对此已有很深入的研究，并产出种类丰富的产品。这些教具与传统教具相比，在人机工程设计、视觉设计、信息化等方面均具有详细考量。

对于学生的课桌椅来说，当储藏功能从学生的课桌上分离之后，课桌仅承载上课功能。单一的功能属性使课桌椅设计更加灵活，人机工程设计、触感、新材料、形状等都是其设计的主要出发点。贴合学生身体的课桌椅尺寸与触感舒适的材料增强学生的体验感，不同桌面形状的设计使课桌的组合形式更加丰富以适应不同教学形式与规模的需求。新型轻质强韧材料的运用使课桌的重量与体积大幅度降低，加之脚轮的设计，便于教具移动和堆叠，这些都为教学的变化提供了较好保障（表6.3-3）。

新型课桌椅学校案例　　　　　　　　　　　　　　　表6.3-3

材质	金属结构+PP塑胶/硬塑/木质面材等			
学校案例				
	北京十一学校龙樾实验中学			

	北京中关村三小万柳校区			

	深圳荟同学校			

	华东师范大学附属双语学校			

对于书写设备而言，在类型上包括成品的书写黑白板和书写墙两种。采用支架带脚轮的可移动式黑白板使教师的授课方向摆脱原有固定、单一讲台的束缚，可根据需要自行决定授课位置。近两年开发的书写墙涂料和玻璃界面，使教室的任何墙面都可成为授课面，传统的教室"主墙"消失。此外，随着科技的不断发展，很多电子书写设备也可大面积直接张贴于墙壁或铺设于地板上，甚至与课桌椅的桌面相结合，实现师生可及之处均可书写、可记录，极大拓展了教学空间的适应性。在此影响下，教室所有的围合墙面都可以采用灵活可移动的隔断，使空间更加灵活，并且使授课教学区的范围不受 30° 视角的影响。

其他电子设备包括互动显示屏、智慧屏、智能导播系统、触控录播主机、数字全向麦克风、投影机、班云服务器等，以及与之相配的软件设施，这些新型设备将教学的形式变得信息化、形象化与多样化（表 6.3-4）。

新型书写黑白板设备与其他电子设备 表 6.3-4

学校案例				
	华东师范大学附属双语学校手写白板与显示屏	广州华南理工大学附属小学电子白板与交互式显示屏	北京十一学校龙樾实验中学手写白板与交互式显示屏组合	北京中关村三小万柳校区手写白板与显示屏

2. 教师办公功能模块设计

根据教学需求的不同有两种不同的设计策略，即注重私密性的封闭式办公室和注重师生互动接触的开放式办公区。

（1）封闭式办公室

相对私密的办公室依附于教室设计，形成独立房间，办公室面向教学区设观察口（图 6.3-3）。如笔者曾参与设计的深圳中学泥岗校区普通教室中的教师办公室即采用这种方式。这种形式虽然保证了教师的私密性，但同时也疏远了教师与学生之间的距离，并没有完全实现将教师办公纳入普通教室的初衷。

（2）开放式办公区

与封闭式办公室相比，开放式办公区不仅更有利于民主师生课堂关系的构建，功能的灵活性也更高。教师的办公场景与教学场景完全向学生开放，拉近了师生之间的距离。同时，开放式办公桌可根据需求决定其具体

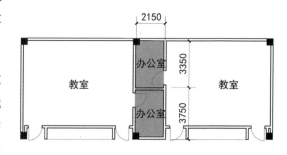

图 6.3-3 依附于教室的封闭式办公室设计

位置，适应性强（表6.3-5）。

开放式办公区设计 表 6.3-5

平面示意	学校案例		
	深圳红岭实验小学	广州华南师范大学附属小学	北京十一学校龙樾实验中学

3. 储藏功能模块设计

无论是教师、学生个人物品还是班集体的公共物品，都需要大量的储藏空间进行收纳。在设计上主要有两种策略：独立的储藏室与开放式储物墙。

（1）独立的储藏室

独立于教室主体空间之外设置专用的储藏室或储藏区。储藏室由于具有私密性，可以兼作衣帽间或小讨论室（表6.3-6）。

独立储藏室设计 表 6.3-6

设计策略	平面示意	学校案例
教室短边设储藏室，可兼作更衣室、讨论室	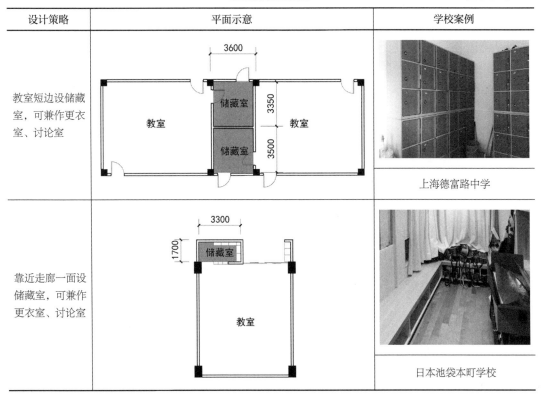	上海德富路中学
靠近走廊一面设储藏室，可兼作更衣室、讨论室		日本池袋本町学校

（a）深圳红岭实验小学　　　　　（b）华东师范大学附属双语学校　　　　　（c）北京四中房山校区

图6.3-4　开放式储物区设计

（2）开放式储物区

充分利用教室墙面，沿墙设置深度400mm左右的储物柜，形成开放式储物区，每格储物柜高度可灵活处理。因此，教室的实墙面越多，储藏的余地就越大。为了获得更多的墙面，教室形状可采用四边形以上的多边形，给师生创造更多的储藏空间。如深圳红岭实验小学的教室设计，采用六边形平面形式，除了前后讲台面之外，其余各墙面均结合储物柜形成了大面积储物墙，满足后期使用需求（图6.3-4）。

在位置设计上，也有教室内沿墙储物区、教室入口储藏区、教室外沿墙储物区、教室外沿走廊侧储物区等。各位置设计特点如表6.3-7所示，设计时根据需要考虑。

储物区位置设计　　　　　　　　　　　　　　　　　　表6.3-7

策略类型	特点	平面示意	学校案例
教室内沿墙储物区	将储物柜结合教室内侧一处墙面设计，具有私密性，但同时占用了教室内一处授课展示墙面	教室 储藏区 400	北京中关村三小万柳校区
教室入口储藏区	在教室入口处设置储藏区，不影响走廊处的交通	走廊 储藏区 1600 教室	日本同志社小学

策略类型	特点	平面示意	学校案例
教室外沿墙储物区	将储物柜结合教室外侧墙面设计，不占用教室内的授课展示墙面，但占用了教室对外展示墙面，同时对走廊处交通有一定影响		 深圳荔湾小学
教室外沿走廊侧储物区	将储物柜结合教室外走廊一侧墙面设计，同时不占用教室内外的授课展示墙面和对外展示面，但对走廊处交通有一定影响		 北京四中房山校区

除了设计上的策略，储藏功能还需储藏家具以满足需求。同样，在此方面也有很多专业的供应商，在储藏产品的形式、材质与视觉设计上，均有丰富的类型可供选择。除了满足不同的储藏需求之外，还可作为重要的空间装饰元素，提升空间形象。

4. 展示功能模块设计

教育建筑所具有的特殊属性是空间在使用过程中会产生教育痕迹。教室的展示功能因班级文化的建设、教学氛围的营造而受到重视，这也是传统普通教室设计时所欠缺的内容。

展示功能主要是公共性展示，分为班级内部展示与班级外部展示两种。班级内部展示功能与储藏空间设计类似，充分利用墙面空间，结合储藏空间一起设置固定或临时的展品、海报展示区。班级外部展示，可利用教室入口门面展示、室外墙面展示、内凹展墙展示、外墙透明玻璃界面、室外独立展陈、地面展示（投影、标识）等方式，向外展示班级文化与作品（表 6.3-8）。

其中，由于外墙透明玻璃界面的设计在一定程度上与室内储藏及展示功能相矛盾：向外展示的透明玻璃界面越大，则供室内储藏与展示的实墙面就越小[1]，设计中可根据需要局部设

---

[1] 主要针对私人储藏与平面性展示，若储藏或展品是公共的、立体的，如奖杯、构筑物等，在玻璃界面后直接设展架，也可以兼顾对内与对外展示。如后文"科研中心"设计中的日本立川市立第一小学校实验室，由于室内所储藏的物品大多是实验用的玻璃仪器，虽然对外设大面积玻璃，但不影响室内的储藏功能。

展示类型	策略类型	特点	学校案例
对内展示	展墙展示	利用教室内墙面,结合储藏功能形成展示区	 华东师范大学附属双语学校
对外展示	教室入口门面展示	采取张贴的形式,或进行个性化布置,形成特色	 深圳红岭实验小学
	室外墙面展示	直接利用教室室外墙面展示,展示的内容以平面展品为主	 北京十一学校龙樾实验中学
	内凹墙面展示(壁龛)	将教室外墙进行内凹处理形成展区,不影响正常通行,内凹深度为400~600mm(深凹为师生驻足观看提供余地)	 华东师范大学附属双语学校
	外墙透明玻璃界面	教室对外界面采用透明玻璃,直接将教室内部情境向外展示	 深圳荟同学校
	室外独立展陈(包括展柜、展架等)	在教室外设置单独的展陈空间,适用于较大尺寸和体积的展品,由于占用一定的交通空间,因此应结合疏散宽度设计	 北京十一学校龙樾实验中学

（a）北京四中房山校区	（b）深圳红岭实验小学	（c）华东师范大学附属双语学校

图 6.3-5　局部透明玻璃界面设计策略

玻璃界面，取得二者之间的平衡（图 6.3-5）。

　　墙面作为展示的主要载体，其表面材质的选择尤为重要。可选择软木或磁性涂料（书写墙），便于更换展品。同时，在墙面预留挂孔，并结合展示灯一起设计，打造更加专业化的展墙。

5. 拓展功能模块设计

　　拓展功能类型多样，根据教学的具体需求有不同的拓展内容。主要的拓展功能有生物角、私密的学习休息区、洗手台/饮水处等。生物角功能则可设置在室外的阳台，或将朝外采光一侧的窗台加深，形成放置区予以应对；较私密的学习休息区除了上述依附主要教学区设置独立房间之外，还可通过设置临时的构筑物，形成私密的小角落空间，供学生独处、休息；洗手台与饮水处可结合阳台设计，但要兼顾给水设备设计（表 6.3-9）。

拓展功能模块设计　　　　　　　　　　　　　　　　表 6.3-9

功能类型	生物角		私密学习休息区		洗手台/饮水处
策略类型	室外阳台	深凹窗台	家具围合	临时构筑物	结合给水设备设计
学校案例	日本品川区立品川学园	北京十一学校龙樾实验中学	北京十一学校龙樾实验中学	北京中关村三小万柳校区	深圳红岭实验小学
空间效果/平面					

6.3.2.3　功能模块空间整合：复杂边界设计

　　"集体中心"的平面设计因在具体的教学实践上对五个方面需求的差异仍具有很大的发挥空间，并可进行多样化组合，从而产生出众多个性化教学空间。"集体中心"作为当下师生活动的主要场所，功能丰富，在对设备、结构没有特殊要求的情况下，为空间的边界设计提供很大余地。在设计中可将各类功能附加于主要授课教学功能来进行组织，形成多样化的空间边界形式（表6.3-10）。

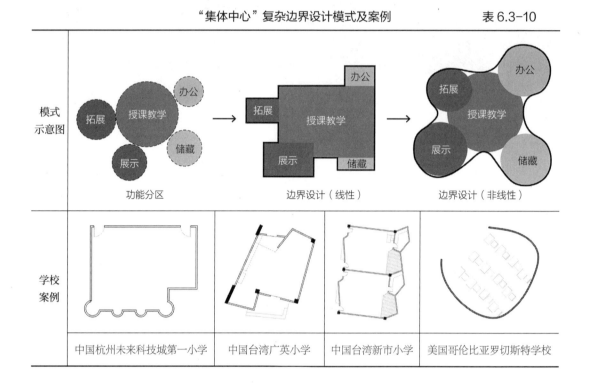

	"集体中心"复杂边界设计模式及案例		表 6.3-10
模式示意图	功能分区	边界设计（线性）	边界设计（非线性）
学校案例	中国杭州未来科技城第一小学	中国台湾广英小学 / 中国台湾新市小学	美国哥伦比亚罗切斯特学校

6.3.3 功能最简化的精神属性"集体中心"

普通教室另外一个发展方向，即仅强调精神属性。这主要是在走班制下，对普通教室消亡与否的应对。按照走班制的课程设置与教学方式特点，因学科教室的存在，完全没必要设置传统的固定普通教室。但普通教室并非一无是处，其集体荣誉感与凝聚力的塑造作用也不断受到重视。正如师生个体需要自己的私密空间一样，以班级为单位的集体也需要专属的空间进行活动。学生由于流动走班，虽然彼此之间所形成的团体种类更多，但相比固定的行政班关系而言，这些团体具有不稳定性，团体随着课程或者年级的变化而消失或重组，学生的归属感较弱。为此，在设计上可取得功能与精神上的平衡：弱化功能属性，仅保留集体精神属性，塑造精神上的"集体中心"。

相比功能复合化"集体中心"，该类型形成另外一个极端：功能最简化。由于在教学上没有特殊需求，在研究上则不再针对功能组成进行分析，重点对新形式的设计策略进行分析。本书根据普通教室具体体现的形式，提出三种设计策略。

1. 保留传统普通教室设置，简化功能组成，强调精神属性

在走班制下，仍保留原来的普通教室，但这个班级不承担主要的教学任务，是学生进行集体活动和生活的大本营。因此教室内功能简单，主要包含供学生聚集的课桌椅与储物柜，

与传统普通教室类似。如日本板桥区立赤塚第二中学校，除了设置各学科教室之外，还为每个班级设置一间独立的教室，称为"家庭教室"（ホームルーム）。学生每天入校之后在各自的家庭教室集合，进行早读或者由教师集中处理事务，然后学生再根据各自的选课情况进行走班（表6.3-11）。这种方式使学生归属感得到最大保留，但为每个班级额外设置教室也增加了建设规模与成本。

"家庭教室"空间模块设计 表6.3-11

平面示意	学校案例	
	学生聚集区	储藏区
	日本板桥区立赤塚第二中学校	

2. 缩小普通教室规模，强化精神属性

为了取得建设成本与精神属性二者之间的平衡，在保留普通教室集体精神属性的同时缩减规模，功能只包含供学生储藏个人物品的储藏区与供学生集体交流的聚集活动区，成为浓缩版的"普通教室"。这个空间的面积并不是按照为每人配备一套课桌椅计算，而是只提供一个供集体集中的场所，总生均使用面积在 0.5m²/人左右，在传统普通教室 1.4m²/人的基础上大幅度缩减。这里是学生的精神依托，学生在此聚集，空间由学生自主装扮留下痕迹，形成不同的集体文化。

如日本很多学校设置规模更小的"家庭港湾"（Home Base），即供每个班级学生聚集、储物的小空间。在位置上或与常规教室联通，或独立设置，所采取的形式也丰富多样（表6.3-12）。

小规模"家庭港湾"空间模块设计 表6.3-12

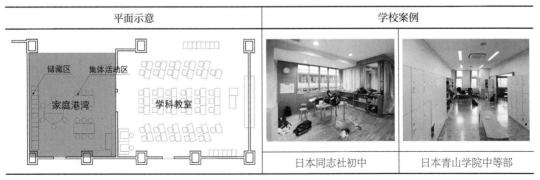

平面示意	学校案例	
	日本同志社初中	日本青山学院中等部

3. 取消普通教室设置，精神属性以象征性空间为载体

取消普通教室设置，将精神属性赋予象征性的物体或空间。由于实体空间影响减弱，一般配合教学管理以加强其精神属性。例如北京十一学校龙樾实验中学，在走班制下，学校分设学科班与导师班，学科班是学生集体上必修课的组织，而导师班则是学生集体活动的组织。集体所聚集的教室则是每位导师自己的学科教室。由于一间教室同时作为学科教室与导师班教室，一方面，学生聚集的时间有限制，只能选择在正常上课之外的空余时间；另一方面，学科教室主要由教师负责，教室内部的"文化"元素以本学科为主，导师班的学生在教室内所能留下的痕迹不明显。因此，教室外的储物柜则成为学生集体精神的塑造载体（图6.3-6）。每当课间，学生在这里聚集整理物品，也成为学生交流的场所。当然，仅仅依靠一面墙无法较好地承担精神文化的塑造，学生的集体归属感有限。

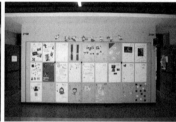

图 6.3-6　北京十一学校龙樾实验中学教室外的储物柜文化

6.4　信息共享中心（原图书馆 / 室）

6.4.1　传统教学需求与设计：以书为本

图书馆（室）在传统的中小学校教学空间中是除了普通教室之外，受到建筑师与校方关注最多的功能场室类型。因具有"知识的象征"含义，与教育建筑属性相吻合，经常被看作学校的标志性空间去建设。在投资和建设规模方面，都尽可能高标准。在教育部印发的《中小学图书馆（室）规程》（2018）要求下，很多学校的图书馆（室）也以追求藏书量指标为主要目标（表6.4-1）。

中小学图书馆（室）藏书量要求　　　　　　　　　　　表6.4-1

内容	完全中学	高级中学	初级中学	小学
人均藏书量（册）	40	45	35	25
报刊（种）	120	120	80	60
工具书、教学参考书（种）	250	250	180	120

资料来源：改绘自中华人民共和国教育部. 中小学图书馆（室）规程 [EB]. 北京：中华人民共和国教育部，2018.

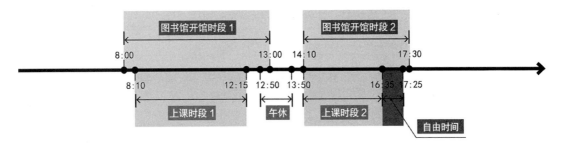

图 6.4-1 广州市某重点中学（初中）学生作息时间与图书馆开放时间对比

在实际的教学过程中，校方给予图书馆（室）象征性的含义往往多于使用意义。在运营上，多以教师为中心、书本管理为本，学生的需求不被重视。根据《中小学图书馆（室）规程》（2018）规定，学校的图书馆（室）"每周开放时间原则上不少于 40 小时"。但在实际的时间分配中，很多学校的图书馆（室）开放时间与学生上课时间大部分重合，并没有起到阅读的作用。以广州市某重点中学为例，学生作息时间与图书馆开放时间如图 6.4-1 所示。

可以看出，该学校图书馆分两个时段开放：8：00～13：00 和 14：10～17：30，全天共计 8 小时 20 分钟，与学生上课时段大部分重合，仅在 16：35～17：25 这 50 分钟时间段内供学生自由阅读，其他时段只能占用课间 10 分钟使用，使用效率低下。同时，入口处的门禁、图书馆内诸多的规章纪律营造出十分紧张且严肃的阅读氛围，与学生产生距离感。这样的环境使学生难以亲近，在自愿的情况下更不愿意去使用。邵兴江等人 2019 年针对整个广州市中小学图书馆使用情况进行了调研，大部分中小学认为图书馆的面积大小适中（58.79%）、馆藏书量丰富（57.42%）、藏书多样性较好（57.79%），但认为图书馆功能比较单一（51.5%）、空间缺乏吸引力（41.33%）[1]。可以看出，一线城市由于经费充足，图书馆（室）在面积大小与馆藏书方面基本满足需求，但设计上仍没有较好地适应学生的新需求，导致投资巨大的图书馆（室）成为噱头，服务作用减弱，与功能本身的初衷所背离。

在以书为本的需求下，图书馆（室）的主要功能包括三个方面：办公管理功能、开架书库的储藏功能与阅览功能。平面设计则以方便管理为优先，将办公管理区置于入口处，并减少入口数量。实际使用过程中也大多使用一个出入口，便于管理（表 6.4-2）。

6.4.2 新型教学需求与功能：自主学习与交互场所

在当代教育多元化与信息化的发展下，包括中小学图书馆（室）在内的社会各类图书馆的功能定位已经发生变化。一方面，电子资源的时效性、便捷性与经济性给纸质文献带来冲击；另一方面，人们获取知识的方式与场所变得更加多元与灵活。在社会与大学图书馆研究与设计领域，甚至有学者提出传统的实体图书馆将会被网络资源代替的观点。近两年新建的社会与高校图书馆逐渐向共享、复合化发展。图书馆已不再仅仅是阅览和藏书的场所，而成为市民或学生交流互动的空间，空间的体验感变得尤其重要（陶郅）（图 6.4-2）。

---

[1] 邵兴江. 广州中小学阅读空间建设专题调研报告 [R]. 广州，2019.

传统图书馆（室）的教学需求与设计　　　　表 6.4-2

序号	教学需求	功能组成	平面示意	空间效果
1	办公管理需求	办公管理区	书库储藏区 阅览区 办公管理	
2	开架书库的储藏需求	成排书架的储藏区，按照固定间距布置		
3	阅览需求	包括普通阅览与视听阅览		

（a）广州市图书馆儿童阅览区　　　　（b）香港大学图书馆　　　　（c）日本追手门学院图书馆

图 6.4-2　社会与高校图书馆空间的体验感设计

　　同样，对于中小学生来说，知识获取方式的多样性使其对图书馆（室）的阅览需求已经减少，更多的是自主学习、人与人交互的需求。图书馆（室）作为非必需的教学场所，功能复合化、增强空间体验是其继续存在的关键。同时，与社会图书馆与高校图书馆相比，中小学生对于文献本身的时效、专业度要求并不会太高。因此，中小学校的图书馆（室）在建设时不应仅仅关注馆藏和规模，而应重视在设计和管理上如何充分为学生和教学服务。应针对学生生理与心理特点，加入其他功能以吸引更多的学生使用，以此构建教学空间中的"信息共享中心"，对营造教学氛围、提升整个教学空间品质起到积极的活化作用。

　　新的教学对于图书馆（室）的需求更加丰富，在原有以"静"为主的需求下，加入更多"动"的需求。

1. 以"静"为主的需求

首先介绍教学对于图书馆（室）最基本的三个以"静"为主的需求：办公管理、藏书与阅览，内容上与传统需求无异，但三者的功能定位发生变化。

（1）办公管理需求

此时的管理定位已发生改变，从主要为书本的安全服务转变为更多地为学生服务，如问询、引导、检索、借阅、还书等，行政作用逐渐减弱甚至消失。如有些学校图书馆（室）采取全开放、自助式管理，取消办公管理需求。

（2）藏书需求

藏书的方式更加多元化，并非仅以一排排书架储藏的单一方式，且藏书的目的在于方便师生使用，而非仅仅为了储藏。

（3）阅览需求

阅览类型包括普通阅览与视听阅览。在普通阅览中，其阅览形式与规模也十分多样，有个人的私密阅览、3~5人的小组阅览与5人以上的大组阅览等，私密与公共性有所区别；在视听阅览中，由于阅览设备的变化，更多学生喜欢使用便携的移动端进行学习，而非固定的电脑及上网设备。

2. 以"动"为主的需求

（1）授课教学需求

图书馆（室）作为教学资源集中的场所，为各类教学提供了保障。很多课程可直接在图书馆（室）中进行，充分利用教学资源。

（2）研讨需求

供学生或师生之间研讨与自习，其形式与规模仍具有多样性，如小组研讨、大组讨论，形式多样。

（3）娱乐需求

图书馆（室）不仅是安静学习的场所，更是放松社交的集中地。休闲娱乐需求开始被赋予到图书馆（室）中，如咖啡吧、小卖部、休闲书吧等，增添活跃了气氛，吸引学生使用。

（4）其他拓展需求

如学生社团表演、公务接待等。

图书馆（室）已形成功能复合化的"信息共享中心"。基于上述七种教学需求，大致可确定"信息共享中心"的功能组成，即办公管理功能、藏书功能、阅览功能、教学功能、研讨功能、娱乐功能与拓展功能，各功能之间并没有明确的界限。

6.4.3 功能模块设计研究

"信息共享中心"空间设计重点在于空间氛围的营造，根据学生的心理与生理特点，创造舒适、温馨、亲切的空间氛围，以吸引更多学生使用。本书根据功能特点，将上述七大功能组成分为"动""静"两类，分别对两类功能组成的空间模块设计进行研究。这两类功能虽然都有公共性与私密性之分，但在具体的教学方式上，以"静"为主功能强调个人学习，以"动"为主功能强调协作教学，二者设计策略的侧重点有所区别。

（a）北京四中房山校区

（b）日本青山学院中等部

（c）广州华南理工大学附属小学

图6.4-3　办公管理功能模块：前台或自助设计

1. 以"静"为主的功能模块设计

（1）办公管理功能模块设计

设在出入口处，设置开放式办公桌，类似服务前台的作用。办公桌的长度按需设计，并没有固定指标。这里是为学生提供必要服务的区域，由专职教师值班。对于自助类"信息共享中心"则取消管理功能，采取全开放或刷卡自助使用的方式（图6.4-3）。

（2）藏书功能模块设计

最常采用的是开放书架藏书，但书本除了供阅读之外，还有营造空间氛围的展示效果。在设计中可充分利用图书资源营造浓厚的阅读氛围，收藏与展示相结合。如采取大面积展墙书柜的形式，在藏书的同时也发挥了"藏品"的功能，一举两得。还可将藏书功能与视觉装置相结合（尽可能多地将书籍的封面朝向师生排列），形成空间视觉焦点（表6.4-3）。

藏书功能模块设计　　　　　　　　　　　　　　表6.4-3

策略类型	书架藏书	大面积展墙藏书	空间装置与藏书相结合
特点	采用成品书架，储藏效率高	在藏书的同时，将其作为空间的展示，渲染阅读气氛	功能与视觉展示相结合，强化空间焦点
学校案例			
	深圳荔湾小学	北京四中房山校区	日本追手门学院中学

（3）阅览功能模块设计

主要是满足师生不同形式与规模的阅览需求。1~3人的小规模独立阅览需求方面，可设窗边条形阅览桌或独立阅览桌，注重私密性；设置小组阅览桌满足3~5人阅览需求；采取开放式阶梯阅览，供群组阅览使用。阅览的家具应具有灵活性，便于根据不同需求自行组合，该方面可参考前文的"集体中心"（表6.4-4）。

阅览需求	策略类型	学校案例		
1~3人独立阅览(私密性)	长条阅览桌、独立阅览桌	北京四中房山校区	深圳荔湾小学	北京十一学校龙樾实验中学
3~5人小组阅览(公共性)	小组阅览桌	北京四中房山校区	华东师范大学附属双语学校	深圳荔湾小学
10人以上集体阅览(公共性)	开放台阶阅览	深圳荔湾小学	日本池袋本町学校	北京中关村三小万柳校区

阅览功能模块设计　　　　　　　表 6.4-4

同时，阅览功能与藏书功能紧密结合，利用书架的屏障作用灵活划分阅览空间，满足公、私阅览需求（表 6.4-5）。

阅览功能与藏书功能的组合设计　　　　　　　表 6.4-5

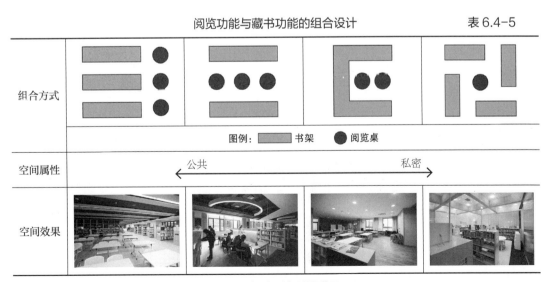

组合方式				
图例：▬ 书架　● 阅览桌				
空间属性	←公共　　　　　　　　　私密→			
空间效果				

注：阅览功能的实现并非仅仅依靠阅览桌，还可以是其他形式，如无家具的阅览区。

2. 以"动"为主的功能模块设计

这些功能是在传统功能基础上的拓展,具有升级空间品质、增强空间特色的作用。由于这些功能需求具有相对的公共性,空间模块的灵活性是设计的要点。

（1）授课教学功能和研讨功能模块设计

授课功能与研讨功能具有相似性,二者在设计上可以相互转换,提升空间利用率。教学行为规模一般以较大的授课教学功能来确定,以一个班 35～50 人为主。在策略上分为开放的供临时授课教学/研讨区与相对私密的授课教学/研讨室。对于私密的场室,为了使整个空间不过于封闭,可采用大面积玻璃墙面,局部磨砂处理以兼顾隐私;或采取灵活隔断,如折叠门、帷幔等临时划分私密空间;结合书架灵活划分空间（表 6.4-6）。具体设计上,当设置桌椅时,生均使用面积约 $1m^2$/人;不设固定桌椅时,采用触感舒适的地面材料（如地毯、木地面等）供学生直接席地而坐,生均面积在 0.3～0.5m^2/人,不仅灵活性极高且节省面积;还可利用开放式阶梯阅览进行授课或研讨,空间具有向心性（表 6.4-6）。

授课教学功能与研讨功能模块设计　　　　表 6.4-6

策略类型	开放的区域			私密的场室
	设置桌椅	不设桌椅	开放式阶梯授课	玻璃界面
学校案例	日本池袋本町学校	北京中关村三小万柳校区	深圳荔湾小学	日本青山学院中等部

（2）娱乐功能模块设计

娱乐功能打破传统图书馆（室）固有的使用方式,提供更加轻松的阅览环境与更自由的阅览方式。娱乐功能与图书馆（室）相辅相成,二者互相依托以吸引学生使用。在小学图书馆（室）中,可设置游戏区,如乐高玩具、沙盘区等;在初中或高中图书馆（室）中,可加入咖啡吧、茶点元素,营造休闲书吧环境,塑造空间特色。娱乐功能对管理要求较高,极富挑战性,实例较少。其中北京十一学校龙樾实验中学就是典型的案例。学校设置开放的休闲书吧,纳入咖啡吧元素,吧台与常规阅览区相融合,形成极富特色的阅读休闲区（图 6.4-4）。

图 6.4-4　北京十一学校龙樾实验中学休闲书吧

（3）其他拓展功能模块设计

如社团表演、公务接待等，种类丰富，可根据需要布置家具和空间。

6.4.4　功能模块空间整合：独立馆室与开放式阅览区

"信息共享中心"的空间整合设计与传统无异，主要以动静分区的原则将上述各功能模块进行分类，进而再次整合，以避免相互干扰。同时，相同属性功能模块之间模糊界限，以便于灵活转换，具体设计方法在此不再赘述。

由于"信息共享中心"相比传统而言具有公共性，在整合之后的形态上则更加丰富，除了形成较常规的相对独立的馆室之外，还可形成全开放式阅览区（表6.4-7）。决定采取何种形式应与校方的管理、需求相吻合。"信息共享中心"的设计与管理是相辅相成的：没有管理的支撑，设计理念很难落地；同样，较好的空间设计也为先进的管理理念提供实施的基础。

两种不同形式的"信息共享中心"设计对比　　　　　　表6.4-7

形式类型	空间特点	管理特点
独立的馆室	独立成区，具有明确的空间界限	方便管理，可根据需要自行决定管理方式
开放式阅览区	形成开放式阅览区，突破了物理上的界限，没有固定的形态，成为空间的活化元素，利用率得到充分提升	管理较复杂，甚至可以取消管理，仅保留服务功能

由于两种形式的设计各有利弊，因此在实际的设计中，往往采取两者结合的方式。在设置独立集中的馆室的同时，也在学校各处分散设置小规模的开放阅览区，这些区域由师生自主使用和管理。

1. 独立的馆室

"信息共享中心"具有明显的空间物理界限，在管理上具有灵活性，既可通过常规管理定时开放，也可通过开放式管理全天候向师生开放，因此是国内外中小学最常用的设计形式（表6.4-8）。在各功能模块组合上，动静分区，采用灵活隔断、书架区分各功能，并采用透明玻璃界面，削弱物理的界限（表6.4-5）。

独立的馆室设计　　　　　　表6.4-8

学校案例	北京四中房山校区	深圳荔湾小学	北京十一学校龙樾实验中学
开放模式	全天开放	定时开放	定时开放
设计策略	将所有功能集中在一起形成独立馆室，在管理上根据需要实行全天开放和定时开放；同时采取灵活隔断与透明玻璃界面区分各功能，削弱物理界限		
空间效果			

2. 开放式阅览区

"信息共享中心"没有明确的边界，与其他教学空间融为一体，成为各功能场室之间联系的纽带，类似于后文提及的共享空间。一方面，图书等教学资源、设施对师生开放时间更加自由，课间、自习或放学之后均可使用；另一方面，全开放式空间布置在师生通过频率较高的路径上，将在此活动的师生行为向外展示，在无形中影响着经过这一空间的师生，充分发挥出"信息共享中心"活化空间氛围的作用（表6.4-9）。

如在北京中关村三小万柳校区的设计中，建筑师将图书馆置于整个建筑的中央，并采取开放式设计，全天候供学生阅读、授课与自习使用；在珠海横琴华发容闳学校设计中，图书馆与学校大门结合设计，这就使图书馆成为师生上下学必经的开放空间，用空间和行为影响学生；日本追手门学院中学的图书馆采取完全开放式处理，成为连接各教学组团的纽带，学生往返不同的区域都会经过这一开放阅览区，进而相互影响；笔者参与设计的深圳太子湾国际学校，则将图书馆的部分功能设置为开放式台阶阅览，并布置在整个学校教学空间的中心，此处为学生上下课必经之地，以此影响学生行为 [①]。

开放式阅览区设计　　　　　　　　　　　　　　　　　　　表6.4-9

学校案例	设计策略	平面 / 分析示意	空间效果
北京中关村三小万柳校区	将图书馆置于建筑中央，采取开放式设计，全天候向师生服务		
珠海横琴华发容闳学校	将图书馆结合学校主入口大门一起设计，使其成为师生每天必须经过的空间		 资料来源：黄春 / 提供
日本追手门学院中学	将图书馆设置为开放的阅览区，成为连接各教室之间的纽带		
深圳太子湾国际学校	将图书馆设置为开放式台阶式阅览，并布置于学校中心		

---

① 苏笑悦，陶郅. 综合体式城市中小学校园设计策略研究［J］. 南方建筑，2020（1）：73-80.

此外，"信息共享中心"除了集中设置之外，还可将图书资源分散布置，融合到整个教学空间的各个角落，形成多样化的阅读空间与阅读方式，使阅读行为随时随地发生。如北京育英学校密云分校提出打造全阅读空间，形成了厅中阅览、走廊阅览、梯边阅览、窗前阅览、园中阅览、亭中阅览、溪边阅览等阅览形式[1]。该设计策略及各功能场室的"储藏与展示"功能模块与后文的"共享空间"设计策略配合。

6.5 科研中心（原实验室）

6.5.1 传统教学需求与设计：以仪器为本

中小学实验室包括物理、化学、生物、探究、科学实验室，是供学生进行各类实验教学或探究的功能用房。前三类实验室由于课程设置和对操作有较高要求，主要在初中以上教育阶段设置，后两种实验室则在小学阶段设置。实验室由于对相关设备有特殊需求，在设计上也常常独立成区、成栋，形成实验楼。

传统教学对于实验室的需求主要包括三类：班级授课与操作需求、仪器与药品的储藏需求、授课准备需求。在设计上，往往以仪器为本，班级授课与操作需求整合到操作台上，操作台之间按照标准的间距布置；仪器、药品的储藏及准备功能以管理和安全为主，往往单独设置储藏室与准备室，三个功能区域相互独立（表6.5-1）。

传统实验室的教学需求与设计   表6.5-1

序号	教学需求	功能组成	平面示意	空间效果
1	班级授课与操作需求	满足一个班学生的集体授课与操作		
			物理实验室	
2	仪器与药品的储藏需求	相关实验仪器、药品的储藏区		
			化学实验室 / 生物实验室	
3	授课准备需求	准备室		
			科学实验室	

---

① 李志欣. 开启"全学习"生态系统，促进学生的全面发展 [J]. 江西教育，2019（14）：26-27.

作为中小学教育资源中重要组成部分，实验室注重实践操作的授课方式、种类丰富的仪器设备与药品极大地满足了学生的好奇心与探究欲，深受学生的喜爱。但在传统的设计上，常常设置封闭的储藏室将这些教学资源"封存"；在后期的使用中，为追求教学效率，很多实践操作被教师口述、教材文字描述下的想象所代替。缺乏实践操作的探究、实验背离了课程设置的初衷，实验室空间的使用率低下，造成资源浪费。

6.5.2 新型教学需求与功能：授课与操作并重

在"做中学"等教育理论影响下，学生的动手实践能力在教学中不断受到的重视。2019年11月发布的《教育部关于加强和改进中小学实验教学的意见》指出，要将学生的实验操作能力纳入综合素质评价，到2023年之前要将实验操作纳入初中学业水平考试，其成绩纳入高中招生录取依据；在高中阶段的学业水平考试中，有条件地区将理、化、生实验操作纳入省级统一考试。政策的支撑更加强化了学生操作能力的培养。同时，在设计要素教材化的原则下，如何最大限度地发挥这些教育资源的教育功能也是适应教育变革的实验室设计需要考虑的问题。新的形势下，实验室教学需求在种类上与传统相比并没有发生太大变化，但在具体的功能定位上出现了新变化，主要体现在以下两个方面。

1. 授课需求与实验操作需求的分离

传统的实验室设计将班级授课与实验操作整合在同一张实验桌或操作台上完成，因此在实验桌的配备上则按照人均一台标准配置。由于实验桌的尺寸比普通的课桌要大，再加上相关仪器设备，使同一班额规模下实验室面积是传统普通教室的1.5倍以上（不含仪器室和准备室）。但这种配置方式并不适合实际教学需求：一方面，在调研中发现，很多实验操作主要由小组完成，个人的单独操作极少，这就出现一部分实验桌无人使用，造成设备资源与教室空间资源的浪费；另一方面，由于实验桌对各类水电设备管线插口的依赖性，加之本身笨重，其灵活性较差，无法根据多样化教学需求进行重组。因此，将授课功能与操作功能进行分离则较好地解决了上述问题，不仅资源配置更加合理，也提高了设备的灵活度。

2. 仪器、药品储藏与准备的教育展示需求

传统仪器室、药品室与准备室的封闭设置仍然是从管理出发。随着教育的发展，教学更加注重这些资源在教学中的教育展示作用，以营造空间氛围。

适应新教学需求的实验室虽在功能类型上与传统无异，但进行了重组，打造类似高校科研实验建筑的"科研中心"。除此之外，根据教学需求，如在走班制下，还会在"科研中心"内设置教师办公室等功能。

6.5.3 功能模块设计研究

实验室空间最大的特点是对相关设备的依赖度较高，尤其对于理科实验室而言更是如此。因此，空间设计除了要顺应教学的需求之外，相关设备辅助单元的配置也是"科研中心"设计中重要的一环。

1. 授课功能模块设计

授课功能与操作功能的分离，使授课区的设计从实验室各类设备与管线的限制下脱离出

来，普通的授课桌椅即可满足需要，灵活度极高。在类型上，与普通教室相比，教具的选择更加灵活，不仅可设置单人课桌，2人以上的课桌也可满足需求。在指标上与前文的"集体中心"授课教学区类似，当设置单人课桌椅时，生均面积最小值在1.5~2.0m²/人，当设置2人以上课桌时，这一指标可根据需要再次降低。

2. 操作功能模块设计

操作功能空间模块是"科研中心"设计中的重点，因其对设备的依赖性较强，受设备的影响较大。但相比高校或科研机构的实验室，中小学以常规实验教学为主，设备标准并不会很高，其类型也以给水和电力插口为主，其中生物、化学实验室按照实际需求配置通风系统。操作功能模块的设计主要包含两个部分。

（1）实验桌的生均配比

由于操作功能与授课功能脱离，在实验桌的指标上完全不用按照人均一台实验桌的标准配置，可采用4~6生/台的集体实验桌，不仅减少了实验桌的数量，也节省了教室面积。教室的具体面积根据实验桌的型号、数量与尺寸决定（图6.5-1）。

4~6人实验桌的尺寸，中小学规范有详细规定，设计可根据需要选择（表6.5-2）。

（a）日本品川区立品川学园4~6人实验桌　　　　（b）日本板桥区立赤塚第二中学校4~6人实验桌

图6.5-1　集体实验桌

不同尺寸的实验桌尺寸　　　　　　　　　　　　　　　　　表6.5-2

序号	类型	尺寸（mm）	平面布置要求
1	4人双侧实验桌	1500×900	
2	6人双侧实验桌	1800×1250	

资料来源：改绘自中国建筑标准设计研究院.《中小学校设计规范》图示：11J934-1〔S〕. 北京：中国计划出版社，2011.

（2）设备辅助单元模块设计

设备辅助单元的设计策略根据其与实验桌的关系分为整体式与分离式两种（表6.5-3）。整体式，即类似传统的带设备实验桌，每个实验桌配备设备辅助系统，形成独立且固定的实验单元。分离式，即设备辅助单元与实验桌脱离，在教室内其他区域集中设置水槽或采用移动水槽和电箱，设备辅助单元与实验桌单元模块可进行灵活组合；或采取标准化模块向下供给模式，将设备辅助单元安装在吊顶上，利用导轨移动，具有一定的灵活性。在分离式下，实验桌可采取台面较大的普通课桌椅，甚至可以与授课功能区的课桌椅通用，更加降低了教室面积与相关桌椅的配置数量。

设备辅助单元设计 表6.5-3

类型	整体式	分离式	
设计策略	设备辅助单元与实验桌结合成为独立整体的实验单元	设备辅助单元与实验桌分离，两个单元模块可自行组合	采取标准化模块向下供给
特点	实验单元较固定，单元重、体积大，灵活性差	设备灵活性较好，可根据需要自行组合实验桌与设备辅助单元	设备灵活性好，同时设备辅助单元从地面上脱离，更加利于实验桌的组合
学校案例	北京十一学校龙樾实验中学	日本池袋本町学校	日本立川市立第一小学校

其中，向下供给模式由于将设备辅助单元从地面上脱离，不仅有效解决了传统实验室建设中地面管线铺设繁杂、容易发生安全隐患等弊端；还解放了实验室地面，使空间变得更加灵活，以适应多样化教学需求，是未来实验设备设计的发展趋势。随着技术的不断进步，设备辅助模块功能也更加齐全，体积不断缩小，标准化程度也越高。这些标准化模块可实现集多功能于一体，包括给水管道、电源接口、网络接口、通风管道与智能控制系统等设备。如近两年发展的"吊装摇臂系统"，类似高校或科研机构实验室中简化版的"功能柱"，被很多学校所采用。

3. 仪器、药品储藏与准备功能模块设计

仪器、药品储藏与准备功能模块在指标上与传统设计没有太大差别，但在设计上应发挥这些实验设备、仪器、标本、药品（除有毒或有巨大安全隐患的药品除外）等实验资源和实验准备的教育功能，将其直接向学生开放展示，不仅有利于营造浓厚的实验氛围，还成为十分形象的教材资源。同样，展示类型也分为对内展示与对外展示两种。对内展示采取开放式储藏架、透明储藏柜等形式；对外展示则采取玻璃橱窗或教室玻璃界面，将教室内教学情境向外展示（表6.5-4）。

仪器、药品储藏与准备功能展示设计　　　　　　表 6.5-4

类型	对内展示	对外展示	
设计策略	利用开放式储藏架、储物柜等形式将实验资源向学生展示	利用封闭的透明橱窗展示实验资源	采用大面积透明玻璃界面，对外展示教室内情境
学校案例	北京十一学校龙樾实验中学物理实验室开放式储藏架	深圳实验学校小学部橱窗	日本立川市立第一小学校理科实验室玻璃界面

6.5.4　功能模块空间整合：开放空间与高新实验设备相结合

"科研中心"功能模块整合包括空间的整合和设备的整合。

1. 空间的整合

将上述三种功能模块进行整合，构建完整的"科研中心"空间模块。由于"科研中心"规模一般较小，主要的整合策略即在开放的空间内分设各功能区。各区之间邻近设置，完全开敞；或采用可移动隔断，使空间具有灵活性（表 6.5-5）。

"科研中心"空间整合设计　　　　　　表 6.5-5

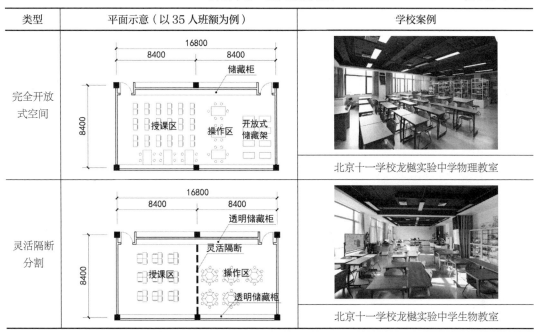

类型	平面示意（以 35 人班额为例）	学校案例
完全开放式空间		北京十一学校龙樾实验中学物理教室
灵活隔断分割		北京十一学校龙樾实验中学生物教室

2. 设备的整合

为便于不同教学需求的灵活转换，相关设备配置也以灵活为原则，现主要介绍最新的向下补给的设备模式。Sky-Docking 实验室，将各设备辅助单元置于顶棚，解放实验室地面，赋予空间极高灵活性（表6.5-6）。

实验设备的配置及效果　　　　　　　　　　　　　　表6.5-6

类型	序号	功能区	设备配置
化学实验室	1	学生实验操作区	学生实验桌（4~6人/台），实验坐凳（1人/个），通风橱（1个），仪器柜与展示柜（按需）
	2	教师演示区	教师演示台（1台），水槽台（1台）
	3	授课区	常规学生课桌椅（1生/套）
	4	吊装安装可升降集成系统：控制系统	智能控制柜（1台），控制面板（1套），远程控制系统（1套）
	5	吊装安装可升降集成系统：照明系统	照明光源（30个），照明线路（1项）
	6	吊装安装可升降集成系统：水电系统	摇臂升降机构（按实验桌2台/套配置），多功能移动水槽（按实验桌2台/张配置），学生低压电源及网络智能控制系统（1套），自动给排水系统（按实验桌2台/套配置）、电气网络线路（1项），给排水布管（1项）
	7	吊装安装可升降集成系统主体	系统主体构架（按实验桌2台/套配置）
	8	吊装安装可升降集成系统：通风系统（按需）	专用通风罩（按照实验桌1台/个配置），吊装式通风管道（按需），室外行程通风管道（1套），通风风机（1台），风机控制线（1室），室外通风系统安装（1室）
物理实验室	1	学生实验操作区	学生实验桌（4~6人/台），实验坐凳（1人/个），仪器柜、药品柜与展示柜（按需）
	2	教师演示区	教师演示台（1台），水槽台（1台）
	3	授课区	常规学生课桌椅（1生/套）
	4	吊装安装可升降集成系统：控制系统	智能控制柜（1台），控制面板（1套），远程控制系统（1套）
	5	吊装安装可升降集成系统：照明系统	照明光源（30个），照明线路（1项）
	6	吊装安装可升降集成系统：水电系统	摇臂升降机构（按实验桌2台/套配置），多功能移动水槽（按实验桌2台/张配置），学生低压电源及网络智能控制系统（1套），自动给排水系统（按实验桌2台/套配置）、电气网络线路（1项），给排水布管（1项）
	7	吊装安装可升降集成系统主体	系统主体构架（按实验桌2台/套配置）

类型	序号	功能区	设备配置
生物实验室	1	学生实验操作区	学生实验桌（4~6人/台），实验坐凳（1人/个），仪器柜与展示柜（按需）
	2	教师演示区	教师演示台（1台），水槽台（1台）
	3	授课区	常规学生课桌椅（1生/套）
	4	吊装安装可升降集成系统：控制系统	智能控制柜（1台），控制面板（1套），远程控制系统（1套）
	5	吊装安装可升降集成系统：照明系统	照明光源（30个），照明线路（1项）
	6	吊装安装可升降集成系统：水电系统	摇臂升降机构（按实验桌2台/套配置），多功能移动水槽（按实验桌2台/张配置），学生低压电源及网络智能控制系统（1套），自动给排水系统（按实验桌2台/套配置）、电气网络线路（1项），给排水布管（1项）
	7	吊装安装可升降集成系统主体	系统主体构架（按实验桌2台/套配置）

资料来源：根据调研情况与上海东方教具有限公司 Sky-Docking 资料整理。

6.6 人文中心（原史地教室）

6.6.1 传统教学需求与设计：单一授课

史地教室是中小学校各类功能场室中很容易受到忽视的类型。与实验室相比，由于对设备没有特殊需求，很多学校并不单独设置史地教室，而是在普通教室内完成相关课程教学。即便设置，其标准也与普通教室类似，功能主要包括授课教学功能、教具储藏和展示功能。在空间的设计上，其策略也往往与普通教室相同（表 6.6-1）。

传统史地教室的教学需求与设计　表 6.6-1

序号	教学需求	功能组成	平面示意	空间效果
1	班级授课教学	整个班级的集体授课区		
2	教具储藏与展示	教具的储藏和展示区		

6.6.2 新型教学需求与功能：文化高地

在教育的新发展下，史地教室因在课程内容与教学材料方面的丰富性，在文化教育方面发挥着重要作用。虽然在需求上与传统没有太大差别，仍以授课教学、教具的储藏与展示为主，在功能上主要包括授课教学功能、储藏与展示功能，在走班制下还设置教师办公功能，但是史地教室教具的教育展示作用逐渐受到重视，以发挥史地课程的特色，塑造"人文中心"。

6.6.3 功能模块设计与空间整合：氛围营造

"人文中心"功能组成相对简单，在两大功能模块中，授课教学功能模块的设计策略、相关指标与前文的"集体中心"类似，不再赘述，本节只分析储藏与展示功能模块和空间整合设计策略。

"人文中心"储藏与展示功能模块是一体的。史地课程本身作为内容十分丰富的类型，极大地满足了学生的好奇心。为了真实模拟教学情境，"人文中心"所包含的教学资源也极其丰富。如历史教室内展示真实的"文物"，包括古家具、古籍、人文手工艺品等；地理教室内所具有的各类地形沙盘模型、地质样本等，这些元素相比传统海报素材等平面展示更加生动与形象。这些真实的展品尺寸多样，类型繁多，在储藏与展示功能设计时，应提供更多的尺寸选择，以满足不同展品的展示需求。如设置沿墙展示柜、橱窗、展台、透明地面展示等，实现"处处是博物馆"的氛围营造。具体的尺寸与面积则要根据实际需求确定。同时，根据展品的特色，与空间元素进行结合，增添空间特色（图6.6-1）。

在功能模块空间整合上，由于功能组成较简单，可直接将二者以开放的策略置入教室内，储藏与展示为授课教学营造教学氛围。

（a）地理教室小型展品展示（进深400mm）　（b）地理教室大型展品展示　（c）历史教室小型展品展示（进深400mm）　（d）历史教室牌匾与入口的结合

图6.6-1 "人文中心"储藏与展示功能模块设计

6.7 艺术中心（原美术、书法教室）

6.7.1 传统教学需求与设计：授课练习

美术与书法教室，作为中小学内拓展的功能，十分注重特色的塑造。传统的美术与书法教室则主要包括授课教学与练习、储藏与作品展示功能三类。在空间设计上与普通教室无异，内置4~6人用的绘画、书法桌面和教具储藏柜，由于课桌尺寸较大，其面积往往是普通教室的1.5倍以上。中小学规范对于美术与书法教室的功能组成、面积标准都做了详细要求。在设计过程中，由于缺乏教育资料与学生作品的展示空间，各类教具无处摆放，学生作品无法展示，空间混乱无序，极大地影响了空间氛围的营造。课上，成组学生聚集在一张美术桌前进行练习，空间凌乱，学生的体验感较差（表6.7-1）。

传统美术、书法教室的教学需求与设计　　　　　　　　　　表6.7-1

序号	教学需求	功能组成	平面示意	空间效果
1	班级授课教学与练习需求	整个班级的集体授课与学生练习区		
2	储藏需求	各类教具的储藏		
3	展示需求	学生作品展示区		

6.7.2　新型教学需求与功能：素质拓展

当下很多学校所开设的校本课程，大部分都与美术和书法相关，美术课程包括国画、素描、油画等，书法课程包括各类汉字书法等。此外，很多新型课程也被加入美术与书法教室中，如视觉设计和平面设计等，这些功能共同组成了全校的"艺术中心"。

"艺术中心"在教学需求上与传统没有明显区别，功能组成也以上述三种类型为主，但越来越重视作品的展示需求。

6.7.3　功能模块设计研究

组成"艺术中心"的三种功能中，授课教学与练习功能模块在教学过程中学生互动需求较少，因此与传统设计无异；现主要对储藏功能模块与展示功能模块的设计进行研究。

美术与书法教室除了拥有丰富的教具之外，在教学过程中会产生大量学生作品，这些教具和作品对于空间装扮、营造空间氛围具有重要作用。因此，美术与书法教室本身就是一处很好的展览空间，各类教具、学生的作品都可以对所有教室内或全校师生展示，充分发挥"艺术中心"的作用。因此，在储藏与展示功能模块的设计上，可参考前文对于"集体中心"的展示模块设计，根据需要增加展示的面积、空间与形式。此外，结合开放式边界设计，使教室在没有授课任务时，作为公共的展览室。

6.7.4　功能模块空间整合：开放展示

各功能模块的空间整合要注重空间的开放性，强调"艺术中心"的展示特性（表6.7-2）。

设计上可采取全透明玻璃界面，将教室内的情景直接向外展示；或采取开放边界，吸引师生参观；还可将美术与书法教室融入其他功能用房中，形成美术与书法区，如在图书馆（室）内设置，两种不同的功能相互影响，共同增添空间氛围。

"艺术中心"开放性整合设计 表6.7-2

设计策略	平面示意（以35人班额为例）	学校案例	
注重空间的展示属性，采取透明边界或开放边界设计	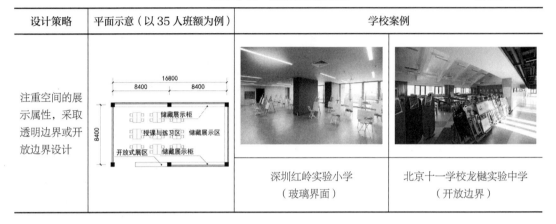	深圳红岭实验小学（玻璃界面）	北京十一学校龙樾实验中学（开放边界）

6.8 表演中心（原音乐、舞蹈教室）

6.8.1 传统教学需求与设计：单一授课

音乐与舞蹈教室作为学校的拓展功能，同样注重特色的塑造。传统的音乐与舞蹈教室仅仅被当成一种特殊型教室，在功能上只包含最基本的类型，如授课功能、表演功能和后勤辅助功能（包括相关的器材设备储藏、更衣室、化妆间、卫生间等）。在使用上更多的是为了应对课程要求，满足学生授课需要，很少用于学生表演（表6.8-1）。由于这类用房会产生较大噪声，在设计上主要考虑避免对其他用房造成干扰，对空间本身的关注较少。

传统音乐、舞蹈教室的教学需求与设计 表6.8-1

序号	教学需求	功能组成	平面示意	空间效果
1	班级授课教学需求	整个班级的集体授课功能	合唱台 授课与唱游区	音乐教室
2	表演需求	学生合唱、舞蹈表演与练习		

序号	教学需求	功能组成	平面示意	空间效果
3	后勤辅助功能	相关的器材设备储藏、更衣室、化妆间、卫生间等	把杆 镜面 授课与表演区 把杆	
			舞蹈教室	

6.8.2 新型教学需求与功能：表演功能强化

随着对校本课程的重视，音乐与舞蹈类的校本课程深受学生喜爱，各类相关课程不断被开发，并成为一所学校特色课程的重要体现。音乐方面有钢琴、管乐、民族乐、音乐剧等，舞蹈方面有戏剧、芭蕾等，种类繁多，以满足不同学生的不同需求。除了以课程设置的形式展现之外，还以学生社团的形式开展，以服务真正对此感兴趣的学生。这些新的需求对音乐与舞蹈教室的设计产生了新的挑战。

在教学需求种类上，与传统音乐、舞蹈教室没有差别（走班制下会增加教师办公功能），但更加注重学生表演需求，甚至超过授课教学。为了实现表演的最佳效果，近年来很多学校的音乐、舞蹈教室在建设标准上都朝向更加专业化的方向发展，以此打造学校的"表演中心"。

6.8.3 功能模块设计与空间整合：多样化与专业化

音乐、舞蹈种类多样，每所学校因开设的课程不同对教室的标准与要求也各有差异，在指标上很难给出实际的建议，这只能通过在设计之初建筑师与校方、设备供应商的密切沟通而确定。因此，本节主要对"艺术中心"的设计原则进行分析。针对研究特色，本节对表演功能模块和整个"艺术中心"的空间整合设计进行研究。

在功能上，授课教学、练习与表演往往是一体的，以表演的标准进行空间设计也往往可满足教学与练习的需要。同时，表演功能对设备有一定要求，但由于每种类型的表演对空间和设备的要求均有不同侧重，考虑到中小学校本身投资与规模的限制，设计上应取得投资回报率与个性化需求之间的平衡。因此，实现空间与设备的通用性是设计的主要出发点。

1. 空间多样性设计

音乐教室方面，可采用可移动家具增强空间灵活性。如选取成品合唱台，可根据需要自行移动和收纳；舞蹈教室表演区采用不同材质或垫面，临时划分空间，以满足不同规模与类型的表演和练习需求（图 6.8-1）。

除了公共表演与练习需求外，还应对有特殊需求的学生，单独设私密的练习室，兼顾公共与个人需求（图 6.8-2）。

（a）可移动合唱台　　　（b）教室地面不同材质　　　　（c）地面不同垫面的设置

图 6.8-1 "表演中心"空间多样性设计

（a）公共表演与练习　　　　　　　　　　　　（b）私人练习室

图 6.8-2 公共需求与个人需求的多样性设计

（a）灯光设备　　　　（b）音响设备　　　　（c）布景设备　　　　（d）舞台设备

图 6.8-3 设备设计

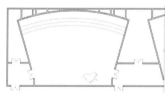 

（a）平面示意　　　　　　　（b）空间效果

图 6.8-4 杭州千岛湖建兰中学音乐教室

资料来源：（a）改绘自上海中同学校建筑设计研究院提供的图纸；（b）上海中同学校建筑设计研究院／提供。

2. 设备设计

灯光设备、音响设备、布景设备、舞台设备等均是影响音乐与舞蹈表演效果的主要因素，这一方面可积极借鉴社会公共观演建筑的相关设计经验，采购适宜的设施设备（图 6.8-3）。

在空间整合设计上，因后勤辅助功能具有隐私需求，应独立成区；对于教学、练习和表演功能，则采取开放式设计，同时注重空间氛围的营造。其中，由于音乐教室对声学的要求较高，在"沉浸式教学氛围"的原则下，可参考音乐厅等建筑的设计经验，创造微型的"音乐厅"。如在杭州千岛湖建兰中学的音乐教室设计中，建筑师采取"双壳设计"，实现更加优越的混响效果，增强空间的专业性（图 6.8-4）。

6.9 生活技能中心（家政教室，原劳技教室）

6.9.1 传统教学需求与设计：模仿操作

劳动与技术教育旨在提高学生的动手操作、实践、创新思维等能力，注重"做中学"。教学内容也被视为拓展课程，在教学上以最简单的动手操作为主，其形式也主要是学生模仿教师的操作。因此，劳技教室在功能上主要包括授课教学区、操作区与储藏区。在设计上，通常以普通教室或美术教室为标准，内设操作台与必要的手工设备（表6.9-1）。

传统劳技教室的教学需求与设计   表 6.9-1

序号	教学需求	功能组成	平面示意	空间效果
1	班级授课教学与操作需求	整个班级的集体授课与学生练习区	储藏展示柜 授课与练习区	
2	储藏需求	各类教具的储藏		

6.9.2 新型教学需求与功能：真实技能获取

随着教育的发展，劳动教育逐渐受到重视，其内涵也不断丰富。世界各国与组织所发布的21世纪核心素养中，几乎都包含培养学生的生存技能。北京四中原校长刘长铭总结四中过去教育的发展历程，将2019年后的教育目标定位于培养"普通公民"[1]。2020年3月，中共中央国务院发布《关于全面加强新时代大中小学劳动教育的意见》，强调加强中小学劳动教育的建设，构建体现时代特征的劳动教育体系。世界很多国家均为中小学设置各类劳动课程，如生活技能、职业技能等。当下，相关劳动课程被不断开发，种类也将更加丰富，包括编织、电木工、陶艺等。其中，培养学生生活技能的家政类课程则是主要的种类之一。以日本为例，家政类课程是中小学教育的必修课程，包括烹饪基础（烹饪计划、切菜、洗菜、餐后收拾等）、衣物整洁（缝纫、洗衣等）、房间舒适（房间内务整理等）等类型。在这一教育背景下，家政教室作为进行家政教育、培养学生自理能力的主要场所，陆续在国内很多学校中配备，成为劳技教室新的表现形式，塑造学校中的"生活技能中心"。在教学内容上，家政教室主要以厨

---

① 刘长铭. 教育的使命与价值［R］. 北京：北京大学基础教育中心，等，2020.

房家政内容技能训练为主，其他如缝纫等教学内容在国内较少[①]。现主要以厨房技能为主要教学内容的家政室为例，研究其教学需求、功能组成与空间设计策略。

为了更好培养学生的生活自理能力，教学场景的真实化是家政教育最主要的需求，以达到教学的技能与生活紧密相连，实现活学活用。在需求上主要包含授课、操作、储藏与展示需求。在走班制下，还会设置教师办公功能。

6.9.3　功能模块设计研究

功能模块的场景化是家政室各功能模块设计的主要原则，而作为厨房类家政类型，其主要的参考场景是真实的家庭厨房。

1. 授课教学功能模块设计

授课教学功能与操作功能分开，只需要按照学生规模设置普通的学生桌椅即可满足需求，轻便的桌椅也便于根据教学需求灵活移动。具体设计策略可参考前文的"科研中心"。在必要情况下，甚至可取消授课教学功能区，直接在操作区授课，减少教室面积与教具配备。

2. 操作功能模块设计

即操作工作台。按照家庭厨房的配置，一套完整的工作台主要包括燃气灶具、水盆、切菜区，有条件的可设工作台上的储物柜，形成微型的厨房单元（图 6.9-1）。出于安全考虑，学生用的燃气灶具仅具模拟作用，不具有实际的生火功能，教师用的示范工作台可根据需要设置真实的灶具；水池则有真实的给水排水功能。一套操作工作台满足 4~6 人使用，具体尺寸可参考表 6.5-2，以减少工作台数量。

3. 储藏与展示功能模块设计

储藏与展示功能模块是一体的，用于相关教学设备的储藏，如碗筷、洗涤用品、冰箱、

图 6.9-1　微型厨房单元工作台设计
资料来源：BEED Asia / 提供。

---

① 有些学校（如北京十一学校龙樾实验中学）将缝纫技能结合其他教育内容整合为"服装设计课程"，
　 为学生提供集美学、设计、缝纫于一体的校本课程教育。

微波炉、洗碗机等。仍然在"要素教材化"的设计原则下，采取开放式储物柜与透明的展柜储藏方式，营造真实的厨房环境。

6.9.4 功能模块空间整合：氛围营造

采取开放式设计，将上述三种功能模块组合在一起，形成家政空间（表6.9-2）。

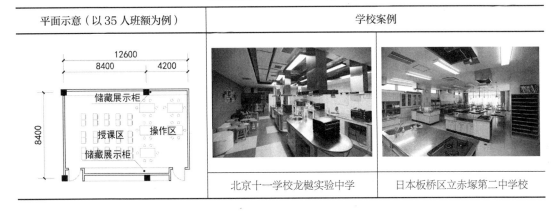

"生活技能中心"空间整合设计		表6.9-2
平面示意（以35人班额为例）	学校案例	
	北京十一学校龙樾实验中学	日本板桥区立赤塚第二中学校

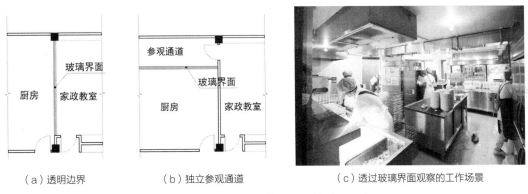

（a）透明边界　　　　（b）独立参观通道　　　　（c）透过玻璃界面观察的工作场景

图6.9-2　"生活技能中心"与厨房的关系设计

同时，为了使教育环境更加贴近真实的生活，对于设置厨房的学校来说，家政教室可直接邻近厨房布置。厨房与家政教室相邻的界面采用玻璃，将工作场景向教室内展示；或在厨房内设置单独的参观通道，在教学中便于教师带领学生实地参观厨房设备与职工的工作场景（图6.9-2）。此外，很多学校在进行家政授课时还直接邀请食堂工作的教职工向学生授课，特色鲜明。

6.10 互联网中心（原计算机教室）

6.10.1 传统教学需求与设计：以设备为本

计算机教室，是当代中小学校中新出现的教室类型，是为了应对计算机时代的教育需求，培养学生最基本的计算机能力与信息素养而设立的功能用房[1]。在传统中小学校中，计算机教室由于计算机设备昂贵，在设计与使用中都以设备为本。如在中小学规范中，对于计算机教室的室内装修标准都作了详细规定，如防潮、防静电等其他教室没有的要求。在使用中严格管理，只在有教学任务时段向学生开放，教学方式以模仿教师的基本操作为主。因此，计算机教室在功能上主要包括授课与操作区，按照生均一台计算机设备配置（表 6.10-1）。

传统计算机教室的教学需求与设计 表 6.10-1

教学需求	功能组成	平面示意	空间效果
班级授课与操作需求	生均一台电脑设备和电脑桌的授课功能	授课与操作区	

6.10.2 新型教学需求与功能：提升信息素养

随着互联网时代的发展，计算机已成为生活和教学的必需品。对于当下的中小学生来说，掌握包括计算机在内的各类上网设备的基本操作已成为生活中的常规技能。根据中国互联网络信息中心于2020年5月发布的《2019年全国未成年人互联网使用情况研究报告》数据显示，我国未成年人互联网普及率达 93.1%，利用互联网进行的活动中有 89.6% 是学习[2]。互联网在学习生活中的改变使计算机教育发生改变。培养学生通过计算机利用网络学习成为教育新的目标，信息与通信技术（Information and Communications Technology，简称 ICT）素养也成为世界各国中小学教育的主要素养之一。这对计算机教室的设计提出新的挑战：一方面，

---

[1] TATNALL A, DAVEY B. Reflections on the History of Computers in Education：Early Use of Computers and Teaching about Computing in Schools [M]. Berlin：Springer，2014.

[2] 中国互联网络信息中心. 2019 年全国未成年人互联网使用情况研究报告 [R]. 北京：中国互联网络信息中心，2020.

计算机教育的定位从以教授学生基本的操作到自主利用计算机等上网设备获取网络学习资源，使计算机教室的授课需求减弱；另一方面，随着无线上网与笔记本电脑的不断发展，设备更加轻便，对于空间形式设计产生影响。这两方面的挑战使传统计算机教室失去了存在的意义，但同时，教育信息化在教育中的高度融合，使互联网成为必不可少的教学辅助资源。因此，传统的计算机教室应以全新的形式应对教育与技术的变化，本书以"互联网中心"概念重新梳理计算机教室的设计策略。

6.10.3 功能模块空间整合：互联网共享区与辅助教学资源

在教育的发展下，"互联网中心"的授课教学功能模块在设计上与传统没有太大区别，不再赘述。但由于计算机设备更加轻便，常规的课桌椅即可作为电脑桌，所占空间更小；甚至设备集中存放，取消固定的计算机教室，在其他空间临时进行计算机教育。作为共享资源功能则有两种不同的共享方式：开放集中式互联网共享区、与其他功能场室结合形成分散式教学辅助资源。两种功能模块可互相融合，界限模糊。这也直接影响了"互联网中心"的空间整合形态。

1. 开放集中式互联网授课区/共享区

将封闭的教室打开，使计算机设备资源完全开放，供全校师生使用。不仅可以进行常规的计算机教育，师生还可根据其他课程教学需求，自行前往"互联网中心"进行授课教学和资料查阅。如北京中关村三小万柳校区的计算机教室采取全开放设计，使这里成为探究性学习的资料查阅场所，形成"梦工厂"（图6.10-1）。

2. 与其他功能场室结合形成分散式教学辅助资源

互联网在教育中的普及，改变了其他课程教育的授课方式和知识获取方式。很多课程的教学都会利用计算机作为教学资源，以辅助主体课程的开展。因此，计算机教室以分散的形式纳入其他功能场室中去，成为重要的教学辅助资源。如在普通教室内师生运用计算机设备进行教学，在图书馆内利用计算机进行视听阅览或网络检索，在平面设计教学上利用计算机使用软件进行课程设计，在工业设计相关教学上利用计算机进行模拟计算，在创客和STEM教室内利用计算机进行产品制造等。这些教室内都会分散或集中设置计算机辅助区，以支持教学的开展（图6.10-2）。

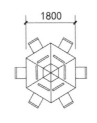

图6.10-1 开放式"互联网中心"与设备尺寸

| （a）图书馆内的视听阅览 | （b）汽车设计教室中计算机辅助区 | （c）机械与模型设计教室中的计算机辅助区 |

图 6.10-2　不同教室与空间内的计算机辅助区

6.11　创新中心（创客教室、STEM 教室等）

为了应对信息时代给人才培养带来的挑战，很多学校开设了传统教育中没有的课程类型。最典型的就是创客教育与 STEM 教育，与之相配的则是创客教室与 STEM 教室。创客教育与 STEM 教育都强调培养学生的跨学科思维与创造创新能力，旨在探索传统教育之外的育人模式。在教学过程中通过高新技术与手段培养学生的动手实践能力、思维能力、创新能力与面对问题的解决能力。近年来，很多学校为了迎合潮流，纷纷在学校内增建或改建创客教室和 STEM 教室，花大量经费购置相关设备，但无论在教学上还是设计上仍与传统无异：在教学和使用过程中，学生以模仿教师的操作为主，或因成本问题严格限制学生使用，使昂贵的设备束之高阁；在设计上追求室内的高档装修，增强视觉上的科技感，与本身的教育目的和空间需求相差甚远。

新的课程设置与教学方式对功能场室提出了新的需求，在具体实践中二者虽各有侧重，但本书主要关注其共性，并以创客教育与创客教室为例，研究这类新型功能场室的设计策略，以此打造真正的"创新中心"。

6.11.1　新型教学需求与功能：创新与实践

创客教育包含的种类很多，如 VR 体验、软件 Scratch、Python 编程、Arduino 开源硬件、3D 打印、机器人构造与组装等。不同的创客教学内容对空间的需求有所不同，但注重学生的实践操作、创新思维、运用数字化工具、真实情境教学等特点，对教学空间提出了共性需求。

总的来说，创客教育与其他实践操作类教育具有相似性，主要包括教师办公需求、操作需求、数字化工具需求、储藏需求与展示需求共五种。可以看出，创客教育由于强调学生的自主创造，对于授课教学需求减弱，在设计中完全可以与操作区相融合。

1. 教师办公需求

创客教育往往需要专门的教师授课，为了便于管理与维护相关器材，同时加强师生之间的互动，这些教师的办公室直接设在教室内。

2. 操作需求

这是创客教育最主要的需求。学生根据个人想法，利用各类软件、硬件设施将想法变成现实。

3. 数字化工具

创客教育中一个最大的特点是课程、教学方式与数字化的紧密结合。培养学生运用数字化工具解决实际问题的能力，提升学生的数字化素养。

4. 储藏需求

教学过程中需要大量的设备作支撑，包括开源硬件模块、3D打印机、激光雕刻机、小型车床、各类材料等。不同的设备因具体尺寸的不同所需要的储藏空间也不尽相同。此外，学生的作品也需要足够的储藏空间。

5. 展示需求

创客教育在教学过程中需要学生有最终的产出作品[①]，这些作品和创造作品的过程就是学生最终评价的主要依据。因此，作品展示是教学活动中的重要组成部分。

根据上述五种需求可确定"科研中心"的主要功能组成，包括教师办公、学生操作、数字化工具、储藏功能与展示功能。

6.11.2 功能模块设计研究

1. 办公功能模块设计

在教室内设置办公桌形成开放式办公区，不仅具有灵活性和公共性的特点，更有利于师生之间的互动与交流（图6.11-1）。

2. 操作功能模块设计

操作功能模块包括两种类型：个人操作空间与实验操作空间。个人操作方面，设置小组合作的岛式操作台或长桌操作台。由于创客教育在教学中涉及小组协作和个人创作，应按照保证生均拥有一处操作台面的标准设置。同时，有些操作需要电力设备支持，可参考前文"科研中心"中利用吊顶模块单元向下供电模式，以解放地面空间，提高空间灵活性。实验操作方面，主要针对特殊的创客类型，如机器人设计和汽车模型设计教室，需要预留机器人或汽车模型的试验场地，布置实验区或放置实验赛道（表6.11-1）。

图 6.11-1　开放式办公区设计

---

① 杨晓哲，任友群. 数字化时代的STEM教育与创客教育［J］. 开放教育研究，2015，21（5）：35-40.

操作功能模块设计 表 6.11-1

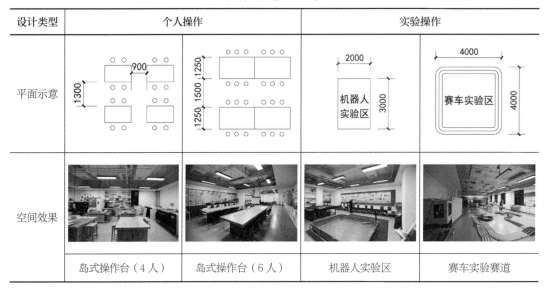

设计类型	个人操作		实验操作	
平面示意				
空间效果				
	岛式操作台（4人）	岛式操作台（6人）	机器人实验区	赛车实验赛道

3. 数字化工具功能模块设计

以计算机、便携式上网设备为主，这与前文的"互联网中心"设计策略吻合。在创客教室内根据教学需要，按照班级人数保证生均一台计算机设备标准配置，供学生灵活使用，以查阅资料和运用软件制作（表6.11-2）。

数字化工具功能模块设计 表 6.11-2

设计策略	平面示意	空间效果
按照每人一台计算机设备，形成开放的计算机辅助区	1800	

4. 储藏功能模块设计

学生的作品、各类教具都需要大量储藏空间。除设置进深约 400mm 的小型物品的储物柜、储物台和储物墙之外，由于创客教育有较大尺寸的教具，如 3D 打印机、打印机、雕刻机、小型车床等，需根据实际情况预留足够的建筑面积予以放置（图 6.11-2）。

5. 展示功能模块设计

除了进行教学展示之外，还可利用展示作为渲染教学气氛、增添真实化情境的有效策略。一方面发挥各类教具的展示功能，另一方面展示创客教育所产生的各类学生作品。在类型上仍可分为对内展示和对外展示两种（表6.11-3）。

| （a）储物柜 | （b）储物墙 | （c）雕刻机储藏 | （d）小型机床储藏 |

图 6.11-2　储藏功能模块设计

展示功能模块设计　　　　　　　　　　　　　　　　表 6.11-3

策略类型	对内展示		对外展示	
空间效果	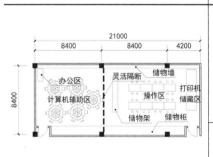			
	对内展墙展示	对内展墙展示	对外展陈展示	对外透明界面

对内展示可结合储物功能一起考虑，设置开放式展示区；对外展示则面向全校师生，设置透明橱窗、室外展陈或朝外采用透明玻璃界面等策略。

6.11.3　功能模块空间整合：氛围营造

上述五种功能模块均是紧密联系的共同体，开放式整合策略是"创新中心"设计的主要原则。但由于包含众多辅助设备与操作场地，教室面积往往是同等班额普通教室的 2~3 倍以上，空间巨大。因此，在如此开放的空间内，设计可利用储物架、操作台等教具对开放式空间进行二次划分，保证空间通透的同时兼顾功能之间的必要分区（表 6.11-4）。

"创新中心"功能模块空间整合设计　　　　　　　　表 6.11-4

平面示意（以 30 人班额为例）	学校案例	
	北京十一学校龙樾实验中学 机械与模型教室	深圳荔湾小学创客教室

6.12 生活中心（原食堂与学生宿舍）

食堂[①]与学生宿舍作为学校的生活服务用房，在传统的教育中往往被视为与教育无关的功能，即仅作为学生就餐与休息的场所。同时，与高校相比，中小学食堂与学生宿舍具有固定时段使用的特点，空间利用效率低。尽管如此，很多学校连最基本的安全、卫生的就餐与住宿条件都不能保证，致使其成为学校安全隐患的藏匿之地。

随着经济水平的提高，学生的生活习惯发生转变，同时教育的不断发展使食堂与学生宿舍的教育功能开始显现。这些变化逐渐影响了食堂与学生宿舍的设计方向与方法。本书基于这些变化，对中小学的食堂与宿舍的设计策略进行研究，打造具有十足生活气息并承载一定教育功能的"生活中心"。

6.12.1 食堂：适应学生新的生活习惯与教学行为外延

6.12.1.1 传统需求与设计：基本就餐

传统的教育中，食堂与教学毫无交集，属于游离在教育之外的功能。食堂是供师生就餐的场所，其他时段不允许使用。学生的就餐流程固定：选餐、就餐与回收餐具，这基本确定了食堂的功能组成，包括就餐区、配餐等候区与辅助区（如餐具回收处、洗手间等）（表6.12-1）。

传统食堂的需求与设计 表6.12-1

序号	需求	功能组成	平面示意	空间效果
1	配餐需求	配餐窗口与等候区		
2	就餐需求	群体学生的就餐功能		
3	辅助需求	餐具回收、卫生间		

在调研中，笔者总结了食堂在使用过程中的主要问题。

1. 空间拥挤，就餐环境差

各地方中小学校设计规范对于食堂的面积指标计算方法作了详细规定。以深圳为例，食堂使用面积（包括餐厅与厨房）按照小学生均 $0.8m^2/$ 人，九年制、初级中学与高级中学生均

---

① 食堂，包括餐厅与厨房两大功能区。由于厨房是工作人员的操作间，其教育表现在前文"生活技能中心"设计中已提及。因此，本节鉴于与教学的关联度，着重研究餐厅的设计策略。无特殊说明之外，本书所提及的食堂均特指"餐厅"。

$1m^2/$人，寄宿制高中生均$1.5m^2/$人设置[1]。该面积的计算方式是按照一定人数在固定的餐桌椅布置下所确定的，面积极其紧张。食堂在使用上具有瞬时大人流的特点，由于食堂面积过小，导致人流拥挤，排队候餐空间往往与就餐空间发生冲突，就餐环境差。同时为了提高就餐效率，提升"翻台率"[2]，学生不允许也不愿意长时间在食堂内停留。

2. 空间形式与就餐方式单一

设计上经常采取大空间布满餐桌椅的公共就餐形式，就餐方式单一。

3. 空间利用效率低

食堂只有在就餐时段开放，其余时间关闭，而就餐时间全天也大多仅有 1～2 小时。对于非寄宿学校，食堂仅有中餐一段时间开放，大部分时间处于关闭状态，造成空间资源浪费。

6.12.1.2 新型教学需求与功能：就餐品质与教学外延

生活方式与教育的发展对食堂的需求主要体现在以下两个方面。

1. 主要需求：就餐

就餐仍是食堂主要的需求，之下细分为配餐、就餐与辅助。与传统就餐需求相比，为了顺应学生多元化的就餐行为，重视就餐体验，食堂的就餐形式也变得多样化。在配餐种类上，除了常规的固定配餐窗口之外，增添自助餐、特色窗口；在就餐规模上，个人就餐、小组就餐、大空间集体就餐需求多样；在辅助需求上，除了常规的卫生间与碗筷回收，还有其他展示功能，如当日新品菜式、食材展示等，增强空间的特色与趣味性。

2. 附属需求：教学

随着教育的发展，教学行为开始延伸到食堂空间中，拓展了食堂的功能属性，使之成为整个教学空间的一部分。很多学校所开设的相关食育课程，如中餐传统饮食文化、西餐礼仪课程、烘焙课程等，都可直接在餐厅内进行教学。此外，很多自发教学行为也在食堂内发生，如就餐过程成为学生难得的相聚放松时段，促进学生之间的交流成为食堂空间的附加属性；在非就餐时段，学生自习、协作讨论、学生社团活动等都可在食堂空间内发生。

6.12.1.3 功能模块设计研究

就餐功能与教学功能的某些设计策略是相互融合的，但基本的设计原则是在保证就餐环境的提升下，兼顾相关教学行为的开展。

1. 就餐功能模块设计

就餐功能包括三个方面：配餐、就餐与辅助功能（表 6.12-2）。

---

[1] 深圳市普通中小学校建设标准指引 [S]. 深圳：深圳市发展和改革委员会，深圳市教育局，2016.

[2] 翻台率，即餐桌重复使用率。计算方式为：翻台率＝（餐桌使用次数－总台位数）/总台位数 × 100%。该概念主要用于商业的餐饮业领域，近年来在建筑学领域的空间使用效率研究方面，也会引入该概念。

功能类型	设计策略	学校案例	
配餐功能	加长配餐口长度,不同配餐口应设计不同种类标识加以区分	华东师范大学附属双语学校不同的配餐口设计	
	丰富配餐形式,常规配餐口、岛式自助餐口结合,便于分散人流,并为学生提供更多选择	北京十一学校龙樾实验中学常规配餐口与自助配餐	
就餐功能	个人就餐、2~4人小组就餐与集体就餐兼顾	北京十一学校龙樾实验中学个人就餐、小组就餐与集体就餐	
辅助功能	增加洗手盆数量,并置于入口处;展示功能置于入口处,增添空间趣味性	北京四中房山校区餐厅内洗手间	展示功能 (资料来源:上海景煜装饰设计有限公司)

（1）配餐功能

为了减少排队时间，提高配餐效率，应加长配餐口长度，不同的配餐口要有明显的区分，用颜色或显眼的标识系统实现，以便快速分散人流。此外，还应使配餐口多样化，给学生提供更多选择，如设置岛式自助配餐、特色窗口等。有条件的学校可分设不同类型的食堂，提供更加多样化的选择，有效避免人流拥堵。

（2）就餐功能

满足不同规模的就餐需求，提高就餐形式的多样性。为满足个人就餐、2～4人就餐及集体就餐的需求，分设不同形式与规模的就餐区。如个人就餐位、小组就餐的卡位（或包间）、集体就餐的大空间等。因此，应增加中小学校食堂生均使用面积，在原有规范基础上提升1倍以上，同时，采取灵活隔断或软隔断的形式进行各区划分，提高空间灵活性。

（3）辅助功能

包括卫生间、餐具回收与展示功能。卫生间要增加洗手盆的数量，根据就餐人数，按照15～20人/台的标准设置，设置在入口处，可在食堂内也可在食堂外；在食堂主入口设置橱窗或展柜向学生展示；餐具回收则设在食堂的出口处，除了常规人工回收之外，还可使用餐具回收传输带，方便快捷。

2. 教学功能

正式课程授课方面，根据课程教学需要，在食堂内设置教学区，或与就餐区融合，通过灵活的家具授课；自发教学方面，结合管理，使食堂空间部分或全部、分时段或全时段对师生开放，不同规模形式的就餐区直接应对不同规模的教学行为，满足个人学习、小组聚会和群体教学的需要，提升空间的利用效率。如在北京中关村三小万柳校区食堂设计中，除了有封闭的食堂外，还设置开放式就餐区。该餐区在非就餐时段向学生开放，实现管理与开放的平衡。北京四中房山校区食堂则在非就餐时段作为学生集体学习的场所，极大拓展了学校空间容纳量（图6.12-1）。

（a）北京中关村三小万柳校区封闭与开放食堂　　　　　　（b）北京四中房山校区

图6.12-1　教学需求功能模块设计
资料来源：（b）右图：黄春/提供。

6.12.1.4　功能模块空间整合

首先，在食堂的使用面积指标上，传统按照小学生均0.8m²/人，九年制、初级中学与高级中学生均1m²/人，寄宿制高中生均1.5m²/人的标准已远远满足不了需求，应在此基础上提升 1 倍以上。当然，根据学校的实际情况，可从管理上进行分时段就餐，在面积与就餐质量之间寻求平衡。

其次，在空间整合上，注重就餐流线设计与就餐环境的营造。第一，流线设计。根据学生就餐的流程：洗手—选餐—就餐—餐具回收，合理布置各功能块，一进一出，流线互不干扰。第二，就餐环境营造。食堂由于是大空间，应拥有较好的自然采光；考虑食堂的景观面设计，并通过家具、颜色与标识系统，创造温馨的就餐环境（表 6.12-3）。同时，因食堂功能组成丰富，在空间边界设计上可以"复杂边界"为原则，应对私密与公共的需求。

食堂空间整合设计   表 6.12-3

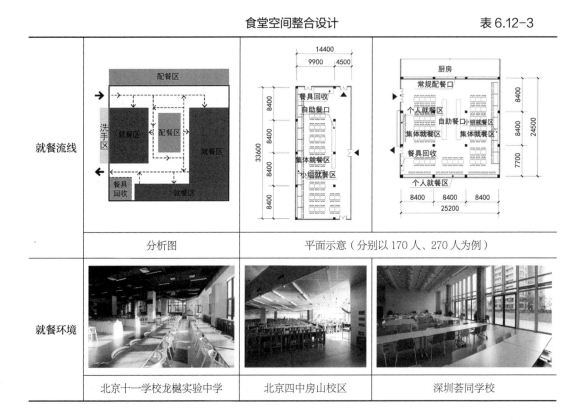

	分析图	平面示意（分别以 170 人、270 人为例）
就餐流线		
就餐环境	北京十一学校龙樾实验中学	北京四中房山校区 深圳荟同学校

6.12.2　学生宿舍：空间品质打造

6.12.2.1　传统需求与设计：基本就寝

宿舍作为寄宿制学校供学生就寝的场所，其环境的品质对于学生的睡眠质量具有重要影响。尤其在家长心目中，一所寄宿学校的住宿条件是反映学校硬件实力的重要表现。在过去，由于经济方面的原因，宿舍环境不被重视，十几人甚至几十人一间的大容量宿舍屡见不鲜，宿舍环境恶劣。当下，在国家政策的推动下，这一现状有所改善，很多学校实现了 6 人 / 间甚至以下规模的住宿条件，居室、储藏、卫生间（含淋浴间）等功能基本完善（表 6.12-4）。

传统学生宿舍的需求与设计 表 6.12-4

序号	需求	功能组成	平面示意	空间效果
1	就寝需求	居室		
2	储物需求	储物空间		
3	辅助需求	卫生间、淋浴间、阳台、公共活动等		

6.12.2.2 新型教学需求与功能：就寝品质

相比高校宿舍，中小学校宿舍在使用时段上较固定，非就寝时段一般不允许学生进入宿舍。同时，发生的行为也较单一：就寝。2018 年，教育部印发《综合防控儿童青少年近视实施方案》，明确规定要保障学生的睡眠时间：小学生每天睡眠 10 小时以上，初中生 9 小时以上，高中生 8 小时以上[1]。在相关政策下，很多学校的宿舍明确规定宿舍内只允许睡觉。如北京市北外附属外国语学校校长林卫民主张宿舍不配书桌，以确保睡眠时间[2]。这就使在高校宿舍设计中建筑师所提倡的"学习社区"概念，即将学生的学习行为、社交行为引入到宿舍空间中等设计策略在中小学校宿舍内很难实施或很难大规模实施，但必要的学习社交活动仍具意义。因此，在需求上与传统相比并没有多大区别，主要包括就寝、储物、辅助与基本的学习交流，但更加注重对学生生理与心理方面的关怀。

6.12.2.3 功能模块空间整合

学生宿舍各功能模块的设计策略与相关指标在中小学规范中有详细规定，相关研究也较多，本书则重点对学生宿舍的空间整合进行研究。

学生宿舍由于功能相对简单，空间的整合策略主要在于平面形式的确定。而平面形式因卫生单元的位置不同而产生不同的设计类型。根据国内最新中小学校宿舍调研情况，提出四种学生宿舍平面布置类型，并逐一分析各类型的优缺点（表 6.12-5）。

现重点介绍公共与独立卫生单元之间的形式：两间居室共享卫生单元形式。在笔者参与设计的深圳中学泥岗校区学生宿舍设计中，考虑到公共卫生单元、独立卫生单元平面形式所存在的问题，采取两间居室共享一处卫生单元的平面形式，较好地兼顾了居室单元与卫生单

---

① 中华人民共和国教育部. 综合防控儿童青少年近视实施方案［EB］. 北京：中华人民共和国教育部，2018.

② 北京市北外附属外国语学校校长林卫民 2019 年全校讲话内容。

类型	公共卫生单元		独立卫生单元	
	整层公共卫生单元	两间居室共享卫生单元	卫生单元靠近走廊	卫生单元靠近阳台
平面示意				
优缺点	优点：居室内环境较好，公共卫生单元有专人打扫，卫生条件好； 缺点：卫生单元使用不方便，私密性较差	兼顾了整层公用卫生单元与独立卫生单元的优点，不仅使用方便，且卫生单元与居室都可拥有良好的采光通风	优点：居室内可获得较好采光； 缺点：卫生单元采光较差，尤其当采取内廊布局时，很容易出现气味问题	优点：卫生单元通风采光较好； 缺点：居室的采光受到影响
空间效果				

元的通风采光问题，也具有较好的私密性。

此外，学生宿舍作为生活气息十分浓厚的场所，学生的睡眠质量与宿舍环境具有十分紧密的关系。因此，在设计上以学生的心理需求为出发点，将宿舍环境以最熟悉的"家庭环境"为样板，在材质、灯光、颜色等方面予以针对性考虑，以此创造温馨、舒适的"宿舍之家"，增添生活气息。

6.13　运动中心（原风雨操场）

6.13.1　传统教学需求与设计：经济性为本

中小学校体育建筑设施包括风雨操场、游泳馆和其他设施，是供学生全天候进行室内体育授课与锻炼的场所。由于这类功能场室占地大、造价高，若采用空调系统，尤其是恒温游泳池，后期维护成本高，对于大多数公立学校来说是一项很难承受的财务负担。因此，大多数中小学校体育设施主要以供篮球运动的风雨操场为主，在功能上主要包括教学运动区、辅助区与观演区，满足最基本的教学需求，设计上采取独栋方式与其他教学空间脱离。由于类型单一，在使用上只能服务于少数学生（表 6.13-1）。

序号	教学需求	功能组成	平面示意	空间效果
1	教学运动需求	主要以篮球运动为标准的运动区	运动区　观演区	
2	辅助需求	包括更衣室、卫生间、淋浴间与器材室等		
3	观演需求	供师生观演	卫生间	

6.13.2　新型教学需求与功能：多样化运动

随着经济水平的提高及对学生运动锻炼的重视，体育课程成为整个中小学教育中的重要组成部分，其形式种类与课程占比有很大提高。近年来，很多新建学校对于体育建筑设施的配置也越来越多样化，标准也越来越高。泳池、健身房、攀岩墙、滑板、蹦床与球类运动设施不断配备，以满足学生多样化的运动需求，诱发和鼓励学生的锻炼行为，打造学校的"运动中心"。在教学需求上，与传统无异，主要包括教学运动、辅助与观演。

6.13.3　功能模块设计研究：经济性与多样化兼顾

体育运动设施种类的多样化对空间设计的需求，主要在于教学运动区。根据教学运动区所需空间形式的不同主要分为三类：大空间风雨操场（如篮球、排球、羽毛球等）、游泳馆（具有整套水处理设备系统，与其他类型的体育建筑设计标准具有明显区别）、小空间运动设施（如健身房、乒乓球室等）。为使研究更具针对性，本书对上述三类体育运动设施的教学运动区功能模块的设计策略进行研究。

体育建筑设施相比于其他功能用房，具有两个特殊属性。第一，建设成本高，后期运营负担重。大空间的体育设施对于结构选型、建造方式都提出了很高要求，大跨度的钢结构、钢筋混凝土结构都对设计、建造与成本投入提出挑战。同时，大空间对于设备要求较高，后期运营成本高。第二，占地面积大。随着城市开发强度的不断增强，城市中小学用地问题日益紧缺，体育建筑设施体量大、占地大，标准与种类的提升势必会对用地资源产生影响。

与高校和社会公共体育设施相比，中小学校体育建筑设施的主要目的在于教学与常规的锻炼，对于设施的标准并不会很严格，在建设时不必每种设施都遵循国家或国际的标准尺寸和要求。因此，追求设施种类的丰富比追求高标准更具有现实的使用意义。半泳道、半场篮球场场地均可满足实际的教学与运动需求，以提高对用地的适应性及投资回报率。

1. 大空间风雨操场

经济性原则的实现包括教学运动区的多样化使用与被动式节能设计。

（1）场馆多样化使用

风雨操场在平面尺寸设计上主要以篮球运动为主要设计依据。在多样化使用方面，不同球类运动共用同一块场地。若设置羽毛球运动区，楼层净高取最大值9m。同时，利用大空间特点，将攀岩墙、蹦床等运动设施纳入，丰富空间使用方式。

运动场馆多样化使用需要以灵活性的设备来支持，主要包含球类设施与观众席。球类设施主要是针对篮球而言，采用移动式的篮球架，如成品移动式篮球架、壁挂式篮球架、吊装导轨移动式篮球架和吊装折叠式篮球架等，后两种不仅可以调整位置，还可调整篮筐高度，被很多学校所采用。观众席则采用活动式看台，便于空间的灵活组合。此外，大空间特征可结合其他大空间功能场室一起设计，如礼堂等集会功能场室，结合分隔幕等柔性隔断使教学运动区成为多功能场所，提升投资回报率（表6.13-2）。

大空间风雨操场教学运动区多样化使用设计　　表6.13-2

类型	场馆多样化使用		设备灵活性	
	多球类运动使用	与其他大空间结合	移动式的篮球架	导轨移动式篮球架
学校案例				
	日本品川区立品川学园	日本板桥区立赤塚第二中学校	深圳红岭实验小学	北京十一学校龙樾实验中学

（2）被动式节能设计

针对区域环境气候特点，实现场馆的自然通风与采光，降低风雨操场后期能耗运营成本。如在湿热气候地区，采取架空式风雨操场；有维护结构的风雨操场可设置天窗和大面积外窗，利于采光与通风（表6.13-3）。

大空间风雨操场教学运动区被动式节能设计　　　　表 6.13-3

类型	架空场馆	天窗采光	大面积外窗采光	
学校案例				
	深圳红岭实验小学	上海德富路中学	北京中关村三小 万柳校区	日本立川市立 第一小学校

2. 游泳馆

相比其他类型的体育建筑设施，游泳馆无论在建设成本上还是后期运营成本上都更高。即便投资很充裕的学校，也会出现因经济问题配而不用①。因此，在游泳馆的设计上，仍应注重空间的经济性和被动式节能设计，以降低建造与后期成本。

在空间设计上，规范中对于中小学游泳馆的设计规定是"宜设8泳道，泳道长宜为50m或25m"。标准泳池尺寸为50m×25m，8泳道，水深大于1.8m，这一标准不仅需要大空间，在后期维护上也远远超出大部分学校财政能力的承受范围。因此，在设计上可以根据实际需要设置落柱的常规空间，酌情减小泳池尺寸，降低建造成本（表6.13-4）。

游泳馆教学运动区空间设计　　　　表 6.13-4

类型	大空间游泳馆	常规落柱空间游泳馆
学校案例		
	北京十一学校龙樾实验中学	平面示意

---

① 即便是一线城市的深圳，截至2017年，公立学校里也只有深圳外国语学校科华学校拥有恒温游泳池。该项目由华润集团代建，因此标准较高。但建成之后，仍因为运营成本过高而成为校方的负担。

在被动式节能设计上，可采取架空泳池或活动屋面，实现室内与室外的转换，减少能耗（表6.13-5）。

游泳馆教学运动区被动式节能设计   表6.13-5

类型	常规室内游泳馆	架空游泳馆	可移动屋面
学校案例	深圳贝赛思国际学校	深圳红岭实验小学	日本池袋本町学校

3. 小空间体育建筑设施

小空间体育建筑设施类型包括健身房、室内跑道、攀岩墙、乒乓球室等。这些运动设施对空间的跨度没有特殊要求，常规空间即可满足（其中攀岩墙对于空间高度要求较高，具体高度可按照实际需求确定）。因此，这类体育建筑设施在建造和后期运营时成本都更低，其位置也更加灵活。如将室内跑道延伸至教学区内，将乒乓球台、攀岩墙放置于共享空间中等，使其与其他教学活动相融合，形成混合功能的教学空间集类型。在设计上同样也要注重运动氛围的设计，积极参考社会商业性运动设施设计策略（如健身房、乒乓球馆等），营造浓厚的运动氛围（图6.13-1）。

（a）北京十一学校龙樾实验中学健身房   （b）北京十一学校龙樾实验中学室内跑道   （c）北京四中房山校区攀岩墙   （d）深圳贝赛思国际学校架空乒乓球场地

图6.13-1 小空间体育建筑设施教学运动区设计

6.14 教师研修中心（原教务办公室）

传统教务办公室分两类，第一类是与其他功能场室相结合、分散设置的任课教师办公室，第二类是统一集中设置的教务办公室，又称教研室。

（a）北京中关村三小万柳校区　　　　　（b）深圳荟同学校　　　　　（c）日本同志社小学

图6.14-1　共享空间内的开放式教师办公区设计

第一类在前文"集体中心"等设计中有所提及。任课教师办公室功能需求较简单，大多为办公与储藏需求。传统的任课教师办公室设计是在教室附近设置集中的房间，供若干个班级或年级的所有任课教师使用。但为了增强师生之间的互动性，将任课教师的办公室布置到各教室内，并形成开放式办公区，使教师的活动向学生开放展示，有利于消除师生之间心理上的距离感。开放式办公区不仅可以与教室融合在一起，也可设置在邻近教室之外的共享空间内，不仅是教师的办公场所，更是开放的学生服务流动站（图6.14-1）。本节主要对第二类的集中式教务办公室进行研究。

6.14.1　传统办公需求与设计：独立办公场所

相比任课教师办公室而言，教务办公室的服务对象更偏重教师。在过去教育与建筑的研究与实践中，更多的关注点在于"学生"，很多理念往往以这一群体作为出发点，而教师的需求则受到忽视。因此在设计上，教务办公室仅作为教师集体办公的场所，通常设置一间集中式办公室，空间内为每位教师设置独立的办公位，形式单一（表6.14-1）。

传统教务办公室的教学需求与设计　　　　　　　　　表6.14-1

教学需求	功能组成	平面示意	空间效果
办公需求	教师独立的办公功能	办公区	

6.14.2　新型教学需求与功能：适应教师成长

中小学校往往以学生作为各方面设计的出发点，但随着教育的不断发展，教师同样也是学习者，教育的高质量发展必须以师资队伍的高水平作为保障。师资队伍素质的高低直接关乎教育改革的效果，也决定了一所学校教学品质的优劣。教育的动态变革使教师本身需要不断成长与进步，这种进步从传统的被动培训转变为主动学习，以更好应对教学的新挑战。教师不仅要按部就班地给学生授课，更是新型课程设置与教学方式的实践者与研究者，将理论运用到实践中。因此，对于服务教师的教务办公室，需求的变化也会导致空间设计的变化，教务办公室应当成为支持教师自主学习与发展的"教师研修中心"。

主动学习和成长的需求，是与传统教师需求相比最根本的转变。教师学习的方式可参考学生的学习方式，主要包括自主学习与协作讨论。根据教师职责定位的变化，其对于空间的需求主要包括三个方面。

1. 办公需求

这是教师对教务办公最基本的需求，但在形式上更加多样。包括私人的办公需求和公共的办公资源，后者如储物空间、办公器材等。

2. 研讨需求

集中式教研室给教师之间的交流提供了条件。研讨需求分两类：非正式交流与正式研讨。非正式交流具有临时性、实时性特点，发生的地点与形式灵活且多样，简单到在办公位上就可使交流发生。正式研讨则需要有相对适合教师集中的场所。

3. 休息需求

供教师临时休息、接待与会谈。

基于上述三种需求，可确定"教师研修中心"的功能组成，即办公功能、研讨功能与休息功能。

6.14.3 功能模块设计研究

激发教师自主学习与发展的积极性是"教师研修中心"各功能模块设计的主要出发点。因此，轻松、温馨的空间氛围在设计中尤为重要。现逐一分析三种功能模块的设计策略（表6.14-2）。

"教师研修中心"功能模块设计　　　　　　　　　　表6.14-2

类型	办公功能	研讨功能		休息功能
	开放式办公区	公共研讨区	私密的研讨室	舒适的家具
学校案例				
	日本追手门学院中学	华东师范大学附属双语学校	北京中关村三小万柳校区	北京中关村三小万柳校区

1. 办公功能模块设计

传统的工作卡座保证了教师的私密性，但同时也阻断了教师之间的非正式交流。设计上可采用开放式办公桌，可在给予个人工作区域的同时，也促进教师之间形成更多非正式互动。

2. 研讨功能模块设计

轻松、温馨的工作环境更能激发教师之间非正式交流的发生。正式的研讨可设置开放公共的研讨桌供大规模讨论，灵活的家具供教师自由组合；私密的研讨室供小范围协作，为了使空间更加开放，可采取透明玻璃界面。

3. 休息功能模块设计

除了设置舒适的家具（如沙发、豆袋椅或枕头）外，更重要的是轻松、温馨环境的营造。

6.14.4 功能模块空间整合：办公环境营造与教育属性强化

"教师研修中心"在功能组成上相对简单，规模也较小。在空间的整合上也以开放式策略为主，采取柔性隔断作分隔，在公共区域内模糊各类功能之间的界限，同时创造私人休息空间与探讨空间，兼顾个体与公共需求。在空间氛围的设计上可充分吸收企业办公空间的设计经验，注重空间氛围的营造，以调动教师主动学习的积极性（表6.14-3）。当然，加入的功能越多，人均使用面积就越大，可在传统 $3.5m^2/$ 人基础上，按照需求增加面积。

"教师研修中心"空间整合设计		表6.14-3

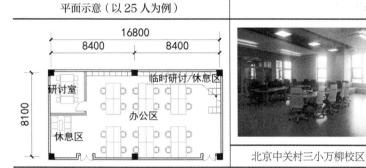

平面示意（以25人为例）	学校案例	
	北京中关村三小万柳校区	华东师范大学附属双语学校

此外，鉴于"教师研修中心"的教育属性，仍可将教师的活动向学生展示，增进师生之间的亲密性。空间边界采用透明玻璃，甚至取消边界设计为全开放办公区，不仅将教师的办公场景向学生展示，也使教师时刻关注室外的学生活动（表6.14-4）。

"教师研修中心"空间界面设计		表6.14-4

类型	封闭式空间	透明空间界面	全开放办公区
学校案例	北京中关村三小万柳校区	日本立川市立第一小学校	北京四中房山校区

6.15 民主管理中心（原行政办公室）

6.15.1 传统办公需求与设计：权威塑造

行政办公室，又称校务办公室。由各类行政办公用房组成，包括各行政人员专属办公室、接待室、会议室等。在传统甚至当下的很多学校，行政办公室是脱离教育属性的存在，行政人员与学生之间的互动极少。如果说任课教师与学生之间在教学活动中存在师生关系的不平等，那么行政管理者与学生的关系则更加疏远。

设计上更是强化行政办公室中心性、权威性的特点。在中小学规范中，对于行政办公室的位置作了规定：宜靠近校门。因此在很多学校设计中，行政办公室的地位几乎等同于图书馆（室），行政办公室独立成区、成栋，形成"行政区"或"行政楼"。中轴对称、严肃端正是行政用房的外在形象，在管理上一般不允许学生涉足（表6.15-1）。

传统行政办公室的需求与设计 表6.15-1

序号	教学需求	功能组成	平面示意	空间效果
1	行政办公需求	各行政人员的专属办公室		
2	辅助需求	接待室、会议室等		

6.15.2 新型教学需求与功能：民主塑造

行政管理者是推动学校教育进步、决定学校教育发展方向的重要力量，在教学中起到带头示范作用。在师生课堂关系平等化的趋势下，行政管理者与任课教师之间、学生之间的关系也发生改变。去中心化、去权威化，营造平等、民主的管理氛围是新时代学校行政管理工作的发展趋势。因此，作为行政办公室的空间设计，也应随着需求的变化而有所改变，打造学校的"民主管理中心"。

"民主管理中心"与传统相比在具体的使用需求上并没有显著的变化，仍主要以办公与相关辅助需求为主，但管理理念与风格发生了改变。

6.15.3 功能模块设计研究

本节基于去中心化的行政管理趋势下，以"民主管理中心"中最重要的校长办公室空间为例，研究"去中心化"的功能模块设计。当然，该设计理念应与包括校长在内的行政管理者的管理理念相符，管理者的认同是该理念实现的前提。

校长，作为一所学校管理团体中的最高代表，其办学的思想与管理水平直接影响全校育人环境的形成与学校的发展高度。过去的管理工作只注重提升校长对教师的领导力，却忽视了校长对学生的直接领导力。在"民主管理中心"的建设中，校长的示范作用显得十分重要且必要。因此，作为校长使用的校长办公室设计，应能体现这种管理模式的改变。在设计上，开放式校长室则是其中的一种设计策略。

开放式校长室将校长的一举一动向全校师生展示，包括正常的办公、接待、研讨会议等，拉近校长与全校师生之间的关系，促进民主化教学氛围的形成。这一策略的顺利实施取决于校长本人的管理理念。如北京四中房山校区，在设计中有专门设置的独立校长室，但在"开放式管理"的理念下，校长黄春将校长室搬到学生上下课必经的、联系各教室的共享空间中，用书架、家具围合成一处开放式校长办公区。这个区域的资源向全校所有师生开放，成为共享型校长办公室：教师可以在办公桌前研讨，学生可以查阅书架上的书籍资料、借用校长的办公电脑。此外，校长在此处直接进行外宾接待和开设各类课外讲座，邀请教师、学生、社区家长自愿在此分享，打造成整个学校的文化高地[①]（表6.15-2）。后因学校招生规模的扩大，学校的教师办公室也搬至该共享空间内，设置为开放式教研室，更加强化"开放式教育"理念的实施。

北京四中房山校区"开放式校长室"　　　　　　　　　　　　表 6.15-2

平面示意	空间效果

资料来源：黄春 / 提供

6.15.4 功能模块空间整合：去中心化

传统行政办公用房相互独立、私密的隔间是形成中心化的主要原因。办公行为不被他人

---

① 黄春. 我为什么在楼道里办公：校园里的空间设计与教育生长［R］. 上海：中外友联建筑文化交流中心，2019.

所见，无形中使管理者与教师、学生之间形成心理距离。当然，某些行政办公的固有特点也不宜像前文所述的"教师研修中心"全部设置为完全开放的办公空间。因此，为了取得二者之间的平衡，可将若干行政办公室进行集中设置，共用辅助资源。各办公室可采用透明材料的隔断，结合局部磨砂处理兼顾隐私。这其实把"民主管理中心"视作一个教学空间集进行空间整合。这种开放、透明的办公环境促进了各管理者之间的互动协作，也有利于消除与教师和学生之间的心理隔阂。如在北京中关村三小万柳校区的行政用房改造中，校长刘可钦主张将各类行政用房设计为透明玻璃的办公室，并设置公共研讨会议桌，不仅促进行政人员之间的交流，更增强校务活动对全校师生的公开化，营造"民主管理中心"（表6.15-3）。

<table>
<tr><td colspan="2" align="center">"民主管理中心"空间整合设计</td><td align="right">表 6.15-3</td></tr>
</table>

平面示意（以4间办公室为例）	学校案例

	北京中关村三小万柳校区

此外，"民主管理中心"也应发挥一定的教育属性作用，可采取透明的对外空间边界，将室内的场景向师生展示。其中，在进行决定学校重大事务活动的会议室设计上，可将其完全从"民主管理中心"中独立出来面向师生开放。使传统学校中最为权威、私密的事务，如各行政管理者之间的研讨、贵宾接待等行为向师生展示，拉近管理者与师生之间的距离。可设置透明的会议室，兼顾开放与会议本身的空间需求。如北京十一学校龙樾实验中学的"玻璃会议室"，被布置在师生上下课必经之路上，通透的材质使其内部活动完全向师生展示，强化民主氛围（图6.15-1）。

图 6.15-1 独立布置的透明边界会议室设计

6.16 社区纽带中心（原校门和围墙）

6.16.1 传统教学需求与设计：隔离社区

学校的学生来自周边社区，学校也应成为整个社区和城市中的一部分，但却在现实中产生了分离。对安全管理工作极其敏感的中小学校，时常把学校之外的环境都视为危险的、不良因素的藏匿地。因此，传统中小学校的校门和围墙则被定位为保障校园安全的屏障，"排外"形象明显。

校门和围墙在功能上常与值班室结合设计，集管理与防护为一体；在布置上，校门时常紧贴用地红线布置。在学生接送需求下，也会根据需要后退用地红线形成缓冲广场，但这个广场仍以冷肃的表情面向社区，以硬质铺装为主，使人无法停留。校门和围墙在保障校园安全的同时，也隔绝了学校与社区之间的联系，加之严肃的形象，更拉大了学校与外界之间的距离，使学校完全独立于周边环境，成为城市中的"孤岛"（表 6.16-1）。

传统校门和围墙的教学需求与设计　　　　　　　表 6.16-1

序号	教学需求	功能组成	平面示意	空间效果
1	安全管理需求	管理功能		
2	体现校园形象需求	学校形象的展示（严肃、排外）		
3	接送需求	学生上下学接送的缓冲空间		

6.16.2 新型教学需求与功能：社区纽带

传统学校与周边环境的割离极不利于学校和学生的发展，这与欧美国家中小学所体现的学校与社区之间的紧密联系形成强烈反差。学校作为育人的场所，应比任何一种建筑类型更加注重对外人性的设计，体现教育建筑的特点，也为学生展示学校的教育态度（表 6.16-2）。虽然学校有安全管理的压力，但二者并非不可协调。近年来，增强学校与周边社区的互动被国内越来越多的学校所认同，主要表现在通过管理的手段，实现学校与社区资源的共享。而校门和围墙作为学校最直接的对外窗口，应通过人性化的设计体现学校对社区的态度，成为"社区纽带中心"。

不同的设计所体现出的学校对社区的态度   表6.16-2

	围墙	校前接送等候区	校前广场
设计策略1			
	拾荒者坐在冰冷的花池上	站立等候接送的家长	空无一物的校前广场
设计策略2			
	设置座椅服务社区人员	提供临时就座设施	校前广场景观处理

在此定位下，"社区纽带中心"具有内、外两个功能属性：对内管理，对外联系。

1. 管理需求

这是以学校本身需求出发，满足学校的安全与秩序的需求，常与值班室结合在一起设计。

2. 接送需求

这是学校与社区的共同需求。在上下学时段，快速完成学生的接送成为城市中小学校设计不可回避的问题。

3. 社区纽带

这一点主要以社区需求出发，通过学校的让步，将部分资源返回给社区使用。

上述三种需求可确定"社区纽带中心"的功能组成，包括管理需求、接送需求、学校与社区的共享需求。

6.16.3 功能模块设计研究

1. 安全管理功能模块设计

将值班室与校门结合在一起设计，与传统校门设计没有太大区别。

2. 接送功能模块设计

主要有两种不同的策略（表6.16-3）。

（1）校门沿着用地红线适当后退，形成学生接送缓冲空间，即校前广场。家长提前到此等候，不占用市政道路和社区空间，以缓解交通拥堵。并在周边设置临时座椅与遮阳设施，供提前等候的家长休息。

接送功能模块设计   表 6.16-3

策略类型	设计策略	平面示意	学校案例
校门后退形成缓冲区	校门沿着建筑红线后退，形成接送缓冲区		 广州市天荣中学
框式校门	采用有顶的框式校门，并加大进深，形成架空空间		 北京四中房山校区

（2）校门本身不后退用地红线，形式上采取有顶的"框式校门"，并加大校门进深，形成架空空间。相比前一种策略，框式校门为提前等候的家长和学生提供了遮阳避雨的场所。

3. 学校与社区共享功能模块设计

为方便前来接送的家长停留和休息，或在非接送时段供社区居民共享活动，增进学校与社区之间的关系。在设计上可通过以下两个策略予以应对（表 6.16-4）。

社区共享功能模块设计   表 6.16-4

策略类型	设计策略	剖面示意	学校案例
接送缓冲区的二次设计	对建筑后退形成的缓冲区进行二次设计，增添空间的可停留性与趣味性，吸引社区人员和学生使用		 北京十一学校龙樾实验中学
加入必要的可停留设施	结合围墙设置临时休息和停留的座椅，有条件的可设庇护设施		 北京中关村三小万柳校区

（1）对接送缓冲区进行二次设计，提供最基本的人员停留设施。建筑后退形成接送缓冲区，仅仅具有临时接送需求，空旷、舒适性较差的广场缺乏必要的活动设施，很难在其他时段吸引社区居民使用。因此，可设置丰富的景观元素，提供座椅、遮阳、游戏设施，吸引社区居民使用。

（2）对于没有缓冲区的情况，可结合围墙设置临时座椅，有条件的提供雨棚等必要的可停留设施，方便社区居民使用。

6.16.4 功能模块空间整合：共享与纽带

上述三种功能模块在整合设计时往往统筹考虑，有些功能可相互融合。由于校门和围墙功能十分简单，除上述所列举的类型之外，现针对取消校门和围墙的类型，研究空间整合设计策略，实现将学校与社区进行整合。

直接取消独立的校门和围墙，建筑对外直接开设入口。将校门、围墙与建筑相结合，如采用架空层、骑楼等形式进入校内。由于建筑红线与用地红线往往具有一定的距离，不设校门和围墙使这一缓冲距离直接对外开放，学校与社区直接相连，拉近了二者之间的距离（表6.16-5）。

取消校门和围墙设计 表 6.16-5

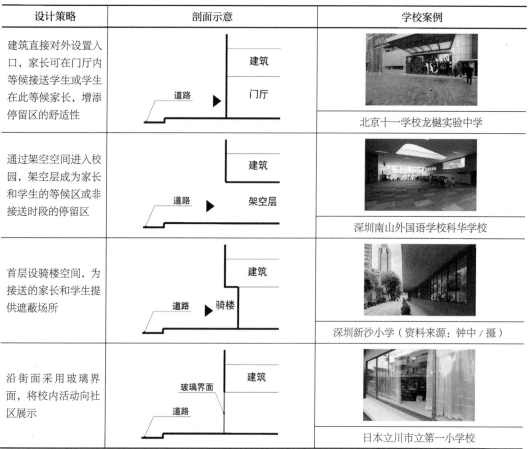

设计策略	剖面示意	学校案例
建筑直接对外设置入口，家长可在门厅内等候接送学生或学生在此等候家长，增添停留区的舒适性	建筑／门厅／道路	北京十一学校龙樾实验中学
通过架空空间进入校园，架空层成为家长和学生的等候区或非接送时段的停留区	建筑／架空层／道路	深圳南山外国语学校科华学校
首层设骑楼空间，为接送的家长和学生提供遮蔽场所	建筑／骑楼／道路	深圳新沙小学（资料来源：钟中/摄）
沿街面采用玻璃界面，将校内活动向社区展示	建筑／玻璃界面／道路	日本立川市立第一小学校

此外，由于建筑直接对外，沿街面还可设置大面积玻璃窗，将校内的活动向社区展示，增添学校对社区的影响。学校的界面从传统的割离转变为与社区的互动，使学校融入整个社区环境中。

6.17 卫生中心（原卫生间）

6.17.1 传统需求与设计：基本生理需求

卫生间是中小学校必备的功能场室，却也是在教育与设计中最容易忽视的功能类型，并长时间被认为是安全、卫生隐患的藏匿之地。在教育上，对于卫生间的需求以满足最基本的生理需求为主；在设计上，按照中小学规范与其他卫生间设计规范来计算卫生间厕位与洗手盆相关指标，按照标准的间距进行设计布置。在设计布局上，考虑更多的是尽量减少在气味上、心理上对其他功能场室形成干扰，因此，卫生间常被置于一隅，成为整个教学空间中的"边角料"（表6.17-1）。在后期的使用中，即便在当下，很多中小学校的卫生间现状与"卫生"定位极其不符。经常因不能及时清理与维护使卫生间环境潮湿有异味，如厕环境差导致学生对卫生间存在恐惧感，避之不及；设计上设备配置不齐全、不合理，尤其在采用无隔断或低矮隔断厕位设计时，学生的必要隐私得不到保护，导致很多学生不愿在学校如厕。

传统卫生间的需求与设计   表6.17-1

教学需求	功能组成	平面示意	空间效果
最基本的生理需求	如厕功能和其他辅助功能		

6.17.2 新型教学需求与功能：卫生意识与心理尊重

作为中小学校所有功能场室中最私密的类型，空间的设计对学生心理与生理产生巨大影响。因此，卫生间的设计除了在指标、尺寸等方面进行考虑外，如厕环境的设计同样重要。

近年来，中小学校卫生间的建设也受到了国家的重视。2019年10月，教育部发布《关于在实施教育现代化推进等工程中大力推进中小学改厕工作的通知》中，对于中小学校卫生间的建设工作作了详细规定，使之成为整个"厕所革命"的重要组成部分[①]。

在新的要求下，卫生间虽然在功能上组成较固定，但与传统相比更加关注学生的如厕体验，使其得到必要的心理尊重。同时，卫生间是培养学生增强卫生意识、养成卫生习惯的场所，以此打造学校真正的"卫生中心"。

6.17.3 功能模块设计研究

中小学规范中对于卫生间的尺寸与面积标准都作了详细要求，且相关研究较多，这里不再赘述。本节着重针对"卫生中心"在学生心理方面的关怀设计进行研究。在设计过程中，除了按照相关尺寸、数量标准布置之外，"卫生中心"的三个功能还通过相关设备予以实现，即如厕设备、洗手设备和干手设备，这也是传统研究与设计中经常忽视的内容。

"卫生中心"设备的选择具有四个原则。第一，卫生原则。卫生间是细菌容易滋生的场所，因此应选择卫生隐患较小的设备产品。第二，高效原则。由于中小学校卫生间具有瞬时使用的特点，设备的高效便捷也是设备选择的原则。第三，经济原则。这里主要指后期使用过程中产生的成本，设备要经久耐用，减少资源消耗。第四，人体工程原则。由于中小学生年龄差距较大，应根据学校学生的年龄段，选择不同尺寸的设备，如设置高低小便斗、高低洗手盆等。

随着经济的发展与技术的进步，"卫生中心"三类设备可选择的种类有很多，本节则根据调研情况，逐一分析各类设备的优缺点，提出参考配置（表6.17-2）。

1. 如厕功能设备

中小学规范中对于厕位提供了两种形式：大便器与大便槽，且设置不低于1.2m的隔板。但在实际调研中发现，大便槽在卫生与私密性上都具劣势。相比之下，设置含厕门的独立成品隔断+大便器/蹲便器的形式具有较好的卫生条件和私密性。

在男厕中，中小学规范也提出了两种形式：小便槽和小便斗。小便槽的优点是同等长度下可以同时供更多的学生如厕，但私密性较差，且需要不间断淋水冲洗，浪费水源。相比之下，设置带隔断的小便斗是较好的选择。在实际的使用过程中也并未发现产生过于拥挤的情况。同时，尤其在小学中，要注意学生身高的差异，设置高低小便斗。

[①] 厕所革命（Toilet Revolution），最早由联合国儿童基金会提出。我国于2015年由习近平提出，旨在提升公共厕所的质量。详见：https://en.wikipedia.org/wiki/Toilet_Revolution_in_China.

2. 洗手功能设备

设置独立的洗手盆或整体的洗手池均可。尤其在小学中，应根据学生身高的差异，设置高低洗手盆。

3. 干手功能设备

干手功能设备的设置在中小学校卫生间中极易受到忽视，甚至直接取消。相关研究表明，湿手传播的细菌是干手的1000倍[1][2]，如果干手工作做不好，洗手的功效事倍功半，从而导致卫生隐患。常见的干手设备是采用纸巾干手，相比热风干手机而言更加高效和经济[3]。但采取纸巾干手也应避免因纸盒更换不及时而导致其形同虚设。随着技术的进步，干手机在干燥效率和卫生标准等性能上也得到了显著提升，这需要校方根据需求决定。

卫生间设备配置　　　　　　　　　　　　　　　　　表6.17-2

设备类型	如厕设备		洗手设备	干手设备
	独立小便斗	独立成品隔断 + 大便器	洗手盆 / 洗手池	纸巾干手盒
学校案例				
	日本青山学院中等部	北京四中房山校区	日本青山学院中等部	广州华南理工大学附属小学

6.17.4　功能模块空间整合：如厕环境与空间趣味性

卫生间的功能模块整合策略分为集中式和分散式两种，但都要注重如厕环境的提升。

1. 集中式

将组成"卫生中心"的三个功能模块集中组合形成包含男卫、女卫（有时还包括无障碍卫生间）的整体空间，这也是较常见的设计策略（表6.17-3）。

---

① PATRICK D R, FINDON G, MILLER T E. Residual moisture determines the level of touch-contact-associated bacterial transfer following hand washing [J]. Epidemiology and infection, 1997, 119 (3): 319 - 325.

② MUTTERS R, WARNES S L. The method used to dry washed hands affects the number and type of transient and residential bacteria remaining on the skin [J]. The Journal of hospital infection, 2019, 101 (4): 408-413.

③ FELTER K, KRASSELT C. Dry Hands Are 1, 000 Times Safer Than Damp Hands [EB/OL]. (2009-09-14) [2020-02-06]. https://www.businesswire.com/news/home/20090914005155/en/Dry-Hands-1000-Times-Safer-Damp-Hands.

"卫生中心"集中式空间整合设计 表 6.17-3

平面示意	学校案例		
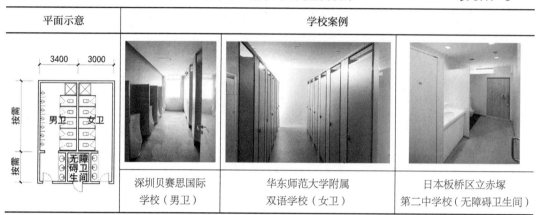	深圳贝赛思国际学校（男卫）	华东师范大学附属双语学校（女卫）	日本板桥区立赤塚第二中学校（无障碍卫生间）

2. 分散式

卫生间模块相比其他功能用房而言，具有小尺度的特点。同时，组成卫生间的各功能模块具有独立完整的功能属性，如男女卫生间的如厕区、洗手区都具有功能上的独立性，若将这些功能再次拆分，则尺度更小。这些小巧的尺度十分适合中小学生尤其低年级学生的心理和生理特点。可将拆分的独立模块进行散点式布局，并采取多样化的形式设计，增添空间趣味性（表 6.17-4）。

"卫生中心"分散式空间整合设计 表 6.17-4

设计策略	将卫生间内的各功能组成模块进行拆分，缩小模块尺度，进行散点布局，丰富模块形式，以此增添空间趣味性
分析图示	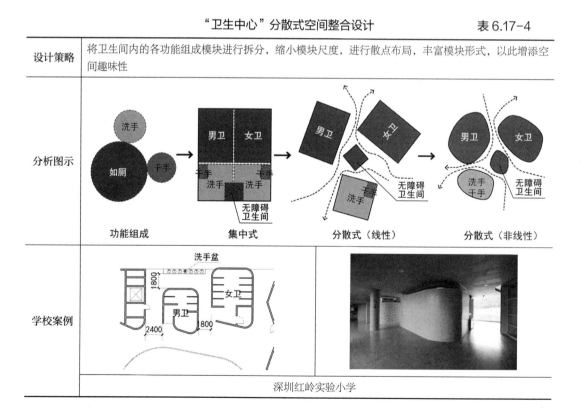
学校案例	深圳红岭实验小学

（a）北京大学附属中学　　（b）深圳红岭实验小学　　（c）日本立川市立　　（d）北京中关村三小万柳校
　　　卫生间色彩设计　　　　　　　　　　　　　　　　　　第一小学校　　　　区教学行为延伸到卫生间

图 6.17-1 "卫生中心"如厕环境和教育属性设计

无论采取何种整合策略，提升卫生间的如厕环境是必须要达到的设计目标。设计内容包括位置布局、色彩设计、材料选择、灯光设计、标识设计、设备选择等。其中，在"卫生中心"的位置布局上，要优先选择采光通风的方位，如南向、东向和西向，使空间长时间处于干燥状态，减少霉变与细菌滋生。

空间整洁、明亮、温馨，适应中小学生心理与生理需求，并以此进行一定的卫生教育，培养学生的卫生意识，消除学生过去对卫生间的恐惧感，将"卫生中心"打造成为整个教学空间的重要组成部分，成为相关教学行为的外延（图 6.17-1）。

6.18　本章小结

本章以适应教育变革的教学需求为基础，以国内外中小学校教学空间实践的新型成果调研和笔者所参与的相关设计实践为例，在空间要素层面对功能场室的设计策略进行研究，内容包括平面布置、指标研究、边界设计、教具设计、标识设计、材料设计等。根据教学需求的变化，提出"教学中心"概念，重新对传统"专用教室"的形态、场景、定位进行梳理、重组与设计，并纳入新型的功能场室类型，共构建 15 个"教学中心"。范围基本包含了当下中小学校教学空间中主要的功能场室类型，并逐一对各"教学中心"在传统教学需求下的问题、教育变革下的功能组成、功能模块设计、空间整合进行研究，建立中小学功能场室设计策略，对当下及可预见未来内的设计实践具有全面的指导意义（表 6.18-1）。

15 个"教学中心"的构建　　　　　　　　　　　　　　表 6.18-1

序号	原专用教室	空间定位转变	教学中心		
			类型	主要功能组成	备注
1	普通教室、教师办公室	单一授课→集体学习与生活的精神大本营	集体中心	授课教学、教师办公、储藏、展示、其他拓展功能等	或取消教室设置，仅具保留精神属性
2	图书馆（室）	以书为本→自主学习与交互场所	信息共享中心	办公管理、藏书、阅览、授课、研讨、娱乐、其他拓展功能	自发交流、学习场所

序号	原专用教室	空间定位转变	教学中心		
			类型	主要功能组成	备注
3	物理、化学、生物、探究、科学实验室	以仪器为本→授课与操作并重	科研中心	授课教学、操作、仪器药品储藏、准备	功能在传统基础上进行完善
4	史地教室	单一授课→文化高地	人文中心	授课教学、储藏、展示	与"集体中心"类似，但在储藏与展示功能上需求更加多样
5	美术、书法教室	授课练习→素质拓展	艺术中心	授课教学与练习、储藏、展示	功能在传统基础上进行完善，并新加入新的课程类型
6	音乐、舞蹈教室	单一授课→表演功能强化	表演中心	授课教学与练习、表演、后勤辅助	种类丰富，更加强调专业化表演需求
7	劳技教室	模仿操作→真实技能获取	生活技能中心	授课教学、操作、储藏、展示	家政教室，原有劳技教室演变而来
8	计算机教室	以设备为本→提升信息素养	互联网中心	授课教学与操作、作为共享资源	全新形式展现
9	—	新型功能类型，成为创新的孵化场	创新中心	教师办公、学生操作、数字化工具、储藏、展示	新型功能场室类型，创客教室、STEM教室等
10	食堂、学生宿舍	食堂：基本就餐→就餐品质与教学的外延；学生宿舍：基本就寝→就寝品质	生活中心	食堂有就餐和教学功能；学生宿舍有就寝、储藏、辅助与必要的学习功能	加入教学内容
11	风雨操场	以经济性为本→多样化运动	运动中心	教学运动区、辅助功能、观演功能	种类与形式丰富
12	教务办公室	独立办公→适应教师成长	教师研修中心	办公功能、研讨功能、休息功能	关注教师学习与成长
13	行政办公室	权威塑造→民主塑造	民主管理中心	行政办公、办公辅助功能	管理理念的变化
14	校门和围墙	隔离社区→社区纽带	社区纽带中心	管理功能、接送功能、学校与社区的共享功能	有取消独立校门和围墙的类型
15	卫生间	基本生理需求→卫生意识与心理尊重	卫生中心	如厕、洗手、干手功能	如厕环境设计

第**7**章

适应教育变革的共享空间设计策略

本章接上一章，以适应教育变革的教学需求为基础，以国内外中小学校教学空间实践的新型成果调研和笔者所参与的相关设计实践为例，对组成教学空间的另一个要素：共享空间的设计策略进行研究，内容包括室内开放空间、校园景观与室外运动场地／设施三个类型，梳理适应教育变革的共享空间新功能、新定位、新场景与新形态。

7.1 相关概念界定与技术路线

7.1.1 概念与分类

共享空间根据空间环境与空间特质的不同分为室内开放空间、校园景观与室外运动场室／设施三类，后两者属于室外教学环境范畴。三者虽都具有共享属性，但由于所处环境不同，其所承载的教学活动也不尽相同，进而面对的设计问题与侧重也有所区别（表 7.1-1）。尤其对于室外教学环境而言，传统的设计对于学校建筑本身的室内教学空间关注较多，而对于建筑之外的部分关注则较少。因教育的复合化，三种共享空间无论在功能上还是形式上都更具多样化，更是整体的概念，可被视为一种特殊的"功能场室"。随着教育和空间的不断发展，三种空间类型之间的界限逐渐模糊，如后文提到的校园景观与运动场室的结合设计等。分类并非目的，主要是为了便于研究，在设计上则可以根据需要突破彼此之间的限制。

共享空间类型　　　　　　　　　　　　　表 7.1-1

类型	功能组成	空间特点	教学需求适应性
室内开放空间	没有固定的功能组成，根据实际教学需求而进行拓展	开放性、灵活性、功能复合化、公共性	与功能场室相辅相成，共同承载各类课程与教学方式
校园景观	植被、铺装与景观小品	公共性、开放性	与室内教学空间互补，承担室内教学空间无法承载的课程与教学方式类型
室外运动场地／设施	环形跑道、足球场、篮球场、排球场、网球场、羽毛球场、器械场地及其他新类型		

7.1.1.1　室内开放空间

室内开放空间，具体指区别于具有主要功能属性的功能场室的，供师生交流、学习的室内、半室内（如架空层）多功能教学空间。

从前文研究的当代教学空间发展历史来看，师生交流场所从最早的室外草坪与广场逐渐演化为室内空间。室内空间再由最初的以交通功能为主的走廊，到为提升空间效率而设置的各类专用教室，再到当今以开放共享的多功能空间为主要形态。在功能上从单一性到多样性转变，在空间形式上从封闭到开放转变（表 7.1-2）。

室内开放空间演变过程　　　　　　　　　　　　　　　　表 7.1-2

类型	以交通功能为主	以专用教室为主	以开放多功能空间为主
图示			

作为整个室内教学空间的重要组成部分，室内开放空间与功能场室共同承担各类教学方式的开展。同时，室内开放空间因具有空间开放性、边界灵活性与功能复合性等特点，常作为连接各功能场室之间的过渡空间。因此，与功能场室由众多"教学中心"组成不同，室内开放空间则是作为一个完整的空间类型，无法根据单一要素标准进行再次分类，也没必要进行分类。换句话说，室内开放空间即是一种特殊类型的功能场室：开放多功能场室。在设计上没有固定的空间形式、功能组成，是学校根据教学需求自行确定的拓展空间。

7.1.1.2　校园景观

传统意义上的校园景观主要包括地面层景观。但随着设计策略的不断发展，尤其对于城市中小学而言，用地的紧缺使景观与建筑的界限逐渐模糊，形成立体景观。因此，本书所研究的校园景观以"室外"作为限定，与室内开放空间互补。校园景观的功能组成要素主要包括植被、铺装与景观小品。

7.1.1.3　室外运动场地/设施

室外运动场地/设施是指供学生进行相关体育教学、体育锻炼或其他游戏、活动的室外场地与设施集合，与前文的室内"运动中心"互补。同样，随着设计策略的多样化发展与城市中小学用地的紧缺，室外运动场地／设施与建筑之间的界限也逐渐模糊，相关运动场地／设施也与建筑进行了结合。传统中小学校室外运动场地／设施类型主要包括环形跑道、足球场、篮球场、排球场、网球场、乒乓球场、羽毛球场、器械场地（以单、双杠的体操器材与跳远、铅球的田赛运动设施为主）。随着时代与教育的发展，运动作为特殊的教育类型不断被教育者所重视，加之学生运动的方式愈发多样，与之相配的运动场地／设施的类型也变得多元。本书所涉及的室外运动场地／设施类型包括但不限于上述常规类型，并重点关注新类型场地与设施的设计。

7.1.2 技术路线

本着室内开放空间、校园景观与室外运动场室／设施是特殊的多功能场室这一理解，研究的技术路线延续上一章。仍按照"发现问题—分析问题—解决问题—形成策略"的顺序，以包括笔者调研与参与的设计实践在内的国内外最新中小学校教学空间为例，分别针对三种共享空间的设计策略进行研究。在研究内容上强调与传统研究及设计的差异性，体现研究特色。

1. 发现问题：传统教学需求与设计

归纳传统教育对共享空间的需求与设计策略，与接下来的教学新需求形成对比，找到矛盾点并发现问题，进而为新的设计策略寻找突破口。

2. 分析问题：新型教学需求与功能

包括两方面内容：第一，教育变革对共享空间的教学需求研究；第二，基于新型教学需求，研究共享空间的功能组成与定位，为设计策略提供教育学基础。

3. 解决问题：功能模块设计研究

逐一对组成共享空间的各功能模块的设计策略进行研究，内容包括平面布置、指标研究（具体的面积分配见第5章）、边界设计、教具设计、标识设计、材料设计等，形成功能模块，为整个空间的整合提供条件。

4. 形成策略：功能模块空间整合

将各组成功能模块按照教学需求进行整合，形成完整的共享空间。

7.2 设计原则

共享空间分为室内与室外，其中，室内共享空间的设计原则与功能场室的八条设计原则类似，即①空间形式：多样化与个性化；②功能组成：功能复合化；③空间边界：灵活性、透明性与复杂性；④空间环境：沉浸式教学氛围；⑤空间要素：设计要素教材化；⑥空间交互：泛在互联的智慧校园；⑦空间品质：人文关怀；⑧空间余地：留白设计。对于这些原则不再赘述。但对于校园景观与室外运动场地／设施，不同的空间特质又存在不同的设计侧重点，除了满足上述八条设计原则之外，还有两条特殊的设计原则。

7.2.1　设计要素游戏化

游戏的特质存在于每个学生身上，尤其是高中阶段之前的学生，其本身的好动性与探索欲使其对室外教学环境需求较大。"游戏"不仅是放松休息的方式，同时也是特殊的教学与运动方式，并在教育学领域被广为运用①。更多的心理学与神经科学的研究表明，游戏活动中的一定危险性与不确定性对促进学生的各方面发育具有积极影响。同时，游戏也能提升学生的求知欲与学习兴趣，并与他人互动，对教学具有积极的促进作用。因此，在游戏中学习、教育游戏化理念也成为国内外很多学校所采取的新型教学方式。有些学校专门以"游戏"作为教学的主要方式，如日本的"无人岛教育"实验学校、"蚂蚁蟋蟀"游戏实验学校等②。日本建筑师日比野拓在设计幼儿园时，尤其注重利用游戏空间诱发学生的探索欲，鼓励他们通过各类游戏方式进行学习③，对于中小学校教学空间而言，亦有启发。在国内，传统教育的永恒性与青春始终如一的好动性之间产生矛盾④，这也是过去中小学校教学空间设计通常以"课下"游戏活动作为空间的主要突破点的原因之一。相比室内教学空间，室外教学环境更加有利于多样化游戏行为的开展，设计要素具有游戏化属性，满足学生的游戏需求。

7.2.2　设计要素自然化

这一原则对于城市中小学校而言更具意义，为学生提供更多的自然元素，增加学生与自然接触的机会是室外教学环境设计的重点。有研究称之为"亲生物设计"（Biophilic Design）⑤。"从自然中学习"是国外很多中小学的主要教育理念，并以此开设相关生态课程。如英国的绿色学校、森林学校模式，就以校园环境作为教学资源，增强学生的环境意识⑥。这些教育理念与方式也逐渐引入到国内，在户外教学的各类探究与体验课程不断被开发。室外教学环境为这些课程的开展提供了特殊的场所，成为与室内课堂相对应的"室外课堂"。

7.3　室内开放空间

7.3.1　传统教学需求与设计：辅助课下活动

在传统"课上"与"课下"具有明显分界的教学组织下，功能场室与室内开放空间具有

---

① 陶郅，苏笑悦，邓寿朋. 让特殊变得特别：特殊教育学校设计中的人文关怀——广东省河源市特殊教育学校设计 [J]. 建筑学报，2019（1）：93-94.

② 张谦. 国外特色实验学校钩玄 [M] // 冯增俊，唐海海. 新世纪学校模式. 广州：中山大学出版社，2001：61-68.

③ 日比野拓. 自由而真实的幼儿园时什么样的？[R]. 北京：一席，2019.

④ 吴林寿. 通性及差异性：两所学校分析 [R]. 深圳：深圳市规划和自然资源局，2020.

⑤ 屈腾龙. 一所影响美国校园安全建设的学校 [J]. 新校长，2019（12）：46-49.

⑥ 祝怀新. 英国绿色学校模式及特色 [M] // 冯增俊，唐海海. 新世纪学校模式. 广州：中山大学出版社，2001：134-138.

明确的分工。各功能场室作为正式教学的"课上"教学空间,室内开放空间则作为"课下"师生休息、游戏与交流的场所,教学方面需求极少或没有。因此,这一类的室内开放空间主要为师生休息和游戏而设。同时,由于学生的"课下"时间较短,以10分钟为主,除去必要的如厕、喝水等生理需求时间,可以供学生支配的时间则更少。表现在设计上,最常用的策略是加宽每层的走廊宽度或局部拓宽走廊形成开阔空间,供同层学生使用(表7.3-1)。如香港大学建筑系教授朱涛称,其在实践中要保证走廊的宽度与教室的进深相当,以满足学生课下活动的需求[①]。

传统室内开放空间的需求与设计   表 7.3-1

教学需求	功能组成	设计策略	空间效果
以休息、游戏为主要需求	休息、游戏功能	 常规走廊	
		 拓宽每层走廊	
		 局部拓宽走廊形成开阔空间	

---

① 朱涛. 学校中的公共空间:在地与解放 [R]. 深圳:北京中外建建筑设计有限公司(深圳分公司),
  等, 2019.

7.3.2 新型教学需求与功能：辅助与互补结合

室内开放空间具有灵活性、多样性特点，针对每个学校的不同教学需求所确定的功能组成均不相同，这为教学需求与功能的研究带来了挑战。为此，本书从教育变革下室内开放空间的定位入手，结合前文功能场室教学需求与功能研究内容，以此确定室内开放空间的具体教学需求与功能组成。

室内开放空间由最初的室外草坪与广场演化而来，因此在功能上与之相似：即社交与教学。随着教育的发展，室内开放空间除满足师生休息、游戏需求之外，逐渐承载了教学方面的需求，并形成两种不同的空间定位，即室内开放空间作为功能场室的"辅助"定位、室内开放空间与功能场室形成"互补"定位。

1. "辅助"定位下的教学需求

部分教学行为从功能场室外延到室内开放空间中，如小组讨论、临时汇报、一对一指导等。但在室内开放空间内发生的教学行为明显区别于功能场室，二者具有主次之分：前者主要以自发的、非正式的教学为主；后者则以明确的课程设置指导下的正式教学为主。因此在很多研究中，将室内开放空间称为"非正式学习空间"，功能场室称为"正式学习空间"。功能场室仍是主要的教学发生场所，室内开放空间仅作为功能场室的拓展与补充。因此，在"辅助"的定位下，教学对于室内开放空间的需求则主要为功能场室的辅助需求，除上述非正式教学需求之外，室内开放空间还有公共辅助资源（如上网端口与设备、图书资源等）、储藏、展示等需求。

2. "互补"定位下的教学需求

随着教学方式种类的不断丰富，功能场室由于具有主要功能属性，逐渐满足不了教学的多样化需求。而室内开放空间因其具有极高开放性与灵活性，则为这些新型教学需求的实现提供了可能。两种空间相辅相成，在教学中的作用也从主次关系转变为互补关系。同时，由于不同教学需求之间的界限逐渐模糊，两种空间的边界也逐渐模糊，可根据需要相互转化。因此，在"互补"的定位下，教学对于室内开放空间的需求则是功能场室很难满足或不足以满足的需求，如跨班、跨学科教学等，即：教学对于室内开放空间需求 = 全部室内教学需求 − 教学对于功能场室的需求。

7.3.3 "辅助"定位下的功能模块设计：舒适性与趣味性

7.3.3.1 休息游戏功能模块设计

休息游戏是室内开放空间最初、最基本的功能属性，在教学之余满足师生的临时休憩与游戏，调整状态，为接下来的教学做好准备。

在休息功能设计方面，其主要出发点是设置舒适的家具与营造较安静的空间氛围。同时由于"课下"时间较短，其位置应均匀分散，提高空间利用率。可在功能场室附近设置休息处，如在走廊内设座椅、舒适的沙发、豆袋椅等。在品质设计方面，在休息附近设置茶水间或咖啡吧等辅助设施，或将休息处布置在景观面较好的位置，以提升休息品质。在消声设计方面，由于共享空间内师生走动频率增加，主要从地面材料的设计上予以考虑，采取PVC、木质和地毯等柔性材料以降低噪声（表7.3-2）。

休息功能模块设计 表7.3-2

类型	剖面/分析示意	学校案例		
走廊休息区	教室内/室外　走廊　400　木垫面　400	深圳贝赛思国际学校	日本池袋本町学校	北京大学附属中学
舒适的家具	—	深圳荟同学校（沙发）	北京中关村三小万柳校区（沙发）	日本同志社初中（软面坐凳）
休息品质设计	咖啡茶水　休息　景观视野	华东师范大学附属双语学校（咖啡吧、地毯地面）	北京十一学校龙樾实验中学（茶水间、PVC地面）	深圳贝赛思国际学校（景观面、PVC地面）

在游戏功能设计方面，因学生天生具有游戏的特质，在设计上只要提供足够的场地，学生一般会自主进行玩耍与嬉戏。当然，增添空间形式的丰富度、布置游戏设施可增添趣味性，更加有利于诱发游戏行为的产生（图7.3-1）。

（a）日本同志社小学弯曲走廊　　（b）北京十一学校龙樾实验中学秋千设施　　（c）深圳红岭实验小学游戏设施

图7.3-1　游戏功能模块设计

7.3.3.2　非正式教学与交流功能模块设计

非正式教学与交流，在形式与规模上具有多样化特点，同时在时间上具有短时、临时的特点。在形式上，包括讨论、演讲、授课；在规模上，包括个人学习、小组讨论、群组学习等。因此，灵活性是在有限的空间内实现多样化教学需求的最主要设计策略，主要包括教具/材料的设计和空间形式设计两个方面。

第一，教具和材料的设计。主要适应于小规模（一个班以下规模）教学行为的开展。在教具设计上，教学行为的开展需要依附于教具，主要类型包括课桌椅与显示/书写设备两大类型。由于在时间上的短时与临时性，应提供可灵活移动、组合和可堆叠的教具以适应多样化教学需求。教具的选择与设计可参考前文"集体中心"的教具设计内容，不再赘述。但在课桌椅的设计上，与"集体中心"有所不同的是，室内开放空间由于强调协作性教学与交流，课桌类型往往以两人以上的集体课桌为主（表7.3-3）。

室内开放空间内课桌椅类型与案例　　　　　　　　　表7.3-3

材质	金属结构+PP塑胶/硬塑/木质面材等			
学校案例	北京中关村三小万柳校区家具	日本板桥区立赤塚第二中学校讨论桌	日本青山学院中等部讨论桌	日本同志社小学讨论桌
	日本青山学院中等部可展开的白板	日本青山学院中等部可移动白板	日本青山学院中等部可移动显示屏	北京中关村三小万柳校区移动显示屏

在材料设计上，为适应临时性与非正式性，地面材料可选择触感舒适的地毯、木地板、PVC塑胶地面等代替传统的水泥地面和水磨石地面，供师生席地而坐，可节省课桌椅配置。而对于显示/书写设备，除了配置可移动式黑白板之外，室内开放空间的墙面可作为显示/书写载体，表面材料选择可书写、易清洁涂料，形成书写墙，或直接在玻璃等易擦洗的界面上书写，便于及时记录创意想法，为教学活动随时随地的发生创造条件。

从材料上进行设计使教学行为的发生突破了传统固定教室、固定讲台、固定黑板的局限，赋予空间极大的灵活性与适应性（图7.3-2）。

（a）北京中关村三小万柳　　（b）北京中关村三小　　（c）北京十一学校龙樾　　（d）北京十一学校龙樾实验
校区PVC塑胶地面　　　　万柳校区地毯地面　　实验中学可书写墙面　　中学磁性钢化玻璃白板

图7.3-2　地面和墙面材料

（a）上海托马斯实验学校　　（b）日本青山学院中等部　　（c）日本品川区立品川学园　　（d）日本板桥区立赤塚
第二中学校

图7.3-3　大规模教学行为适应性设计

第二，空间形式设计。主要应对大规模（一个班以上规模）教学行为开展。由于人数多，大规模教学行为除了要预留足够的面积之外，主要考虑避免视线的遮挡。设计上可参考会堂观演类建筑，设置共享大台阶是较常用的设计策略，以代替课桌椅。在指标上，可就坐的台阶面长度按照0.5m/人计算（图7.3-3）。

7.3.3.3　公共储藏与展示功能模块设计

室内开放空间内的储藏需求往往是公共性的，因此可与展示功能相互结合。设计应充分挖掘开放空间内的任何角落，如墙面、顶棚、地面、栏杆等，使之成为储藏与展示的载体。同时发挥组成要素的教育属性，结合储藏与展示家具设计，营造处处可学习的空间。储藏与展示功能模块设计策略主要有以下五个方面（表7.3-4）。

第一，结合开放式储物家具进行展示，如开放式展柜、展架等。第二，墙面展示。这是最常用的展示载体，学生的作业、标语临时张贴在墙面上，或投影到墙面上，渲染教学氛围。第三，吊顶展示。利用上方吊顶空间，采取垂挂条幅、构筑物形式进行储藏与展示；同时，将建筑的各类设备管线、结构直接暴露，形成真实的教学资源。第四，独立展陈设计。采取具有灵活性的展示家具，如可移动展牌、展柜、展台、展架、橱窗等，丰富展示形式，应对不同展品的储藏与展示需求。第五，其他展示类型。利用栏杆材质、地面标识和地面投影等，或将大型展品直接放置进行展示。

类型	学校案例			
开放式储物家具				
	北京十一学校龙樾实验中学	日本同志社初中	日本品川区立品川学园	日本立川市立第一小学校
墙面展示（张贴涂鸦）				
	北京十一学校龙樾实验中学	深圳红岭实验小学	日本池袋本町学校	日本同志社初中
吊顶展示（利用上方空间）				
	华东师范大学附属双语学校条幅	北京十一学校龙樾实验中学条幅与国旗	北京十一学校龙樾实验中学构筑物展示	北京中关村三小万柳校区每层不同的吊顶
吊顶展示（设备、结构）				
	深圳荟同学校结构	北京十一学校龙樾实验中学设备	北京中关村三小万柳校区结构展示	日本青山学院中等部体育馆屋顶结构
独立展陈设计（展牌展示）				
	北京十一学校龙樾实验中学	北京中关村三小万柳校区	上海德富路中学	日本板桥区立赤塚第二中学校

类型	学校案例			
独立展陈设计				
	北京十一学校龙樾实验中学展架、展台与展柜			华东师范大学附属双语学校橱窗
栏杆、地面				
	北京十一学校龙樾实验中学丝网印刷玻璃栏杆	上海同济黄浦设计创意中学运用磁铁在金属栏杆上展示[1]（资料来源：张咏梅/摄）	日本同志社小学地面玻璃展示[2]	日本品川区立品川学园大型展品直接展示

7.3.3.4 公共资源功能模块设计

为支撑教学顺利开展，在室内开放空间内设置利用率较高的公共资源，如图书资源、上网设备、教师办公区等（与前文的"信息共享中心""互联网中心""教师研修中心"部分策略吻合），以随时随地满足教学需要（图7.3-4）。

（a）北京四中房山校区图书资源　（b）北京中关村三小万柳校区上网设备　（c）日本板桥区立赤塚第二中学校生物角　（d）日本同志社初中图书资源

图7.3-4 公共资源功能模块设计

---

[1] 张咏梅. 好的学校空间如同商场，让孩子拥有购物欲一样的学习欲 [R]. 成都：蒲公英教育智库，2019.

[2] 该学校地面有一处历史遗迹，设计采取原地保留策略，地面局部采用玻璃向学生展示，成为空间特色。

7.3.4 "互补"定位下的功能模块设计：开放性与灵活性

跨班级／跨学科授课教学功能模块设计：当教学需要跨班级或跨学科授课时，常见的做法是在相邻功能场室之间采用灵活隔断，将两个教室整合为一个大空间，但这样仍局限于两个班的教学。为此，共享空间成为支持更大范围跨班级／跨学科的场所。同时，为实现空间利用率的最大化，模糊室内开放空间与功能场室之间的边界，将整个教学空间集作为完整的教学空间，与前文的"开放边界"教学空间集类型策略吻合（表7.3-5）。

室内开放空间的跨班级／跨学科设计策略　　　　　　　　　　表7.3-5

平面示意		
学校案例		
北京中关村三小万柳校区	日本追手门学院中学	日本立川市立第一小学校

7.3.5 功能模块空间整合：开放式空间边界

室内开放空间最大的特点即是空间的灵活性，各功能模块的整合归根结底是各功能模块之间的边界设计。因此，在设计上采取开放的、灵活的空间边界，使各类功能可根据教学需求转化，提升空间的适应性，最终形成多功能的学习赋能场。主要设计策略包括七个方面：高差处理、地面材质与颜色、临时构筑物、教具设计、吊顶设计、灯光设计、标识设计（表7.3-6）。

（1）高差处理：将地面局部抬起或降低，以此限定空间区域；

（2）地面材料／颜色：地面材质与颜色的变化限定功能区域；

（3）临时构筑物：通透的临时构筑物，在空间上限定区域；

（4）教具设计：教具之间围合成使用空间，或通过教具不同的颜色和形式限定空间；

（5）吊顶设计：通过吊顶的不同形式或颜色，限定吊顶之下覆盖的区域；

（6）灯光设计：利用灯光的明暗，强化或弱化某处空间；

（7）标识设计：常见的标识设计是采用文字、符号直接标明空间的用途，但这种策略一定程度上限定了这一区域的功能属性。可通过鲜明的色彩与其他区域相区别，具有标识性。

室内开放空间的边界设计策略　　　　　　　　　　　表 7.3-6

序号	类型	分析图示	学校案例		
1	高差处理	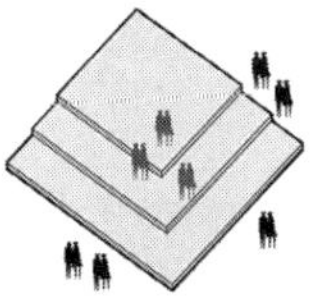	 深圳红岭实验小学	 日本青山学院中等部	 日本立川市立 第一小学校
2	地面材质/颜色		 华东师范大学 附属双语学校	 深圳贝赛思国际学校	 日本池袋本町学校
3	临时构筑物	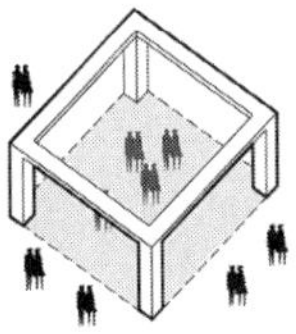	 北京四中房山校区	 广州加拿大外籍 子女学校	 日本青山学院中等部
4	教具围合	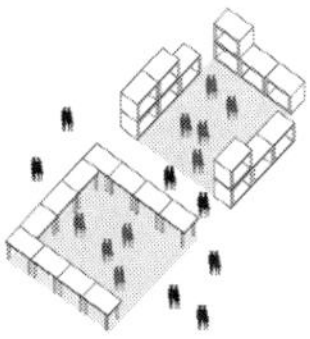	 北京中关村三小 万柳校区	 日本板桥区立赤塚第二 中学校	 日本同志社初中
	教具颜色		深圳荟同学校三种颜色的家具		

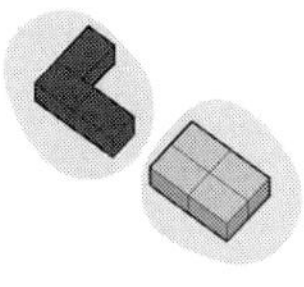

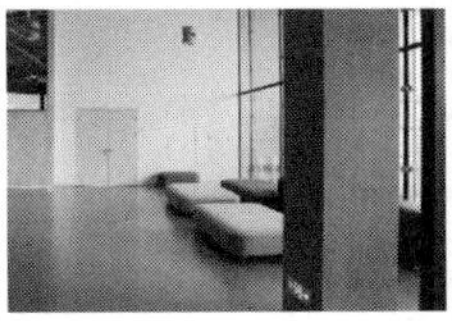

序号	类型	分析图示	学校案例
4	教具类型		北京十一学校龙樾实验中学不同类型的家具组合的区域 · 日本青山学院中等部
5	吊顶设计		北京四中房山校区 · 北京十一学校龙樾实验中学 · 日本板桥区立赤塚第二中学校
6	灯光设计		北京十一学校龙樾实验中学
7	标识设计		深圳南山外国语学校科华学校 · 北京十一学校龙樾实验中学

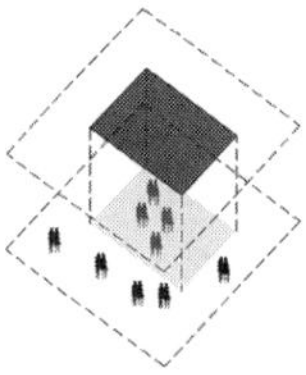

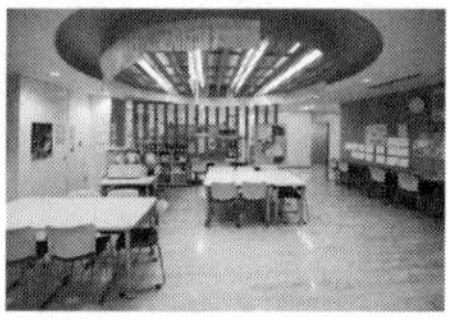

7.4 校园景观

7.4.1 传统教学需求与设计：视觉观赏为本

在传统的教育中，组成校园景观三个功能要素：植被、铺装与景观小品，分别承担美观、通行与校园文化建设的作用。在设计上，往往采取先建筑、后景观的设计步骤，加之城市中小学校用地紧张，建筑与相关室外运动设施设置之后所剩下的用地面积零碎且不系统，于是采用单一的草地、绿植或铺装"拼凑填充"这些用地，以满足相关规范的绿地率为目标（表7.4-1）。

传统校园景观的教学需求与设计 表 7.4-1

序号	1	2	3
教学需求	美化需求	集散或通行	校园文化建设
功能组成	植被	铺装	景观小品
空间效果			

以"管理为本"的教育原则，以"拼凑填充"的设计手法，使校园景观各要素呈现出一系列的问题。首先，在植被设计上，主要满足视觉美化作用，同时为了便于管理与降低维护成本，用灌木或其他设施围合，不允许学生使用。近年来，为了取得使用与后期维护成本之间的平衡，有些学校大量采用人造草皮和人造乔木代替真实的植被，但体验性较差。其次，在铺装设计上，也为了降低建设与维护成本，大面积采用硬质铺装，使环境趣味性低，且在湿热地区，必要遮阳设施的缺乏使占有大面积用地的广场舒适性低、使用率低。最后，在景观小品设计上，通常注重标语性文字设计或夸张的造型设计，最终的形式与整个校园氛围不符，与学生产生距离感。因此，学校的校园景观由大量的"人工设计"与"人工制品"所组成，学生的体验感较差，并与教学产生了脱离。这背离了校园景观的设置初衷，忽视了环境对于学生学习与成长的重要性（表 7.4-2）。

传统校园景观设计问题汇总 表 7.4-2

景观要素	问题类型	学校案例		
植被	植被仅具观赏性，与学生产生距离			
	采用人工植被，学生体验性差			

景观要素	问题类型	学校案例		
铺装	采用大面积硬质铺装，趣味性和环境适应性较差			
景观小品	大多作为文字的载体，并以造型观赏为主			

7.4.2 新型教学需求与功能：教育属性强化

作为共享空间中的一种特殊类型，校园景观在中小学的教学中发挥着重要作用。因其与室内教学空间不同的环境特征，可承担起截然不同的教学需求，被誉为"隐性课堂"。尤其对于城市中小学来说，室外环境给予了学生接触自然的机会，提供了室外探究场所。校园景观的定位也从以管理为本、从单一的视觉作用逐渐向以学生为本、发挥教育功能的方向转变。定位的不同使设计策略发生了改变。

总的来说，教育的变革强化了校园景观四个方面的需求。

1. 休息游戏需求

作为整个教学空间的一部分，校园景观除了具有视觉上的作用之外，也为学生的休息游戏提供了舒适的场所。但与室内开放空间不同的环境特征，使其所承载的休息游戏类型也不尽相同。

2. 非正式教学与交流需求

非正式教学与交流行为不仅在室内教学空间中发生，室外的校园景观亦是其重要的发生场所。与室内的非正式教学与交流行为类似，形式与规模的多样化也是校园景观所要满足的需求。

3. 正式教学需求

随着教育的发展，校园景观的正式教学需求不断显现，为学生户外动植物的观察、研究与体验提供条件。如各类户外探究课程在教学中不断被开发，且占据的比重提高。此外，当下越来越受到重视的相关劳动课程也成为校园景观所要承载的教育类型之一。2020年3月，中共中央国务院发布《关于全面加强新时代大中小学劳动教育的意见》，重点强调加强中小学劳动教育的建设，构建体现时代特征的劳动教育体系。在教学空间设计上，除了前文提及的"生活技能中心"之外，在室外设置相关劳动场地，塑造独特的田园景观成为未来校园景观设计的趋势。

4. 校园文化建设需求

校园文化因对学生的行为、精神、价值观的培养起到潜移默化的作用，是学校建设的一项重点工作，而校园景观常被作为校园文化建设的重要载体。但正如前文所述，校园文化建设往往与校园景观相脱节，大多是待校园建设完成后的后加文化并沦为形式化的口号，无法实现对学生行为的影响，需要新的设计策略予以应对。

当然，校园景观所固有的"美"的需求贯穿于其他所有需求中，培养学生的审美能力是教育赋予校园景观的重要使命。但如何做到"美"，以及"美"的标准则十分复杂且具有争议。本节则主要从功能方面作为切入点，同时兼顾"美"的需求。

7.4.3 功能模块设计研究

上述四大需求并没有明显的界限，很多设计策略具有共通性。但总的说来，以学生为中心、增强校园景观要素的可使用性和趣味性、促进学生与景观要素之间的互动是校园景观各功能模块设计的出发点。相比于建筑设计而言，校园景观无论在相关规范上还是在造价成本上都更加灵活，供设计师发挥的余地也更大。

1. 休息游戏功能模块设计

景观要素的趣味性是诱发游戏行为的关键。因此，作为学生的休息游戏场所，室外校园景观在设计上要遵循学生的生理与心理特点，增强吸引力（表7.4-3）。

休息游戏功能模块设计　　　　　　　　　　　　　　　　　　　表7.4-3

类型	分析图	学校案例		
植被设计		深圳南山外国语学校科华学校触手可及的乔木	深圳红岭实验小学供学生玩耍的自然草坡	深圳丽湖中学校园景观自然化设计
铺装设计		深圳红岭实验小学游戏化图案铺装	广州加拿大外籍子女学校运动图案铺装	深圳凤凰学校游戏化图案铺装

类型	分析图	学校案例		
景观小品设计		深圳凤凰学校可嬉戏的水池	深圳红岭实验小学小尺度门洞	广东越王小学多功能构筑物（游伟亮／摄）

在植被设计上，要为学生充分接触自然植被创造条件。与农村中小学校相比，弥补学生自然环境教育的缺失是城市中小学校园景观植被设计的主要出发点。要鼓励与诱发学生在自然中游戏，在游戏中学习相关生态知识。

在铺装设计上，要结合学生的心理与生理特点，注重趣味性与舒适性设计。趣味性设计包括采取供游戏的拼花图案，定义铺装的游戏功能；舒适性设计包括采取触感舒适的材质，如户外木、柔性塑胶等，并提供必要的遮阳措施。

在景观小品设计上，增强景观小品的可使用性，为学生的停留、独处、休息、游戏创造条件。

2. 非正式教学与交流功能模块设计

非正式教学功能主要应对各种教学形式与规模的活动，设计上采用座椅、大台阶、坡道、庭院等元素，满足不同规模的非正式活动需求。同时注重舒适性设计，如采取遮阳措施与舒适的面材，方便学生停留（表 7.4-4）。

非正式教学与交流功能模块设计　　　　　　　　　　　表 7.4-4

类型	分析图示	学校案例		
局部小空间（小规模活动）		深圳实验学校小学部木质垫面限制空间	北京四中房山校区坐凳	深圳华侨城中学高中部座椅
庭院（中等规模活动）		深圳南山外国语学校科华学校庭院	深圳南山外国语学校科华学校内院	上海德富路中学庭院

类型	分析图示	学校案例		
大台阶（大规模活动）		深圳红岭实验小学 大台阶	深圳贝赛思国际学校 大台阶	北京四中房山校区 大台阶

3. 正式教学功能模块设计

正式教学功能主要包括室外实验探究和劳动课程，如学校设计标准中通常要求的种植园、小动物饲养园、生物园地与小气象站等功能。在植被配置上，注重植物的多样性设计和自然化景观设计，丰富课程素材。为适应劳动课程的需求、丰富学生的生活体验，可结合景观为班级设置"农田"，在位置上包括地面农田与屋顶农田。这些农田供学生自行打理，以此观察植物生长，体验劳动过程。农田的类型也可根据当地地域特色设置旱地、水田、大棚等形式。需要说明的是，在屋顶农田设计上，应结合屋顶设备机房统筹考虑，以预留完整的屋顶空间，兼顾教学与安全性（表7.4-5）。

正式教学功能模块设计　　　　　　　　　　表 7.4-5

类型	分析图示	学校案例		
实验探究课程		深圳凤凰学校	深圳红岭实验小学（左图来源：何健翔 / 提供[①]）	
农田		深圳石岩学校（地面农田）	深圳红岭实验小学（屋顶农田）	北京四中房山校区（屋顶农田）

---

① 何健翔，蒋滢.走向新校园：高密度时代下的新校园建筑［R］.深圳：深圳市规划和自然资源局，2019.

4. 校园文化建设功能模块设计

校园文化是一所学校教育理念、办学特色、育人方针、地域文化等元素的集中体现。因此，校园文化具有极强的在地性，并非强加与模仿的文化。校园文化的设计首先要找到合适的"文化元素"载体，并在包括校园建筑、景观在内的校园各个方面均要有所体现。同样，在校园景观设计上，植被、铺装和景观小品设计都应紧密围绕文化元素，体现整体性。文化元素的选取来源于三个方面，分别为学校教育理念、地域文化与场地记忆。由于每所学校的教育理念差距较大，现从后两个方面，即社区历史文脉的延续和场地记忆的延续，论述校园景观在校园文化建设中的设计策略。

（1）社区历史文脉的延续

学校作为整个城市和社区环境的一部分，应能延续地方历史[①]。这一点对于具有悠久历史的老校园或处于历史社区内的学校来说更是如此。校园景观在设计时继承与发扬当地传统文化，各景观要素围绕特色的人文元素或建筑元素展开，增强学校特色。如江苏省溧阳市实验小学、江苏省泰州中学和北京市第三十五中学在校园景观设计时，均是从延续老校园文脉的角度赋予新校园以景观特质，形成各自特色的校园文化（表7.4-6）。

社区历史文脉的延续设计

表7.4-6

学校案例	溧阳市实验小学	江苏省泰州中学	北京市第三十五中学高中部
设计策略	学校前身是1781年创办的"平陵书院"，在新校区的设计中，校园空间延续老校园风格，景观设计上采用古典江南园林元素，形成江南水乡文化	学校前身是宋代"泰州学堂"，老校区内还存有纪念胡瑗的祠堂，文化气息浓厚。新校区设计延续校园底蕴，景观上采用"水院"主题，营造出传统书香韵味的校园文化	学校始建于1923年的京师私立志成中学，高中部位于北京新街口的八道湾胡同，用地内有鲁迅故居、诸多保护院落和古树需要保留。设计寻求古今交融、延续百年老校特质的设计思路，校园景观体现对历史的尊重
空间效果	（资料来源：浙江大学建筑设计研究院有限公司 / 提供）	（资料来源：华南理工大学建筑设计研究院有限公司 / 提供）	（资料来源：中国建筑设计研究院有限公司 / 提供）

（2）场地记忆的延续

对于缺乏特色地域历史元素的学校而言，可从保留原有场地记忆出发，将校园景观作为连接人与场地、人与人之间的感情纽带。如在设计时保留用地内的原有古树、农田或原有用

---

① 朱竞翔. The Third Educator［R］. 深圳：北京中外建建筑设计有限公司（深圳分公司），等，2019.

地属性，甚至是老旧的物品、建筑材料等，使原有场地痕迹在新校园景观中得以延续。对于当下旧校园更新改造案例，这一点更具意义。新校园内学生的家长很多也来自原有的旧校园，老校园的特色场地元素在新校园中的延续，成为人与人之间的感情纽带（表7.4-7）。

场地记忆的延续设计　　　　　　　　　　　　　　　　　　　表7.4-7

学校案例	北京四中房山校区	深圳南山外国语学校科华学校	深圳红岭实验小学
策略类型	保留原有用地的属性	保留原有用地内的乔木	将原有用地属性运用于设计中
设计策略	学校用地原为一处农田，新校园建设在建筑屋顶设置"农场"，延续场地记忆	学校用地原为深圳最大的城中村之一的"大涌"社区，用地内有一颗古树，设计将其保留，并以此作为一所庭院的焦点	学校用地原为一处山体：安托山，在社区中广为人知。因建设学校，该山体被铲平。学校将山体意向运用于建筑与景观的设计中，营造立体的景观特质，与原有山体相得益彰
空间效果			

笔者近几年所参与的相关实践对此方面也尤为重视。如深圳李松蓢学校、深圳石岩学校与深圳凤凰学校的设计均是老旧校园更新项目。原有校园存在的时间较长，内部已形成特色景观环境，如荔枝林、古树和具有象征含义的景观小品等。在新校园景观设计中，团队将这些有保留价值的原有场地元素进行标记，建筑规划时尽量避开这些元素，最大可能地实现原地、原封保留，实现新老校园记忆的延续（表7.4-8）。

笔者参与的相关校园景观设计案例　　　　　　　　　　　　　表7.4-8

学校案例	深圳李松蓢学校	深圳石岩学校	深圳凤凰学校
设计策略	原用地内东北角有一片荔枝林，设计在建筑布局时避开这片荔枝林，将其保留，并成为景观的主要元素，延续场地记忆	原有场地内东侧有一片荔枝林，设计将建筑布局在该处，避免因布置运动场而将荔枝林铲除，并尽量避开原有树木	原有场地内有多处古树与具有象征含义的景观小品。设计时将有价值的元素进行标记，做到原地保留，使原有记忆得以延续
分析图示			

资料来源：图片改绘自深圳大学建筑设计研究院有限公司 Z&Z STUD10 工作室提供图纸。

当然，校园文化的建设并非仅仅以继承传统已有的文化为唯一途径，还可以结合学校的教学理念创造新的文化。这一新的文化不是对传统文化简单地传承，而是人与人、人与教育、人与自然关系的解读，强调文化的创造性（贾倍思）。

7.4.4 功能模块空间整合：复杂化校园景观设计

由于校园景观本身就是一个综合性设计内容，涉及生物学、地理学与景观建筑学在内的诸多学科，因此在植物配置、地形设计与景观建筑学上应进行统筹考虑。同时，中小学校用地相对较少，尤其对于高密度环境下的城市中小学，除去建筑之外的景观面积越来越少。因此，在有限的空间内最大限度地满足教学的不同需求、注重景观的自然化设计是校园景观各功能模块整合设计所面临的主要问题。在"多样化与个性化"设计原则下，本书提出"复杂化校园景观"设计策略，以发挥用地的最大可能性，营造丰富、有趣味的校园景观。复杂化校园景观设计主要包含三个方面：校园景观要素形式的复杂化设计、景观路径的复杂化设计、景观空间层次的复杂化设计。

1. 景观要素形式的复杂化设计

改变传统设计中平整、拼凑填充的方式，丰富景观要素的表现形式，在有限的空间内提升景观要素的趣味性。如在深圳新沙小学的校园景观设计中，在校园两个庭院内设置了生态景观环境、入口山道、地面起伏的游戏"三角山丘"等六种不同形式，增强景观体验的丰富性。在深圳红岭实验小学设计中，地面层的景观元素更加小巧与多样，游戏区、草坡、大台阶、楼梯等元素环绕其间，将拥挤的用地发挥最大趣味性（表7.4-9）。

景观要素形式的复杂化设计　　　　　　　　　　表 7.4-9

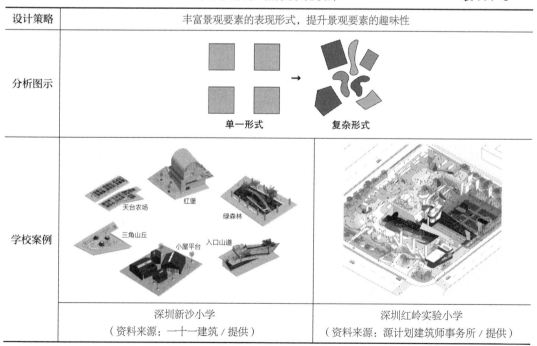

设计策略	丰富景观要素的表现形式，提升景观要素的趣味性	
分析图示	单一形式 → 复杂形式	
学校案例	天台农场　红堡　绿森林　三角山丘　小屋平台　入口山道	
	深圳新沙小学 （资料来源：一十一建筑／提供）	深圳红岭实验小学 （资料来源：源计划建筑师事务所／提供）

2. 景观路径的复杂化设计

改变传统单一的景观路径设计形式,各要素之间自由布置,通过地形的变化与构筑物的设置,丰富穿越路径的可能性,以此增添趣味性。同时,平面路径与空间路径相结合,与后文提及的空间层次复杂化共同形成层次立体的景观路径。

如笔者参与设计的北大附中三亚学校和深圳南山外国语学校科华学校,在校园景观处理上设置自由草坡、下沉广场等元素,使景观路径实现多样化(表7.4-10)。

景观路径的复杂化设计   表7.4-10

设计策略	采取微地形设计、构筑物布局等方式,将景观游览路径复杂化	
分析图示	单一路径　　　　复杂化路径	
学校案例		
	北大附中三亚学校	深圳南山外国语学校科华学校

3. 景观空间层次的复杂化设计

随着城市开发强度与教育质量的不断提升,中小学校用地日益紧缺与建设规模不断扩大之间的矛盾日益突出[①]。对于处于高密度城市或社区的中小学校,建筑覆盖率可以达到60%以上。如2019年的深圳红岭实验小学建筑覆盖率达61%,2020年的深圳新沙小学的覆盖率更是达到78%,这与传统中小学校30%建筑覆盖率相比提升了一倍以上。景观用地的紧缺使景观与建筑之间的界限逐渐模糊,景观朝向垂直发展,形成立体景观。

在设计上,很多建筑师常常在每层楼面设置垂直绿化,如在走廊外设置种植花槽,实现最直观的垂直景观。但由于这些景观往往在栏杆之外,更多的是具有视觉方面的作用。

在当下,校园景观应从增加学生与景观要素接触的机会角度予以考虑。主要的策略是在

---

① 苏笑悦,陶郅. 综合体式城市中小学校园设计策略研究 [J]. 南方建筑,2020(1):73-80.

不同标高层面增加多处第二地面（有研究称为次级地面[①]），以弥补景观用地的不足。并在空间上通过楼梯、台阶、坡道等形式，将不同标高层面的景观连为一体，塑造立体、整体的校园景观（表 7.4-11）。如前文提及的深圳红岭实验学校、深圳新沙小学、深圳荔湾小学与深圳南山外国语学校科华学校，均是由于建筑覆盖率过高导致景观用地紧缺，将景观元素从地面向地下与地上延伸，塑造立体的景观空间层次，有研究称之为"上天入地"[②]。

景观空间层次的复杂化设计　　　　　　　　　　　表 7.4-11

分析图示	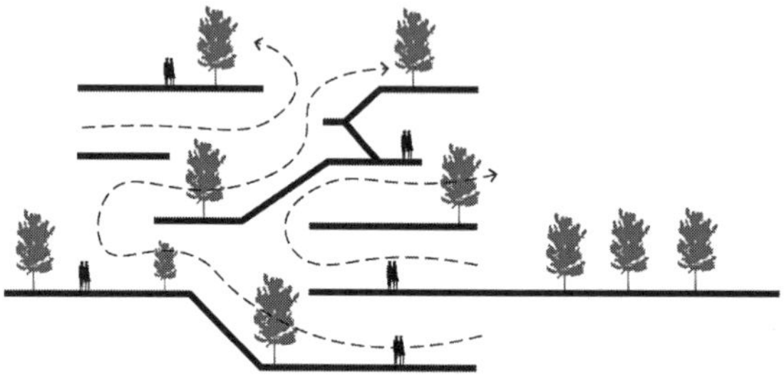			
学校案例	深圳红岭实验小学	深圳新沙小学	深圳荔湾小学	深圳南山外国语学校科华学校
设计策略	建筑覆盖率达 61%，设计上将景观元素与建筑相结合，运用地形高差关系将地面层景观向地下和地上延伸：地下设置架空层，用共享大台阶与一层联系；地上在每层拓宽的连廊内均设置植被景观；屋顶农场、连接不同层的钢连廊均增加景观元素，最大限度地弥补景观用地不足带来的影响	建筑覆盖率达到 78%，景观用地更加紧缺。设计在建筑每层均设置户外景观元素，以满足不同楼层的学生使用	将景观元素延伸到地下与建筑每层，加入丰富的景观元素，包括屋顶花园、垂直绿化等	利用场地高差，建筑采取错层处理，削弱拥挤感，创造低层景观特质
空间效果		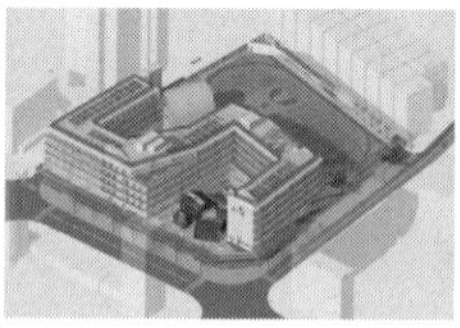 （资料来源：一十一建筑 / 提供）		

---

① 董春方. 高密度建筑学 [M]. 北京：中国建筑工业出版社，2012：162-163.

② 钟中，李嘉欣. "用地集约型"中小学建筑设计研究——以深圳近三年中小学方案为例 [J]. 住区，2019（6）：130-140.

笔者在近几年所参与的相关实践中也对此作了探讨。如在深圳太子湾国际学校、深圳南山外国语学校科华学校、深圳新合路学校三所学校的校园景观设计中，除了在首层设置景观要素之外，还将校园景观延伸至地下、地上楼面各层和屋顶，以此增加景观面积。并通过不同高度的景观楼梯、共享台阶、坡道等将各层景观连为整体，创造空间层次多样的校园景观环境（表7.4-12）。

笔者参与的相关校园景观设计案例 　　　　　　　　　表 7.4-12

学校案例	设计策略	分析图示
深圳太子湾国际学校	将校园景观延续到地下、地上楼面各层和屋顶，通过共享大台阶、室外楼梯等交通将各层景观连为一体，创造立体的景观环境	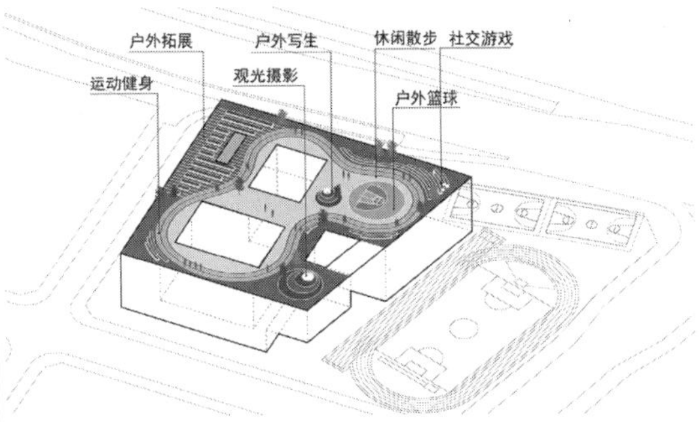
深圳南山外国语学校科华学校	除了在首层设置自然草坡等景观之外，将整个建筑二层设为共享景观第二地面，设置大台阶、坡道、楼梯等交通将地下、首层、二层景观连为一体	
深圳新合路学校	将景观从地面层延伸到二层和地下，通过坡道、楼梯等交通将各层景观连为一体	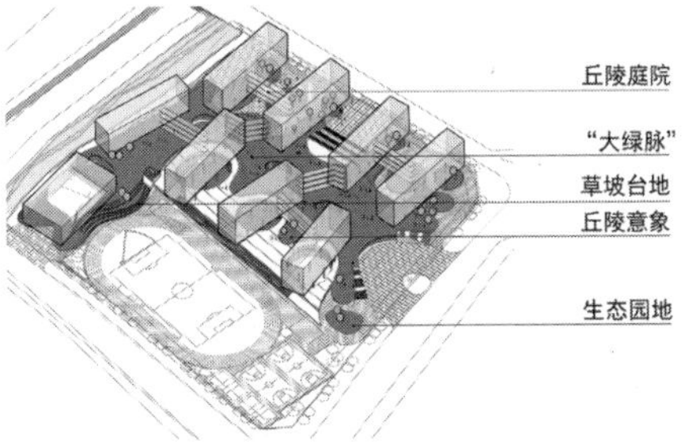

7.5 室外运动场地/设施

7.5.1 传统教学需求与设计：单一性与无趣性

传统的室外运动场地/设施在教学方面的需求主要有三个：体育课程授课教学与运动需求、比赛需求和大型集会/集散需求（表7.5-1）。在配置与设计标准上，室外运动场地/设施无论在尺寸、数量还是在布置朝向等方面都有详细且严格的要求，往往以正规的比赛场地指标作为设计依据，如标准的 250～400m 环形跑道、标准的篮球场等球类场地等。甚至在某城市的一段时期内，若学校的环形跑道长轴方向非南北向（偏转角度在 10°～20° 以内），该学校就无法申请重点学校。

传统室外运动场地 / 设施的教学需求与设计　　　　　　表 7.5-1

序号	教学需求	功能组成	平面示意	空间效果
1	体育课程授课教学、运动需求	以田径赛、球类运动为主的标准运动场地 / 设施		
2	比赛需求			
3	大型集会、集散需求			

室外运动场地 / 设施具有占地面积大、设计可干预程度低的特点。一方面，在我国中小学校设计中，作为必备的配置指标，满足相关规定要求的各类运动场地 / 设施往往可以占到总用地面积的 35%～50%，加之运动场地边缘与教学用房外窗之间的距离要求不小于 25m 的规定，对整个学校的教学空间设计影响极大。因此，在很多中小学校前期的规划设计中，最先开始的并不是布置建筑，而是先将室外运动场地 / 设施布置到合适的位置，以此决定建筑方案的总体布局。另一方面，室外运动场地 / 设施要求地面平整，有成品的标准做法，在设计时只需预留足够的用地面积，后期建设时使用成品即可，建筑师可发挥的余地不大。

在调研中笔者发现，室外运动场地 / 设施的上述两个特点在使用过程中出现如下问题。

1. 占地面积大但单位面积可服务人数少。以篮球场为例，一块标准的篮球场（含周边缓冲区域）占地 608m²（球场长、宽分别为 28m 与 15m，周边预留 2m 缓冲区），常规仅可供 10 人（不含裁判）使用，平均服务面积为 60.8m²/ 人，其他诸如足球场、排球场、网球场等运动场地与之类似。这些设施以男生使用为主，女生对球类运动设施使用频率较低。

2. 场地使用方式单一。球类运动场则以所属的球类运动为主，即便同一块场地内划分多类运动类型时，由于场地空旷无趣，师生的使用方式单一。

3. 人工场地气候适应性较差。这些场地地面平整、空旷，在地面材料上以人工制品为主（除跳远沙坑之外），如人造草皮、塑胶地面、硬质水泥地面、沥青地面等。尤其在烈日下，气味重、热浪大、气候适应性差，一天内可使用时段有限，以早上和傍晚为主，空间利用率较低。

7.5.2　新型教学需求与功能：多样性与趣味性

当下，除了教育变革的影响外，新生代学生的运动习惯发生了改变。同时，越来越多的教育者将游戏视为一种特殊而有效的运动方式。因此，教学对于室外运动场地 / 设施的需求在原有基础上增加了游戏需求，传统运动需求的类型变得更加丰富，以此诱发和鼓励学生的运动行为。

7.5.3 功能模块设计研究：游戏化与自然化

这四大需求中，体育课程授课教学功能、常规运动功能与比赛功能的设计策略与传统相比变化不大。现基于传统室外运动场地／设施在使用过程中出现的问题，主要针对游戏化功能的设计策略进行研究，包括运动场地／设施的种类、形式、场地地面材料设计三个方面。

在设计要素游戏化和自然化的设计原则下，室外运动场地／设施的设计应以诱发和鼓励学生的游戏行为、创造自然化的游戏场所为出发点，以此丰富室外运动场地／设施的使用方式与功能属性，满足包括运动在内的各类活动的开展需求，打造多样化的室外教学空间，提升室外运动场地／设施的利用率。与校园景观类似，随着设计策略的发展与用地的不断紧缺，室外运动场地／设施在设计上也常常结合建筑一起设计，屋顶球场、空中跑道等场地形式在很多中小学校案例中实现，打破传统的平面场地形式[①]。

1. 室外运动场地／设施的种类设计

中小学生因其本身具有极强的探索欲与游戏特质，即便是一个尺度适中的栏杆都能作为游戏的载体。因此在运动场地／设施的设计上，完全没必要选择高标准、高造价的类型，注重多样性比注重高标准更具使用意义，也更能应对实际需求。因此，在种类的设置上，应适应当下学生的运动需求，注重类型的多样性，以服务更多的学生。除了设置常规田径赛和球类运动场地之外，可积极设置新型的场地与设施类型，如攀岩墙、攀爬绳、滑板、蹦床等设施。

同时，在趣味性设计上，完全可以借鉴游乐场的游戏设施进行运动设施的设计。如近两年被国外很多中小学所采纳的绳索攀爬空间体系，其设施本身的多样性与使用方式的丰富性受到学生喜爱。此外，该设施将游戏与运动活动向空中拓展，极大提高单位面积内的服务人数。典型的如德国 Berliner 的攀爬运动与游戏设施，是运用结构钢材与绳索制成的三维空间网格结构设施。不仅设施类型可随意组合和拓展，还可提供多样化的使用方式，包括攀爬、平衡、跳跃等。同时，运动类型具有一定的挑战性和趣味性，满足学生的好奇心与探索欲。

2. 室外运动场地／设施的形式设计

（1）非标准场地

相比高校运动场地，中小学校无论在教学上还是使用上对于场地本身的专业性并没有那么严格。因此，在场地的设置上不必全部按照比赛的标准进行设计。半场篮球场地、自由形式的跑道均可满足使用要求，灵活的运动场尺寸不仅对场地更具适应性，其使用率也更高，尤其对于占地面积最大的田径场而言，此举无论在使用上还是设计上都更具现实意义。在《中小学校体育设施技术规程》JGJ/T 280—2012 中也说明：当场地受地形、地物限制，也可设计成其他形式跑道[②]。如在笔者参与设计的深圳太子湾国际学校中，除了在地面设置规定的标

---

① 日建·志贺·卫星都市　设计联合体. 福冈市立舞鹤小学校、舞鹤中学校[J]. 近代建筑，2014（7）：184-187.

② 中小学校体育设施技术规程：JGJ/T 280—2012［S］. 北京：中华人民共和国住房和城乡建设部，2012.

（a）效果图

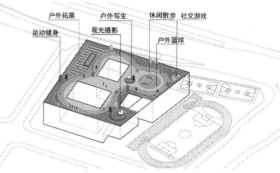
户外拓展　户外写生　休闲散步　社交游戏
运动健身　观光摄影　户外篮球
（b）分析图

图7.5-1　深圳太子湾国际学校屋顶运动场地/设施设计
资料来源：（a）华南理工大学建筑设计研究院有限公司陶郅工作室/提供。

准场地外，还在屋顶设置多样化的运动场地类型。屋顶运动场地均不是标准尺寸，完全根据实际尺寸情况进行针对性布置，不仅充分利用场地空间，也增添了运动设施的多样性与趣味性（图7.5-1）。

（2）与景观的结合

室外运动场地与校园景观在过去往往是两个独立的个体，分别形成运动区与景观区。但二者因具有相同的空间属性，可较好形成互补：景观为运动区提供良好的运动环境与趣味性，运动区则增添校园景观的气氛，形成学校内的"体育公园"。

在调研中也发现，运动区内树荫下往往聚集的学生更多。在设计中，一方面，在运动区内纳入景观元素。常见的设计策略是在运动场地旁边配置高大乔木，如在占地面积较小的篮球场等场地边植树，可较好提升场地的舒适性；对于占地面积更大的环形跑道运动区，还可在半圆区内植树，尽可能提升运动区的舒适性。另一方面，在景观环境中纳入运动元素，如根据地形设置自由灵活的跑道，以及各类运动设施结合校园景观一起考虑，实现运动区与景观的紧密结合，打造生态有氧运动区（表7.5-2）。

运动场地/设施与景观的结合设计　　　　　　　　　　表7.5-2

设计策略	结合校园景观设计，增添运动区的舒适性与趣味性
分析图示	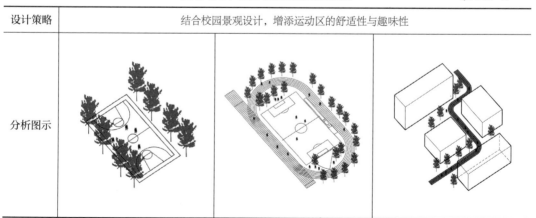

学校案例			
	广东实验中学初中部球场边植树	深圳实验学校小学部球场边植树	北大附中朝阳未来学校自由跑道（资料来源：Crossboundaries 事务所 / 提供）

（3）标高的设计

常见的室外运动场地 / 设施设置在地面层，如前文所述，这样就占据了学校的大部分用地，使建筑布局受到影响。在使用和设计过程中出现以下问题：第一，运动场地与建筑相脱离，学生从室内教学空间到室外运动场地的流线较远，尤其对于身处高楼层的学生而言，运动场地的可达性更弱；第二，对于高密度地区的城市中小学而言，此举与学校超高的容积率形成矛盾。为此，在室外运动场地标高设计时，可参考前文的立体校园景观设计策略，根据需要将室外运动场地 / 设施的标高作灵活处理，基于地面层进行提升或下沉，不仅可实现场地的复合利用，还可满足不同楼层学生的运动需求。

对于一些占地较小的运动场地，设计阻力较小，但对于占地面积更大的田径运动场则具有挑战性。在运动场的标高关系方面，朱涛在分析深圳"福田新校园行动计划——8+1 建筑联展"的各方案基础上，总结了运动场地标高设计的另外三种策略，包括抬升至中间楼层、抬升至屋顶层和下沉到地下[1]。这四种策略各有优缺点，在设计时可根据实际情况混合设置，增强室外运动场地的丰富性，达到场地利用与服务学生的平衡（表 7.5-3）。

运动场地的标高设计　　　　　　　表 7.5-3

标高关系	地面层	抬升至中间楼层	抬升至屋顶层	下沉到地下
分析图示				

①　朱涛. 边界内突围：深圳"福田新校园行动计划——8+1 建筑联展"的设计探索 [J]. 时代建筑，2020（2）：45-53.

优缺点	优点：共享性好，保留了场地的渗透性； 缺点：占地面积大，对高密度地区中小学校建筑布局影响较大；且学生从室内教学空间到运动场地的流线较远	优点：可达性好，运动场之下可设置其他功能，解放用地； 缺点：大面积的运动场地对场地之下功能的通风采光有影响	优点：极大地解放用地，使建筑与运动场地充分融合，建筑布局具有更多可能性； 缺点：可达性差，影响运动场之下功能的采光通风，同时失去了运动场地集散的作用	优点：优化地下部分功能场室的采光与通风； 缺点：土方量大，不利于场地排水

资料来源：根据朱涛.边界内突围：深圳"福田新校园行动计划——8+1建筑联展"的设计探索 [J]. 时代建筑，2020（2）：45-53. 整理和改绘。

3. 室外运动场地的地面材料设计

目前世界各国的中小学校室外运动场地的地面材料类型主要有七种，各类地面的特点与优缺点对比如下表[1]（表7.5-4）。

室外运动场地地面材料类型与优缺点对比　　　　　表7.5-4

序号	场地类型	构造做法	优点	缺点	学校案例
1	普通黄土场地	原始场地经器械压平轧实	①造价低，后期维护成本低； ②场地松软适中，对身体保护较好	①平整度差； ②渗水功能差，受阴雨天气影响较大； ③沙土土质容易扬尘	 深圳石岩学校
2	改良型黄土场地	表层土质掺入石灰、细砂，经搅拌、平整、轧实；此外，改良场地排水设施	具有类型1场地的一切优点，并改良了部分缺点	易扬尘	 日本同志社小学
3	水泥／沥青场地	水泥／沥青地面一次成型	①造价低，后期维护成本低； ②不受阴雨天气影响； ③平整度较好	①硬度太大，对身体损伤较大； ②热环境极差，尤其在湿热地区更加明显	 深圳德风小学

---

① 王富强. 几种常见室外运动场地的优缺点分析 [J]. 中国新技术新产品，2008（10）：185.

序号	场地类型	构造做法	优点	缺点	学校案例
4	聚氨酯塑胶场地	在水泥基层上铺设由聚氨酯材料和橡胶颗粒混合的面材	①平整度好，弹性好，耐磨；②不受天气影响；③不扬尘	①成本较高；②对身体有一定损伤；③在高温下气味重	 广州华南师范大学附属小学
5	聚氨酯塑胶跑道 + 人造草地	用聚氨酯塑胶材料铺设跑道，人造草地作为球类运动区。人造草地由纤维织物制成，间隙铺设石英砂，上层铺撒橡胶颗粒	①比类型 4 场地造价低，并具有其所有优点；②比较美观	①因有橡胶颗粒，对身体没有防护作用；②在高温下气味重	 北京四中房山校区
6	聚氨酯塑胶跑道 + 天然草地	用聚氨酯塑胶材料铺设跑道，天然草地作为球类运动区	①具有类型 5 场地类型的全部优点；②对身体保护性较好	①造价较高，后期维护程序繁杂且成本高；②不能经受大量人群长时间踩踏	 深圳荔湾小学
7	聚氨酯塑胶跑道 + 混合草地	用聚氨酯塑胶材料铺设跑道，天然草和人造草混种作为球类运动区（人造草占比10%~15%）	具有类型 5 和 6 场地的综合性优点，并改良了部分缺点		 云南嘉丽泽足球学校[①]

资料来源：根据王富强.几种常见室外运动场地的优缺点分析 [J]. 中国新技术新产品，2008（10）：185.和调研数据整理；图片除标注外，其余图片均由作者自摄。

随着经济的不断发展，在权衡舒适性与经济性的利弊后，城市中绝大多数中小学校室外运动场地材料类型采用全聚氨酯塑胶场地或聚氨酯塑胶跑道 + 人造草地两种全人工场地类型。这两种人工的场地虽适应性好、后期维护成本低，但在舒适性与使用的多样性方面并不理想。

室外运动场地作为室外教学环境的一部分，常占据着大部分用地面积，应向"自然化""生态化"发展，为学生提供更多自然化的游戏与运动环境。在调研中发现，相比其他类型的运动场地，自然地面的运动场地（包括黄土地面与天然草地）环境适应性更好，学生的使用频率更高，使用方式也更加丰富。因此，除跑道、各类球场为满足基本的运动需要可采

① 广州科缤体育产业有限公司官网：http://combigrass.b2bkk.com/.

用人工地面之外，占地面积更大的跑道内部运动区，可考虑采用改良型黄土地面或天然草地面。这些地面不仅具有良好的环境适应性、对学生身体的防护性，而且具有较好的雨水渗透性，被国内外很多学校所采用。如日本很多中小学校，其运动场地材料采用改良型黄土地，甚至是普通黄土场地，场地内部自然生长的植物与昆虫也成为学生的游戏和教学素材。除黄土与草地地面之外，其他自然地面类型还包括沙池、水池等，给予学生更多接触自然的机会，丰富场地使用方式，增添趣味性（表7.5-5）。

自然场地地面材料设计　　　　　　　　　　　　　　表7.5-5

黄土地	日本同志社小学	日本品川区立品川学园	日本立川市立第一小学校
沙地、水池	华东师范大学附属双语学校沙池	广州市天荣中学水池	日本青山学院中等部水池

7.6　本章小结

本章以适应教育变革的教学需求为基础，从教学空间要素层面，对组成教学空间"共享空间"要素的设计策略进行研究。在内容上分为室内开放空间、校园景观、室外运动场地/设施三个部分。

首先，在室内开放空间设计方面，基于新的教学需求对空间的定位、功能进行归纳，并在"辅助"与"互补"两种不同空间定位下，提出各功能模块的设计策略；随后，着重从"空间边界"方面，提出七种开放空间边界设计策略，对各功能模块进行整合，最终形成完整的室内开放空间。

其次，在校园景观与室外运动场地/设施方面，在设计要素游戏化与自然化的设计原则下，对两种不同的室外教学环境的空间定位、功能组成、功能模块设计与空间整合进行研究，提出适应性设计策略。

结论

　　我国地域辽阔，各地中小学教育发展水平差异较大，所面临的问题也不尽相同。从最基本的知识教育到面向未来的教育变革，这其中所包含的教育发展的各个阶段、各个层次几乎同时存在。而每个教育发展阶段对于教学空间的设计所提出的需求是不同的，解决问题的方法与策略也各有侧重。本书将研究的视角界定于教育发展的最新阶段：教育变革，聚焦在一线城市，研究中小学校教学空间设计的新方法与新策略，以此应对教学空间设计面临的新挑战。其成果作为我国整个中小学校教学空间设计研究系统的补充与拓展，为相关实践提供指导，也为其他教育变革和教学空间后进地区提供示范与参考。

　　在时代变迁的影响下，包括我国在内的世界各国中小学教育正处于剧烈的变革与转型期，探索适应新时代人才需求的中小学教育成为各国政府的首要工作。新的教育理念、教育形态与教学实践不断涌现，并对教学空间的设计提出新的挑战。设计问题的变化也应转变传统设计思维与习惯，为此，本书基于新的时代背景，确定了研究主题：适应教育变革的中小学校教学空间设计研究。强调教育因素在教学空间设计中的重要作用，提出以适应教育变革的教学需求作为教学空间设计的教育学基础与重要创新驱动，构建适应教育变革的中小学校教学空间设计理论框架与策略体系，并取得以下成果和结论。

主要成果与结论

　　1. 掌握我国教育变革与教学空间的理论与实践的发展历史、新型成果及发展趋势，深化对教育变革和教学空间发展与创新的规律性认识，发现二者之间的内在关联与作用机制，强调教育因素在教学空间设计中的重要作用

　　教育作为一项牵涉范围广、利益群体多的事业，其发展受到极其复杂因素的影响，政治、经济及教育本身的原理都成为影响教育发展

的因素。但同时，随着时代的变迁，培养符合时代需求的人才也成为中小学教育发展的共性。本书基于教育本质原理，以在教育实践层面对教学空间设计产生重要影响的课程设置与教学方式为切入点，对我国当代中小学教育变革与教学空间的理论与实践的发展历史、新型成果及发展趋势进行研究，深化对教育变革和教学空间发展与创新的规律性认识，发现二者之间的内在关联与作用机制。

（1）教育的发展依附于时代的发展，时代对人才的需求促进了教育的变革；

（2）教学空间的发展依附于教育的发展，教学空间的单方面进步或以教学空间的进步推动教育的发展被证明是极其困难的。教学空间的设计以教学需求为基础，并反过来影响教育，二者紧密相连，这也是评价教学空间设计合理与否的重要标准。

2. 以适应教育变革的教学需求为教学空间设计的教育学基础和重要创新驱动，构建适应教育变革的中小学校教学空间设计理论框架

该理论框架中，适应教育变革的教学需求是设计的教育学基础和重要创新驱动。为此，首先对适应教育变革的教学需求进行研究。立足国内，以一线城市为例，基于教育变革背景下既有的课程设置与教学方式实践新型成果调研，根据建筑设计研究的特点对教育学领域的教学方式进行适应性整合与归纳，将教育学要素转化为对设计具有切实指导作用的成果。首次运用整合理论，纳入影响教学方式分类的三个影响因素：参与主体、参与方式、参与规模，构建"教学方式整合模型"，将我国当下教育变革影响下的教学方式新型成果进行系统整合，并纳入四个不同的象限中，分别是：

（1）左上象限：以教师为中心的独立教学方式；

（2）左下象限：以教师为中心的协作教学方式；

（3）右上象限：以学生为中心的独立教学方式；

（4）右下象限：以学生为中心的协作教学方式。

随后，逐一对上述四个象限教学方式下的教学方式特点、教学行为与对教学空间的影响进行归纳，充实教学方式整合模型的内容，形成完整的教学需求集合。并以国内典型的四种教学方式的教学组织形式为例，包括行政班制、包班制、走班制、混班/混龄制，从教育实践角度，运用教学方式整合模型对每种教学组织下的教学需求进行分析，总结教育变革在实践中的教学需求共性与趋势，并得出以下结论。

（1）教育的变革不在于使教学方式从一个极端到另一极端，如完全消除"以教师为中心"的教学方式，而是对传统教育根据新的目标进行改良，达到四种教学方式新的均衡。行政班制、包班制、走班制、混班／混龄制四种教学组织形式中左侧象限"以教师为中心"的教学方式类型占比逐渐下降，右侧象限的"以学生为中心"的教学方式比重不断提升，学生的个性化需求受到重视。每种教学组织形式内部的教学方式类型也呈现类似规律。师生在教学中的定位发生变化，学生拥有更多的学习自主权，教学方式表现形式更加丰富。

（2）对教学空间的影响：丰富教学行为的开展促使教学空间朝向功能复合化、形式多样化发展，对传统教学空间的功能组成、空间结构、空间边界等方面提出挑战。

随后，提出以适应教育变革的教学需求作为教学空间设计的教育学基础与重要创新驱动，构建适应教育变革的中小学校教学空间设计理论框架。从理论基础、设计原则、设计程序与设计内容方面对传统教学空间的研究与设计进行适应性调整，使教学空间顺应教育新变革，应对教学空间设计新挑战。首先，纳入相关教育学理论和教学空间理论，包括"做中学"理论、建构主义理论、问题求解理论、情境认知与学习理论、学校城市理论、空间环境教育理论，为设计提供基本原理。其次，提出以"适应当下并面向未来的教学需求""促进教育的良性发展"的设计原则，为设计提供方向。再次，提出以教育机构、设计机构、政府管理机构（或代建机构）、施工机构、设备研发与供应机构的多方协同设计程序，使教学空间的设计更加理性与科学。最后，从教学空间框架、教学空间要素两个层面，分别对教学空间集、功能场室与共享空间在新的教学需求影响下的空间定位、功能组成进行梳理，形成研究框架。

3. 建立适应教育变革的中小学校教学空间设计策略体系，以需求定设计

从建筑师参与的角度，以适应教育变革的教学需求为设计的教育学基础，以国内外中小学校教学空间实践的新型成果调研和笔者所参与的相关设计实践为例，发挥自身优势，按照从宏观到微观的顺序，从教学空间框架、教学空间要素两个层面，分别对教学空间集、功能场室与共享空间的设计策略进行研究。注重与传统教学需求下研究和设计之间的差异，梳理教学空间的新功能、新定位、新场景与新形态。

（1）在教学空间框架层面上，对教学空间的基本单元教学空间集的设计进行研究。首先，对传统研究与设计中采取的"功能分区"单一设计策略进行改良，按照组成要素的相互位置关系、功能场室的功能类型与组成要素的空间边界关系三种分类方式，将教学空间集模式分为四个大类与在此之下的 24 个子类，以此构成完整的教学空间集模式集合，以适应不同学校的教学需求。随后，结合当下教育发展现状，以教学活动的主要发生场所普通教室作为基础功能要素的教学空间集类型为例，对教学空间集的相关指标进行研究，包括单位教学空间集内的学生人数与使用面积，给出建议性取值区间。最后，从空间布局角度，提出三种教学空间集组合方式：串联组合、围绕全校共享空间组合和空间立体互通组合，最终形成完整的教学空间框架。24 种教学空间集模式、三种组合方式为不同教学需求提供了全面且丰富的教学空间框架类型，有助于解决"千校一面"的设计瓶颈。

（2）在教学空间要素层面上，对功能场室和共享空间（其中共享空间分为室内开放空间、校园景观与室外运动场地／设施）的设计策略进行研究。基于适应教育变革的教学需求，按照"发现问题—分析问题—解决问题—形成策略"的顺序，对各空间要素的平面布置、指标研究、边界设计、教具设计、标识设计、材料设计等方面进行研究，梳理各教学空间要素的新功能、新定位、新场景与新形态，为新时期教育变革背景下，当下及未来的教学空间设计实践提供指导。

最后，笔者运用本书的成果与结论，进行了一次"真题模拟"。选取笔者于 2014 年曾参与的工程实践：深圳市海湾中学，为之假定教育变革新形态，总结新的教学需求，以此为基础重新设计教学空间，尝试对我国未来中小学校教学空间形态的可能性进行模拟。

深圳市海湾中学位于广东省深圳市，为一所 36 班的初中。原有学校是一所普通中学，具有行政班、以教师为中心的灌输式教育等传统教育特征。现假定该学校发生教育变革，采取"混班／混龄"的教学组织，提倡学生之间、师生之间的互动，实行"学生主体，教师主导"的教学模式，注重"以学生为中心"的教学方式，采取跨学科、跨班级教学。以此为基础，笔者运用本书关于教学空间集、功能场室与共享空间等部分设计策略成果，模拟的教学空间如后图所示。

未来学校：适应教育变革的中小学校教学空间设计

参考文献

1. 学术著作

［1］BRYNJOLFSSON E, MCAFEE A.Race Against The Machine: How the Digital Revolution is Accelerating Innovation, Driving Productivity, and Irreversibly Transforming Employment and the Economy［M］. Lexington: Digital Frontier Press, 2011.

［2］WESTWOOD P. What Teachers Need to Know About Teaching Methods［M］. Camberwell: ACER Press, 2008.

［3］TANNER C K, LACKNEY J A. Educational Facilities Planning: Leadership, Architecture, and Management［M］. Boston: Pearson Allyn and Bacon, 2006: 5.

［4］JOSEPH D S. School (house) Design and Curriculum in Nineteenth Century America: Historical and Theoretical Frameworks［M］. Berlin: Springer International Publishing, 2018: 34, 57, 168, 184.

［5］WILLIS G, SCHUBERT W H, et al. The American Curriculum: A Documentary History［M］. Westport, CT: Greenwood Press, 1993.

［6］BOBBITT J F. The Curriculum［M］. Boston: Houghton Mifflin, 1918.

［7］BOBBITT J F. How to Make a Curriculum［M］. Boston: Houghton Mifflin, 1924.

［8］WALDEN R. Schools for the Future: Design Proposals from Architectural Psychology［M］. Berlin: Springer International Publishing, 2015: 33-34.

［9］Rebel Rebel-The Juanita System［EB/OL］. (2013-12-31)［2020-01-09］. http://www.moderatebutpassionate.com/2013/12/rebel-rebel-juanita-system.html.

［10］BARTH R S. Open Education and the American School［M］. New York: Agathon, 1972.

［11］ATTEWELL J. BYOD-Bring Your Own Device: A guide for school leaders［M］. Belgium: European Schoolnet, 2015.

［12］ROBINSON S K, ARONICA L. Creative Schools: The Grassroots Revolution That's Transforming Education［M］. London: Penguin Books, 2016.

［13］DINTERSMITH T.What School Could Be: Insights and Inspiration from Teachers Across America［M］. Princeton : Princeton University Press, 2018.

［14］PERKINS D. Future Wise: Educating Our Children for a Changing World［M］. San Francisco: Jossey-Bass, 2014.

［15］CHRISTENSEN C M, HORN M B, JOHNSON C W. Disrupting Class, Expanded Edition: How Disruptive Innovation Will Change the Way the World Learns［M］. NewYork: McGraw-Hill Education, 2016.

［16］GEORGE P S, William Alexander. The exemplary middle school［M］. 3rd ed. Belmont: Wadsworth Publishing, 2002.

［17］JONASSEN D H. Learning to Solve Problems: A Handbook for Designing Problem-solving Learning Environments［M］. Abingdon: Routledge, 2011.

［18］GREGORY G H. Teacher as Activator of Learning［M］. Thousand Oaks: Corwin, 2016.

［19］MCCLINTOCK J, MCCLINTOCK R.. Henry Barnard's School Architecture［M］. New York: Teachers College Press, 1970.

［20］HARWOOD E.England's Schools: History, architecture and adaptation［M］. England : Historic England, 2010: 17/38.

［21］BRIGGS W R. Modern American School Buildings: Being a Treatise Upon, and Designs For, the Construction of School Buildings［M］. NewYork: J. Wiley & Sons, 1899.

［22］HAMLIN A D F. Modern School Houses［M］. NewYork: TheSwetland Publishing Co., 1910.

［23］MILLS W T. American School Building Standards［M］. Columbus: Franklin Educational Pub. Co., 1915.

［24］CASTALDI B.Creative Planning of Educational Facilities［M］. Chicago, IL: Rand McNally & Co., 1969.

［25］RICHARD F. NCSC Guide for Planning School Plants［M］. U.S.: NCSC, 1964.

［26］BRUBAKER C W, BORDWELL R, CHRISTOPHER G.Planning and designing schools［M］. NewYork: McGraw-Hill Professional, 1997.

［27］FORD A. Designing the Sustainable School［M］. Melbourne: The Images Publishing Group Pty Ltd, 2007.

［28］GELFAND L, FREED E C. Sustainable School Architecture: Design for Elementary and Secondary Schools［M］. Hoboken: John Wiley & Sons, 2010.

［29］Gensler Monograph Series. Design for Education［M］. San Francisco: Gensler, 2010.

［30］NAIR P, FIELDING R, LACKNEY J. The Language of School Design: Design Patterns for 21st Century Schools［M］. 3rd ed. Designshare, Inc., 2009.

［31］NAIR P. Blueprint for Tomorrow: Redesigning Schools for Student-Centered Learning［M］. Cambridge: Harvard Education Press, 2014.

［32］HILLE T. Modern Schools: A Century of Design for Education［M］. Hoboken: John Wiley & Sons, 2011.

［33］CARTER D L, SEBACH G L, WHITE M E. White What's in Your Space?: 5 Steps for Better School and Classroom Design［M］. Sauzendaux : Corwin Press, 2016.

［34］DILLON R W, GILPIN B D, JULIANI A J, et al. Redesigning Learning Spaces［M］. Sauzendaux: Corwin Press, 2016.

［35］KRAMER S. Schools – Educational Spaces［M］. Switzerland: Braun Publishing, 2009.

［36］KRAMER S. Building to Educate: School Architecture & Design［M］. Switzerland: Braun

Publishing，2018.

［37］MEUSER N. School Buildings：Construction and Design Manual［M］. Berlin：DOM Publishers，2014.

［38］MIRCHANDANI N，WRIGHT S . Future Schools：Innovative Design for Existing and New Buildings［M］. London：RIBA Publishing，2015.

［39］HUDSON M，WHITE T. Planning Learning Spaces：A Practical Guide for Architects，Designers and School Leaders［M］. London：Laurence King Publishing，2019.

［40］WOOLNER P. The Design of Learning Spaces［M］. London：A&C Black，2010.

［41］WOOLNER P. School Design Together［M］. Abingdon：Routledge，2014.

［42］BOSCH R. Designing for a Better World Starts at School［M］. Copenhagen ：Rosan Bosch Studio，2018.

［43］GRAVES B E. School Ways：The Planning and Design of America's Schools［M］. NewYork：McGraw-Hill Companies，1992.

［44］KLIEBARD H M.The Struggle for the American Curriculum，1893-1958［M］. New York：Routledge，2004：11.

［45］LOAN D. How-to-do guide to Problem-Based Learning［M］. UK：University of Manchester，2004.5.

［46］MARTINEZ S L，STAGER G S. Invent To Learn：Making，Tinkering，and Engineering the Classroom［M］. Torrance：Constructing Modern Knowledge Press，2013.

［47］WHITEHEAD A N. The Aims of Education［M］. New York：Simon and Schuster，1967.

［48］RESNICK L B. Education and Learning to Think［M］. Washington，D.C.：The National Academies Press，1987.

［49］JONASSEN D H，LAND S. Theoretical Foundations of Learning Environments［M］. Abingdon-on-Thames：Routledge，1999：65.

［50］WILBER K.Sex，Ecology，Spirituality. The Spirit of Evolution［M］. Boston&London：Shambhala，1995.

［51］MCMULLAN B J，SIPE C L，WOLF W C.Charters and student achievement：Early evidence from school restructuring in Philadelphia［M］. BalaCynwyd，PA：Center for Assessment and Policy Development，1994.

［52］RADCLIFFE D，WILSON H，POWELL D，etal.Learning Space in Higher Education：Positive Outcomes by Design［M］. Brisbane：The University of Queensland，2009：13.

［53］TAPSCOTT D. Grown Up Digital：How the Net Generation Is Changing Your World［M］. New York：McGraw-Hill Education-Europe，2008.

［54］HAVELOCK R G .The Change Agent's Guide to Innovation in Education［M］. New Jersey ：Educational Technology Publications，1973：4.

［55］IMMS W，CLEVELAND B，FISHER K.Evaluating Learning Environments：Snapshots of Emerging Issues，Methods and Knowledge［M］. Rotterdam ：Sense Publishers，2016：73.

［56］TATNALL A，DAVEY B.Reflections on the History of Computers in Education：Early Use of Computers and Teaching about Computing in Schools［M］. Berlin：Springer，2014.

［57］LACKNEY J A. Educational Facilities：The Impact and Role of the Physical Environment of the School on Teaching，Learning and Educational Outcomes［M］. Milwaukee：Center for Architecture and Urban Planning Research Books，1994：1.

［58］OBLINGER D G.Learning Spaces［M］. Washington，DC：EDUCAUSE，2006：6.2.

［59］BANNISTER D.Guidelines on Exploring and Adapting：LEARNING SPACES IN SCHOOLS［M］. Brussels：European Schoolnet，2017：4.

［60］横滨國立大学现代教育研究所. 中教审与教育改革［M］. 東京：三一书房，1973：288.

［61］建築思潮研究所. 学校：小学校・中学校・高等学校（建築設計資料）［M］. 東京：建築資料研究社，1987.

［62］建築思潮研究所. 学校2：小学校・中学校・高等学校（建築設計資料）［M］. 東京：建築資料研究社，1998.

［63］建築思潮研究所. 学校3：小学校・中学校・高等学校（建築設計資料）［M］. 東京：建築資料研究社，2006.

［64］日本建築学会. 幼稚園・小学校：子供の空間［M］. 東京：彰国社，1993.

［65］上野淳. 未来の学校建築：教育改革をささえる空間づくり［M］. 東京：岩波書店，1999.

［66］柳沢要，上野淳，鈴木賢一. アメリカの学校建築［M］. 東京：ボイックス，2004.

［67］上野淳. 学校建築ルネサンス［M］. 東京：鹿島出版会，2008.

［68］長澤悟，中村勉. スクール・リボリューション：個性を育む学校（建築デザインワークブック）［M］. 東京：彰国社，2001.

［69］東京自治研究センター，学校施設研究会. 現代学校建築集成：安全・快適な学校づくり［M］. 東京：学事出版，2008.

［70］板橋区・板橋区教育委員会. 板橋教育改革：新しい学校はこうしてつくる［M］. 東京：フリックスタジオ，2017.

［71］板橋区新しい学校づくり研究会. 新しい学校づくり、はじめました。教科センター方式を導入した、東京都板橋区立赤塚第二中学校の学校改築ドキュメント［M］. 東京：フリックスタジオ，2014.

［72］日本建築學會. オーラルヒストリーで読む戦後学校建築：いかにして学校は計画されてきたか［M］. 東京：学事出版，2017.

［73］文部科学省. 小学习指导要领综合学习时间编［M］. 東京：東洋館出版社，2008.

［74］日本建築學會. コンパクト建築設計資料集成［M］. 3rd. 東京：丸善出版，2019.

［75］克里斯・安德森. 创客：新工业革命［M］. 萧潇，译. 北京：中信出版社，2012：9-23.

［76］余慧娟. 大象之舞——中国课改：一个教育记者的思想笔记［M］. 北京：教育科学出版社，2016：2.

［77］朱永新. 未来学校：重新定义教育［M］. 北京：中信出版社，2019：2/5-6.

［78］江立敏，刘灵，等. 新时代基础教育建筑设计导则［M］. 北京：中国建筑工业出版社，2019.

［79］刘可钦，等. 大家三小：一所学校的变革与超越［M］. 北京：中国人民大学出版社，2019：26/78-79/84.

［80］约翰・杜威. 民主・经验・教育［M］. 彭正梅，译. 上海：上海人民出版社，2009：278.

［81］吕达，周满生. 当代外国教育改革著名文献（德国、法国卷）［M］. 北京：人民教育出版社，2004：4/253-259.

［82］国家教育发展研究中心. 发达国家教育改革的动向和趋势［M］. 北京：人民教育出版社，2004.

［83］李秉德. 教学论［M］. 北京：人民教育出版社，1991.

［84］田慧生. 教学环境论［M］. 江西：江西教育出版社，1996.

［85］戴维·H·乔纳森. 学习环境的理论基础［M］. 郑太年，任友群，译. 上海：华东师范大学出版社，2002：序.

［86］林崇德. 21世纪学生发展核心素养研究［M］. 北京：北京师范大学出版社，2016.

［87］让-米歇尔·布朗盖. 未来学校：基础教育革新建议［M］. 刘敏，张自然，译. 北京：教育科学出版社，2018.

［88］迈克尔·B.霍恩，希瑟·斯特克. 混合式学习：用颠覆式创新推动教育革命［M］. 聂凤华，徐铁英，译. 北京：机械工业出版社，2015.

［89］杨剑飞. "互联网＋教育"新学习革命［M］. 北京：知识产权出版社，2016.

［90］杨现民，田雪松. 互联网＋教育：中国基础教育大数据［M］. 北京：电子工业出版社，2016.

［91］杨现民，王娟，魏雪峰. 互联网＋教育：学习资源建设与发展［M］. 北京：电子工业出版社，2017.

［92］于鹏，陈三军，倪小伟，等. 互联网＋教育：云智能教育探索［M］. 北京：电子工业出版社，2017.

［93］余胜泉. 互联网＋教育：未来学校［M］. 北京：电子工业出版社，2019.

［94］张治. 走进学校3.0时代［M］. 上海：上海教育出版社，2018.

［95］钟启泉. 课堂转型［M］. 上海：华东师范大学出版社，2018.

［96］娄华英. 跨界学习：学校课程变革的新取向［M］. 上海：华东师范大学出版社，2018.

［97］C.威廉姆·布鲁贝克，雷蒙德·鲍德维尔，格雷尔·克里斯朵夫. 学校规划设计［M］. 邢雪莹，张玉丹，张玉玲，译. 北京：中国电力出版社，2006：3，20-22.

［98］美国建筑师协会. 学校建筑设计指南［M］. 周玉鹏，译. 北京：中国建筑工业出版社，2007：143.

［99］张宗尧，闵玉林. 中小学校建筑设计［M］. 北京：中国建筑工业出版社，1987.

［100］张宗尧，赵秀兰. 托幼、中小学校建筑设计手册［M］. 北京：中国建筑工业出版社，1999.

［101］罗伯特·鲍威尔. 学校建筑——新一代校园［M］. 翁鸿珍，译. 天津：天津大学出版社，2002.

［102］长泽悟，中村勉. 国外建筑设计详图图集10：教育设施［M］. 北京：中国建筑工业出版社，2004.

［103］日本建筑学会. 建筑设计资料集成：教育·图书篇［M］. 天津：天津大学出版社，2007.

［104］陈晋略. 教育建筑［M］. 沈阳：辽宁科学技术出版社，2002.

［105］迈克尔·J.克罗斯比. 北美中小学建筑［M］. 卢昀伟，译. 大连：大连理工大学出版社，2004.

［106］埃里诺·柯蒂斯. 学校建筑［M］. 卢昀伟，赵欣，译. 大连：大连理工大学出版社，2005.

［107］汤志民. 台湾的学校建筑［M］. 台北：五南图书出版股份有限公司，2006.

［108］汤志民. 学校建筑与校园规划［M］. 台北：五南图书出版股份有限公司，2006.

［109］邵兴江. 学校建筑：教育意蕴与文化价值［M］. 北京：教育科学出版社，2012.

［110］汤志民. 校园规划新论［M］. 台北：五南图书出版股份有限公司，2014.

［111］刘厚萍. 中小学学校空间变革研究［M］. 上海：华东师范大学，2019.

［112］江海滨. 中国现代建筑集成Ⅱ：教育建筑［M］. 天津：天津大学出版社，2011.

［113］徐宾宾. 学校印象［M］. 南京：江苏人民出版社，2011.

［114］凤凰空间·北京. 成长空间：世界当代中小学建筑设计［M］. 南京：江苏人民出版社，2012.

［115］高迪国际出版有限公司. 中小学建筑［M］. 何心，译. 大连：大连理工大学出版社，2012.

［116］佳图文化. 建筑设计手册：学校建筑［M］. 天津：天津大学出版社，2013.

［117］曾江河. 当代世界建筑集成：教育建筑［M］. 天津：天津大学出版社，2013.

［118］殷倩. 中小学校建筑设计［M］. 沈阳：辽宁科学技术出版社，2013.

［119］覃力. 中国建筑当代大系［M］. 沈阳：辽宁科学技术出版社，2013.

［120］韩国C3出版公社，编. C3建筑立场系列丛书（NO.40）：苏醒的儿童空间［M］. 刘懋琼，王晓华，曹麟，等，译. 大连：大连理工大学出版社，2014.

［121］米祥友. 新时代中小学建筑设计案例与评析：第一卷［M］. 北京：中国建筑工业出版社，2018.

［122］米祥友. 新时代中小学建筑设计案例与评析：第二卷［M］. 北京：中国建筑工业出版社，2019.

［123］中国建筑学会，《建筑学报》杂志社. 中国建筑设计作品选：2017-2019［M］. 上海：上海人民出版社，2020.

［124］汉诺－沃尔特·克鲁夫特. 建筑理论史——从维特鲁威到现在［M］. 王祥贵，译. 北京：中国建筑工业出版社，2005：319.

［125］张晟，王丹. 美国社会的公共政策［M］. 2版. 成都：西南财经大学出版社，2018：90.

［126］冯生尧. 课程改革：世界与中国［M］. 广州：广东教育出版社，2004：304.

［127］吕达，周满生. 当代外国教育改革著名文献：英国卷 第一册［M］. 北京：人民教育出版社，2004：187-188.

［128］汪霞. 国外中小学课程演进［M］. 济南：山东教育出版社，2000：575.

［129］殷智贤. 设计的修养［M］. 北京：中信出版集团，2019：132.

［130］董春方. 高密度建筑学［M］. 北京：中国建筑工业出版社，2012：162-163.

［131］扬·盖尔. 交往与空间［M］. 4版. 何人可，译. 北京：中国建筑工业出版社，2014：195.

［132］约翰·I.古德莱得. 一个称作学校的地方［M］. 苏智欣，胡玲，陈建华，译. 上海：华东师范大学出版社，2006：409.

［133］赵中建. 质量为本——美国基础教育热点问题研究［M］. 合肥：安徽教育出版社，2010：69.

［134］赵国忠，李添龙. 构建学校规范化管理的方法［M］. 合肥：安徽人民出版社，2012.

［135］水原克敏. 现代日本教育课程改革［M］. 方明生，译. 北京：教育科学出版社，2005.

［136］程晋宽. "教育革命"的历史考察：1966-1976［M］. 福州：福建教育出版社，2001：363.

［137］《中国教育年鉴》编辑部. 中国教育年鉴：1949-1981［M］. 北京：中国大百科全书出版社，1984：736-737.

［138］韦恩·K.霍伊，塞西尔·G.米斯克尔. 教育管理学：理论·研究·实践（第7版）［M］. 范国睿，译. 北京：教育科学出版社，2007.

［139］赵中建. 创新引领世界——美国创新和竞争力战略［M］. 上海：华东师范大学出版社，2007：34.

［140］夸美纽斯. 大教学论［M］. 傅任敢，译. 北京：教育科学出版社，1999：35.

［141］王晨，刘男. 互联网＋教育：移动互联网时代的教育大变革［M］. 北京：中国经济出版社，2015.

［142］王磊，周冀. 无边界：互联网＋教育［M］. 北京：中信出版集团，2015.

［143］巴克教育研究所. 项目学习教师指南［M］. 任伟，译. 北京：教育科学出版社，2008.

［144］李希贵. 面向个体的教育［M］. 北京：教育科学出版社，2014：10.

［145］罗伯特·B.塔利斯. 杜威［M］. 彭国华，译. 北京：中华书局，2002：62.

[146] 约翰·杜威. 哲学的改造［M］. 许崇清，译. 北京：商务印书馆，1958：63-64.

[147] 约翰·杜威. 民主主义与教育［M］. 王承绪，译. 北京：人民教育出版社，2005：166.

[148] 赵祥麟，王承绪. 杜威教育论著选［M］. 上海：华东师范大学出版社，1981：32，86.

[149] 约翰·杜威. 杜威五大演讲［M］. 胡适，译. 合肥：安徽教育出版社，1999：137-138.

[150] 吉恩·皮亚杰. 发生认识论［M］. 范祖珠，译. 北京：商务印书馆，1990.

[151] SANAA建筑事务所等. C3建筑立场系列丛书（NO.89）：学习中的城市［M］. 贾子光，段梦桃，译. 大连：大连理工大学出版社，2019：126-131.

[152] 张佳晶. 谈点建筑好不好［M］. 北京：清华大学出版社，2014.

[153] 柯林·罗，罗伯特·斯拉茨基. 透明性［M］. 金秋野，王又佳，译. 北京：中国建筑工业出版社，2008.

2. 期刊文献

[1] AUTOR D H, DORN D.The Growth of Low-Skill Service Jobs and the Polarization of the US Labor Market［J］. American Economic Review 2013, 103（5）：1553-1597.

[2] VOOGT J, ROBLIN N P. A comparative analysis of international frameworks for 21st century competences：Implications for national curriculum policies［J］. Journal of Curriculum Studies, 2012（3）：299-321.

[3] GOLDRING E, SMREKAR C. Magnet Schools and the Pursuit of Racial Balance［J］. Education and Urban Society, 2000（11）：17-35.

[4] BOBBITT J F. The Elimination of Waste in Education［J］. The Elementary School Teacher, 1912（12）：259-271.

[5] ACEMOGLU D. Technical Change, Inequality, and the Labor Market［J］. Journal of Economic Literature, 2002（1）：7-72.

[6] ACEMOGLU D. Labor- and capital-augmenting technical change［J］. Journal of the European Economic Association, 2003（1）：1-37.

[7] HOLY T C. Needed Research in the Field of School Buildings and Equipment［J］. Review of Educational Research, 1935, 5（4）：406-411.

[8] HAMON R L. Needed Research in the School-Plant Field［J］. Review of Educational Research, 1948, 18（1）：5-12.

[9] LUCE H R. Schools［J］. Architectural Forum, 1949, 91（4）.

[10] LUNDGREN U P.Political Governing and Curriculum Change-From Active to Reactive Curriculum Reforms：The need for a reorientation of Curriculum Theory［J］. International Conversations on Curriculum Studies, 2009（1）：109-122.

[11] Architecture Record. Record's Top 125 Buildings［J］. Architecture Record, 2016（9）：102-118.

[12] LYN D. STEM education K-12：Perspectives on integration［J］. International Journal of STEM Education, 2016(3)：3-11.

[13] CARTER M.Making Your Environment "The Third Teacher"［J］. Exchange, 2007（8）：22-26.

[14] DOVEY K, Fisher K. Designing for adaptation: the school as socio-spatial assemblage [J]. The Journal of Architecture, 2014, 19 (1): 43-63.

[15] SHIELD B M, CONETTA R, DOCKRELL J, et al. A survey of acoustic conditions and noise levels in secondary school classrooms in England [J]. The Journal of the Acoustical Society of America, 2015, 137 (1): 177-188.

[16] WILBER K. An Integral Theory Of Consciousness [J]. Journal of Consciousness Studies, 1997, 4(1): 71-92.

[17] BUCHANAN P. The big rethink Part3: Integral Theory [J]. The Architectural Review, 2012.

[18] LEE V E, SMITH J B. Effects of high school restructuring and size on early gains in achievement and engagement [J]. Sociology of Education, 1995, 68 (4): 241-270.

[19] PERKINS J. Enabling 21st century learning spaces : practical interpretations of the MCEETYA Learning Spaces Framework at Bounty Boulevard State School, Queensland, Australia [J]. QUICK, 2010: 3-8.

[20] DYCK J A. The case for the L-shaped classroom: Does the shape of a classroom affect the quality of the learning that goes inside it? [J]. Principle, 1994: 41-45.

[21] PATRICK D R, FINDON G, MILLER T E. Residual moisture determines the level of touch-contact-associated bacterial transfer following hand washing [J]. Epidemiology and infection, 1997, 119 (3): 319-325.

[22] MUTTERS R, WARNES S L. The method used to dry washed hands affects the number and type of transient and residential bacteria remaining on the skin [J]. The Journal of hospital infection, 2019, 101 (4): 408-413.

[23] KARIIPPANON K E, CLIFF D P, LANCASTER S J, et al.Flexible learning spaces facilitate interaction, collaboration and behavioural engagement in secondary school [J]. PLOS ONE, 2019, 14 (10): 1-13.

[24] 日建·志贺·卫星都市 设计联合体. 福冈市立舞鹤小学校、舞鹤中学校 [J]. 近代建筑, 2014 (7): 184-187.

[25] 梁国立. 什么是 3.0 的学校 [J]. 中国教师, 2016 (14): 15-19.

[26] 林崇德. 中国学生核心素养研究 [J]. 心理与行为研究, 2017: 145-154.

[27] 核心素养研究课题组. 中国学生发展核心素养 [J]. 中国教育学刊, 2016 (10): 1-3.

[28] 师曼, 刘晟, 刘霞, 等. 21 世纪核心素养的框架及要素研究 [J]. 华东师范大学学报 (教育科学版), 2016(3): 29-37+115.

[29] 周镭, 赵瑛瑛. 主要国家 (地区) 及国际组织学生发展核心素养比较及对我国的启示 [J]. 北京教育学院学报, 2019(2): 21-26.

[30] 张华. 论核心素养的内涵 [J]. 全球教育展望, 2016(4): 10-24.

[31] 郑玉飞. 改革开放 40 年三级课程管理概念的演化及发展 [J]. 教育科学研究, 2019 (5): 54-59+65.

[32] 陈桂生. 何谓 "校本课程"? [J]. 河北师范大学学报 (教育科学版), 1999 (4): 57-59+105.

[33] 许洁英. 国家课程、地方课程和校本课程的含义、目的及地位 [J]. 教育研究, 2005 (8): 32-35+57.

[34] 刘庆昌. "校本课程"新释[J]. 教育科学研究, 2018 (12): 1.

[35] 郭元祥. 课程观的转向[J]. 课程. 教材. 教法, 2001 (6): 11-16.

[36] 温恒福. 论教学方式的改变[J]. 中国教育学刊, 2002 (6): 45-48.

[37] 钟启泉. 教学方法: 概念的诠释[J]. 教育研究, 2017 (1): 95-105.

[38] 和学新. 教学策略的概念、结构及其运用[J]. 教育研究, 2000 (12): 54-58.

[39] 楚旋. 30年来国外学校改进研究述评[J]. 现代教育管理, 2009 (12): 97-100.

[40] 王迎君. 试论战后日本教育体制改革的基本特征[J]. 日本研究, 2002 (2): 92-96.

[41] 白彦茹. 论英国中小学课程改革与发展[J]. 外国教育研究, 2004 (3): 18-21.

[42] 詹纳里·米勒. 脑研究已冲击教育政策[J]. 蒋志峰, 译. 世界教育信息, 2003 (10): 33-36.

[43] 张钦仪. 国外学校建筑简介[J]. 建筑学报, 1964 (4): 38-39.

[44] 朱晓琳. 规范解读: 中小学校设计规范修编——访《中小学校建筑设计规范》主编黄汇[J]. 建筑技艺, 2014 (1): 118-120.

[45] 娄永琪, 李兴无. 理论、实践和反思——嘉善高级中学设计[J]. 建筑学报, 2002 (10): 39-41.

[46] 周红玫. 校舍腾挪: 深圳福田新校园建设中的机制创新[J]. 建筑学报, 2019 (5): 10-15.

[47] 宋源. 深圳南山中心区第二小学[J]. 建筑学报, 2004 (12): 47-49.

[48] 钟中. "城市型小学"建筑创作的"平衡"之道——深圳实验学校小学部(重建)设计[J]. 建筑学报, 2009 (2): 96-99.

[49] 朱竞翔. 震后重建中的另类模式——利用新型系统建造剑阁下寺新芽小学[J]. 建筑学报, 2011 (4): 74-75.

[50] 王承龙. 走出灾难的阴霾——什邡市红白镇中心小学设计[J]. 建筑学报, 2010 (9): 67+64-66.

[51] 华黎. 微缩城市——四川德阳孝泉镇民族小学灾后重建设计[J]. 建筑学报, 2011 (7): 65-67.

[52] 张颀, 解琦, 张键, 等. 灾后重建: 四川汶川卧龙特区耿达一贯制学校[J]. 建筑学报, 2013 (8): 56-57.

[53] 朱永春. 建筑类型学本体论基础[J]. 新建筑, 1999 (2): 32-34.

[54] 杨跃华, 魏春雨. 建筑类型学的研究与实践[J]. 中外建筑, 2008 (6): 85-88.

[55] 郭法奇. 探究与创新: 杜威教育思想的精髓[J]. 比较教育研究, 2004 (3): 12-16.

[56] 郎晓娟. 美国中小学个性化教学策略及启示[J]. 教学与管理, 2019 (13): 80-82.

[57] 廖春红. 《国家处于危机中》对美国教育的影响[J]. 牡丹江师范学院学报(哲学社会科学版), 2006 (2): 95-96.

[58] 凡勇昆, 邬志辉. 美国基础教育改革战略新走向——"力争上游"计划述评[J]. 比较教育研究, 2011 (7): 82-86.

[59] 朱伟强, 叶珏. 论美国教育评价改革的新取向——以《让每个学生成功法案》为例[J]. 当代教育科学, 2018 (11): 90-96.

[60] 段世飞, 辛越优. 教育市场化能否让美国教育更公正与卓越?——新任"商人"总统特朗普教育政策主张述评[J]. 比较教育研究, 2017 (6): 3-12.

[61] 王颖, 王毓珣. 美国学校改进的历程、范例及镜鉴[J]. 当代教育科学, 2016 (11): 48-52.

[62] 吴成军. 美国中学教育的特色及其启示[J]. 中国教师, 2013 (13): 66-71.

[63] 滕雪丽, 殷世东. 日本中小学综合学习时间改革的动向与启示[J]. 外国中小学教育, 2010 (10): 16-20.

［64］张家倩. 芬兰教育改革的历史及其现况［J］. 教育资料集刊，2006（32）：201-216.

［65］蔡瑜琢，田梦，唐鑫，等. 从集权到分权，从标准到个性——芬兰历次课程改革的历史回溯［J］. 中国教师，2016（24）：87-90.

［66］王奕婷. 基础教育课程整合的国际经验与启示——以芬兰国家核心课程为例［J］. 上海课程教学研究，2018（4）：22-26.

［67］罗生全. 英国国家课程的发展机制［J］. 课程·教材·教法，2013（12）：111-115.

［68］张晓蕾. 英国基础教育质量标准《国家课程》及监控系统［J］. 2012（5）：42-48.

［69］罗杰－弗朗索瓦·戈蒂埃，赵晶. 法国中小学的"共同基础"与课程改革［J］. 全球教育展望，2017（11）：21-29.

［70］李协京. 对日本基础教育课程改革的考察［J］. 教育评论，2003（1）：104-106.

［71］严岩. 德国中小学课程体系分析［J］. 文教资料，2017（2）：198-200.

［72］白彦茹. 论德国中小学课程的改革与发展［J］. 外国教育研究，2005（9）：40-45.

［73］张瑞玲. 德国中小学课程设置的特色科目及启示［J］. 漳州师范学院学报（哲学社会科学版），2009（2）：154-158.

［74］韦姣. 以成长促发展：澳大利亚教育改革新动向［J］. 世界教育信息，2019（1）：68-71.

［75］孙汇泽，杨苗苗. 澳大利亚个性化教育的政策、实践与启示：以新南威尔士州中小学为例［J］. 现代教育科学，2018（12）：130-134.

［76］杜文彬. 澳大利亚中小学课程结构改革及其启示［J］. 全球教育展望，2017（9）：37-48.

［77］余美珍. 人性化教育，异样精彩——澳大利亚中小学教育学习考察报告［J］. 课程教学研究，2018（1）：92-96+1.

［78］黄艳霞. 质量与公平并行：澳大利亚中小学教育改革探析［J］. 世界教育信息，2015（18）：42-46+51.

［79］白彦茹. 日本中小学课程改革述评［J］. 比较教育研究，2002（S1）：251-256.

［80］刘艳玲，周全占. 浅谈战后美国对日本教育改革的影响［J］. 日本问题研究，2000（2）：42-45.

［81］祝淑春. 试论战后日本适应经济发展要求的教育制度改革及其启示［J］. 日本研究，1997（2）：88-93.

［82］方明生，沈晓敏. 日本基础教育课程改革的动向及若干分析［J］. 全球教育展望，2001（4）：40-48.

［83］黄梨花. 韩国第六次中小学课程改革简介［J］. 外国教育资料，1996（1）：62-65.

［84］秦玉友. 课程政策的趋同关注与文化抵制——20世纪八九十年代日韩两国课程政策研究［J］. 外国教育研究，2007（9）：22-25.

［85］谭菲，杨柳. 韩国2009年中小学课程改革述评［J］. 比较教育研究，2011（5）：15-19.

［86］刘长铭. 教育要更加关注人精神与心灵的培育［J］. 中国教育学刊，2017（8）：86-89.

［87］王孟超，冯永康. 1962年上海市中小学校设计简介［J］. 建筑学报，1963（4）：17-19.

［88］宋景郊，朱兆林. 天津市1963年中小学教学楼设计［J］. 建筑学报，1964（Z1）：29-31.

［89］中南工业建筑设计院第三设计室. 武昌东湖中学设计简介［J］. 建筑学报，1964（Z1）：25-28.

［90］周红玫. 福田新校园行动计划：从红岭实验小学到"8+1"建筑联展［J］. 时代建筑，2020（2）：54-61.

［91］蔡允午. 厅式平面小学方案介绍［J］. 建筑学报，1962（9）：28-25.

[92] 宋景郊. 对《厅式平面小学方案介绍》的意见 [J]. 建筑学报, 1963 (2): 27-28.

[93] 陈宁. 单元式中小学校设计方案 [J]. 建筑学报, 1962 (9): 26-27.

[94] 天津市建筑设计院. 中小学教学楼设计实践的几点体会 [J]. 建筑学报, 1974 (5): 36-40.

[95] 柳斌. 努力提高基础教育的质量 [J]. 课程·教材·教法, 1987 (10): 1-5.

[96] 张祺午, 房巍. 教育体制改革30年: 仍然需要再出发 [J]. 职业技术教育, 2015 (18): 10.

[97] 曾昭奋. 中学校园规划设计的成功探索 [J]. 建筑学报, 1991 (7): 47.

[98] 朱涛. 边界内突围: 深圳"福田新校园行动计划——8+1建筑联展"的设计探索 [J]. 时代建筑, 2020 (2): 45-53.

[99] 高民权, 朱坚. 南京市琅琊路小学设计 [J]. 建筑学报, 1986 (11): 28-32.

[100] 陈达昌, 陈春杏. 深圳市向西小学教学楼设计 [J]. 建筑学报, 1985 (8): 65-67.

[101] 黄汇. 北京四中设计 [J]. 建筑学报, 1986 (2): 45-50.

[102] 周南. 小学校园规划与儿童行为发展之研究 [J]. 建筑学报, 1998 (8): 53-57+79-80.

[103] 牟子元. 分析新因素 创造新环境——中小学校建筑设计的认识与实践 [J]. 建筑学报, 1992 (4): 43-46.

[104] 何徐麒. 中国学校设计如何走出"镀金拖拉机"时代——中国教育学会学校建筑设计研究中心副主任吴奋奋访谈 [J]. 建筑与文化, 2006 (10): 86-95.

[105] 马国忠, 周宏年. 北方中学设计尝试与探索——大庆一中总体规划与单体设计 [J]. 建筑学报, 1998 (2): 54-57.

[106] 李文捷. 继承协调 发展进步——记中山纪念中学总体扩建规划设计 [J]. 建筑学报, 1998 (9): 30-33+67-68+3.

[107] 赵淑谦. 第二课堂空间的构想与塑造——广东潮阳林百欣中学设计 [J]. 建筑学报, 1991 (7): 44-46+66.

[108] 成志国. 北京西藏中学设计 [J]. 建筑学报, 1991 (5): 49-52+66.

[109] 深圳华渝建筑设计事务所. 北海市逸夫小学 [J]. 建筑学报, 1996 (1): 21.

[110] 王建国, 陈宇. 盐城中学南校区规划和建筑设计 [J]. 建筑学报, 2005 (6): 34-37.

[111] 王耀武, 宋聚生, 刘晓光. 成长的空间——哈尔滨市第三中学新校区规划设计 [J]. 建筑学报, 2003 (5): 46-47.

[112] 王浩, 赵新宇, 雷菁, 等. 上海市奉贤高级中学 [J]. 建筑学报, 2006 (2): 49-52.

[113] 齐轶昳. 南洋小学扩建项目, 新加坡 [J]. 世界建筑, 2016 (7): 100-105.

[114] 叶依谦. 空间·对话——怡海中学设计构思 [J]. 建筑学报, 2003 (10): 32-33.

[115] 刘凯, 舒晓旗. 荆门惠泉中学教学综合楼 [J]. 建筑学报, 2007 (3): 58-60.

[116] 钟丽佳, 盛群力. 建构主义教学理论之科学性探讨 [J]. 电化教育研究, 2016, 37 (10): 22-28.

[117] 刘艺. 灾后学校重建项目的设计特点——以中建西南院设计项目为例 [J]. 建筑学报, 2010 (9): 110-113.

[118] 邱建, 邓敬, 殷荭. 地震灾区纸管建筑研究——坂茂在汶川与芦山的设计 [J]. 建筑学报, 2014 (12): 50-55.

[119] 国家住宅工程中心太阳能建筑技术研究所. 低成本太阳能建筑技术在灾后重建中的实践——以绵阳市杨家镇小学设计为例 [J]. 建筑学报, 2010 (9): 114-115.

[120] 东梅，张扬，刘小川. "以自己立足的方式"进步成长——四川茂县黑虎乡小学设计 [J]. 建筑学报，2011（4）：68-69.

[121] 李振宇. 形式追随共享：当代建筑的新表达 [J]. 人民论坛·学术前沿，2020（4）：37-49.

[122] 谢维和. 教育评价的双重约束——兼以高考改革为案例 [J]. 教育研究，2019（9）：4-13.

[123] 许长青. 教育投资的外溢效应及其内在化 [J]. 教育学术月刊，2015（3）：40-47.

[124] 何振波. 改革开放以来我国高校定向招生政策演进探微 [J]. 教育评论，2019（6）：19-23.

[125] 项贤明. 我国70年高考改革的回顾与反思 [J]. 高等教育研究，2019，40（2）：18-26.

[126] 刘海峰. 为什么要坚持统一高考 [J]. 上海高教研究，1997（5）：47-49.

[127] 杨欣，宋乃庆. 中小学生课业负担内涵的多视角分析——基于九省市学生、家长与教师的调查 [J]. 华东师范大学学报（教育科学版），2016（2）：52-61+116.

[128] 钱民辉. 教育处在危机中变革势在必行——兼论"应试教育"的危害及潜在的负面影响 [J]. 清华大学教育研究，2000（4）：40-48.

[129] 王慧，梁雯娟. 新中国普及义务教育政策的沿革与反思 [J]. 河北师范大学学报（教育科学版），2015（3）：31-38.

[130] 逯长春. 浅谈"重点中学"政策对我国教育质量的长期影响 [J]. 教育探索，2012（5）：23-25.

[131] 周如俊. 示范高中"示范"作用的偏差与纠正对策 [J]. 教学与管理，2006（4）：13-15.

[132] 梁国立. 论我国基础教育阶段班额与生师比之悖 [J]. 教育理论与实践，2006（23）：14-19.

[133] 游永恒. 深刻反省我国的教育"重点制" [J]. 教育学报，2006（2）：36-42.

[134] 吕达，张廷凯. 试论我国基础教育课程改革的趋势 [J]. 课程. 教材. 教法，2000（2）：1-5.

[135] 李俊堂，郭华. 综合课程70年：研究历程、基本主题和未来展望 [J]. 课程. 教材. 教法，2019（6）：39-47.

[136] 刘云生. 论"互联网+"下的教育大变革 [J]. 教育发展研究，2015（20）：10-16.

[137] 罗朝猛. 面向"5.0社会"，日本教育如何寻变 [J]. 中国教师，2019（7）：115-117.

[138] 吴晓蓉，谢非. 大数据时代教育研究的变革与展望 [J]. 教育文化论坛，2018（3）：137.

[139] 李卢一，郑燕林. 泛在学习环境的概念模型 [J]. 中国电化教育，2006（12）：9-12.

[140] 陈玉琨. 中小学慕课与翻转课堂教学模式研究 [J]. 课程·教材·教法，2014（10）：10-17+33.

[141] 胡钦太，郑凯，胡小勇，等. 智慧教育的体系技术解构与融合路径研究 [J]. 中国电化教育，2016（1）：49-55.

[142] 南旭光，张培. "互联网+"教育：现实争论与实践逻辑 [J]. 电化教育研究，2016（9）：55-60+75.

[143] 祝智庭，管珏琪，丁振月. 未来学校已来：国际基础教育创新变革透视 [J]. 中国教育学刊，2018（9）：57-67.

[144] 余美珍. 人性化教育，异样精彩——澳大利亚中小学教育学习考察报告 [J]. 课程教学研究，2018（1）：92-96+1.

[145] 纪德奎，朱聪. 高考改革背景下"走班制"诉求与问题反思 [J]. 课程·教材·教法，2016（10）：52-57.

[146] 王卉. 新高考改革形势下走班制的问题反思 [J]. 当代教育论坛，2019（4）：16-22.

[147] 胡庆芳，程可拉. 美国项目研究模式的学习概论 [J]. 外国教育研究，2003（8）：18-21.

[148] 刘景福，钟志贤. 基于项目的学习（PBL）模式研究［J］. 外国教育研究，2002（11）：18-22.

[149] 李芒，徐承龙，胡巍. PBL 的课程开发与教学设计［J］. 中国电化教育，2001（6）：8-11.

[150] 高志军，陶玉凤. 基于项目的学习（PBL）模式在教学中的应用［J］. 电化教育研究，2009（12）：
92-95.

[151] 屈腾龙. 一所影响美国校园安全建设的学校［J］. 新校长，2019（12）：46-49.

[152] 于述伟，王玉孝. LBL、PBL、TBL 教学法在医学教学中的综合应用［J］. 中国高等医学教育，
2011（5）：100-102.

[153] 徐学福，宋乃庆. 新课程教学案例引发的思考［J］. 中国教育学刊，2007（6）：43-45.

[154] 迟佳蕙，李宝敏. 国内外 STEM 教育研究主题热点及发展趋势——基于共词分析的可视化研究
［J］. 基础教育，2018（2）：102-112.

[155] 梁小帆，赵冬梅，陈龙. STEM 教育国内研究状况及发展趋势综述［J］. 中国教育信息化，
2017（9）：8-11.

[156] 王素. 《2017 年中国 STEM 教育白皮书》解读［J］. 现代教育，2017（7）：4-7.

[157] 余胜泉，胡翔. STEM 教育理念与跨学科整合模式［J］. 开放教育研究，2015（4）：13-22.

[158] 余胜泉，吴斓. 证据导向的 STEM 教学模式研究［J］. 现代远程教育研究，2019（5）：20-
31+84.

[159] 杨明全，吴娟. 论基于证据的学习的内涵与意义［J］. 教育科学研究，2017（11）：43-47.

[160] 傅骞，王辞晓. 当创客遇上 STEAM 教育［J］. 现代教育技术，2014（10）：37-42.

[161] 傅骞，刘鹏飞. 从验证到创造——中小学 STEM 教育应用模式研究［J］. 中国电化教育，2016
（4）：71-78+105.

[162] 祝智庭，孙妍妍. 创客教育：信息技术使能的创新教育实践场［J］. 中国电化教育，2015（1）：
14-21.

[163] 王旭卿. 面向 STEM 教育的创客教育模式研究［J］. 中国电化教育，2015（8）：36-41.

[164] 杨亚平，陈晨. 美国中小学整合性 STEM 教学实践的研究［J］. 外国中小学教育，2016（5）：
58-64.

[165] 林楠. 面向未来的校园建设［J］. 设计，2019（10）：20-26.

[166] 王飞. Link-Arc 的战略与策略：深圳南山外国语学校科华学校的解读［J］. 时代建筑，2019
（5）：98-107.

[167] 城市笔记人，李虎，黄文菁. 伸向地景与天空［J］. 建筑师，2015（1）：25-42.

[168] 史永高. 建筑的力量——北京四中房山校区［J］. 建筑学报，2014（11）：19-26.

[169] 李虎，黄文菁，Daijiro Nakayama，等. 田园学校／北京四中房山校区［J］. 城市环境设计，
2018（5）：32-53.

[170] 刘可钦. 当建筑与课程融合：一所"3.0 学校"的探路性设计［J］. 中小学管理，2016（9）：
35-38.

[171] 刘可钦. 中关村三小：3.0 版本的新学校［J］. 人民教育，2015（11）：46-49.

[172] 迟艳杰. 北京十一学校课程改革的意义及深化发展的问题［J］. 当代教育与文化，2015（4）：
66-70.

[173] 和学新，武文秀. 学校变革理念何以能落到实处——北京十一学校的教学组织形式变革及其启示
［J］. 当代教育科学，2019（5）：82-85.

[174] 蓝冰可，董灏. 北大附中海淀本校改扩建项目 [J]. 建筑学报，2018（6）：56-61.

[175] 董灏，甘力. 从全人教育到全面设计——北大附中朝阳未来学校及海淀本校改造项目的再思考 [J]. 建筑学报，2018（6）：62-63.

[176] 刘笑楠. 两次北大附中改造背后的设计思考——访 Crossboundaries 建筑设计事务所合伙人董灏、蓝冰可 [J]. 建筑技艺，2018（4）：26-35.

[177] 谭琳. 赫尔巴特四步教学法与杜威五步教学法之比较 [J]. 教育实践与研究（小学版）：2008（11）：4-7.

[178] 苏智欣. 陶行知的创新实践：杜威理论在中国师范教育中的应用和发展 [J]. 教育学术月刊，2018（7）：3-21.

[179] 钟志贤. 建构主义学习理论与教学设计 [J]. 电化教育研究，2006（5）：10-16.

[180] 刘华初. 杜威与建构主义教育思想之比较 [J]. 教育评论，2009（2）：144-148.

[181] 何克抗. 建构主义的教学模式、教学方法与教学设计 [J]. 北京师范大学学报（社会科学版），1997（5）：74-81.

[182] 温彭年，贾国英. 建构主义理论与教学改革——建构主义学习理论综述 [J]. 教育理论与实践，2002（5）：17-22.

[183] 杨维东，贾楠. 建构主义学习理论述评 [J]. 理论导刊，2011（5）：77-80.

[184] David H. Jonassen. 基于良构和劣构问题求解的教学设计模式（上）[J]. 钟志贤，谢榕琴，译. 电化教育研究，2003（10）：33-39.

[185] David H. Jonassen. 基于良构和劣构问题求解的教学设计模式（下）[J]. 钟志贤，谢榕琴，译. 电化教育研究，2003（11）：61-66.

[186] David H. Jonassen. 面向问题求解的设计理论（上）[J]. 钟志贤，谢榕琴，译. 远程教育杂志，2004（6）：15-19.

[187] Namsoo Shin Hong. 解决良构问题与非良构问题的研究综述 [J]. 杜娟，盛群力，译. 远程教育杂志，2008（6）：23-31.

[188] 张茂红，赵兴芝，朱效丽，等. 基于良构与非良构问题的教学设计模式研究 [J]. 中国校外教育，2016（3）：28.

[189] 王文静. 情境认知与学习理论研究述评 [J]. 全球教育展望，2002（1）：51-55.

[190] 王文静. 情境认知与学习理论：对建构主义的发展 [J]. 全球教育展望，2005（4）：56-59+33.

[191] 史建. 建筑还能改变世界——北京四中房山校区设计访谈 [J]. 建筑学报，2014（11）：1-5.

[192] 蓝冰可，董灏. 北大附中朝阳未来学校改造项目 [J]. 建筑学报，2018（6）：50-55.

[193] 宋立亭，刘可钦，梁国立，等. 学校3.0的空间设计与营造初探 [J]. 教育与装备研究，2016（4）：29-33.

[194] 李明，潘福勤. AQAL 模型及其心理学方法论意义 [J]. 医学与哲学（人文社会医学版），2008（1）：37-39.

[195] 江净帆. 小学全科教师的价值诉求与能力特征 [J]. 中国教育学刊，2016（4）：80-84.

[196] 郭洪瑞，冯惠敏. 芬兰小学教育阶段的包班制模式对我国的启示 [J]. 外国中小学教育，2017（12）：29-35.

[197] 温凯. "全课程"背景下的包班制班级建设 [J]. 教育理论与实践，2018，38（23）：25-27.

[198] 荣维东. 美国教育制度的精髓与中国课程实施制度变革——兼论美国中学的"选课制"

"学分制""走班制"[J]. 全球教育展望, 2015, 44（3）: 68-76.

[199] 苏笑悦, 陶郅. 综合体式城市中小学校园设计策略研究[J]. 南方建筑, 2020（1）: 73-80.

[200] 苏笑悦, 陈子坚, 郭嘉, 陈坚. 高校科研实验建筑设备管井单元设计策略[J]. 住区, 2019（6）: 141-145.

[201] 杨晓哲, 任友群. 数字化时代的 STEM 教育与创客教育[J]. 开放教育研究, 2015, 21（5）: 35-40.

[202] 陶郅, 苏笑悦, 邓寿朋. 让特殊变得特别: 特殊教育学校设计中的人文关怀——广东省河源市特殊教育学校设计[J]. 建筑学报, 2019（1）: 93-94.

[203] 钟中, 李嘉欣. "用地集约型"中小学建筑设计研究——以深圳近三年中小学方案为例[J]. 住区, 2019（6）: 130-140.

[204] 王富强. 几种常见室外运动场地的优缺点分析[J]. 中国新技术新产品, 2008（10）: 185.

[205] 王万俊. 略析教育变革理论中的变革、改革、革新、革命四概念[J]. 教育理论与实践, 1998（1）: 10-16.

[206] 钟启泉. 基于核心素养的课程发展: 挑战与课题[J]. 全球教育展望, 2016（1）: 3-25.

[207] 席红霞. 美国中小学基础教育对我国素质教育的启示[J]. 沧桑, 2008（1）: 173-174+178.

3. 论文集

[1] VITIKKA E, KROKFORS L, HURMERINTA E. The Finnish National Core Curriculum: Structure And Development[M] // NIEMI H, TOOM A, KALLIONIEMI A. Miracle of Education: The Principles and Practices of Teaching and Learning in Finnish Schools.Rotterdam: Sense Publishers, 2012: 83-96.

[2] EGGENSCHWILER K, CSLOVEJCSEK M. Acoustical requirements of classrooms and new concepts of teaching[C]. Paris: In Acoustics 08 Paris: 6395-6400.

[3] 黄小丹. 多样的美国基础教育办学模式[A]. 冯增俊, 唐海海. 新世纪学校模式[C]. 广州: 中山大学出版社, 2001: 70-72.

[4] 孙捷. 英国基础教育模式探索[A]. 冯增俊, 唐海海. 新世纪学校模式[C]. 广州: 中山大学出版社, 2001: 113.

[5] 徐雯. 法国中小学教育模式[A]. 冯增俊, 唐海海. 新世纪学校模式[C]. 广州: 中山大学出版社, 2001: 178.

[6] 孙捷. 法国初级中学模式[A]. 冯增俊, 唐海海. 新世纪学校模式[C]. 广州: 中山大学出版社, 2001: 189.

[7] 许华琼. 德国基础教育办学模式[A]. 冯增俊, 唐海海. 新世纪学校模式[C]. 广州: 中山大学出版社, 2001: 154.

[8] 大卫·盖米奇（David Gamage）. 澳大利亚校本管理 25 年[A]. 冯增俊, 唐海海. 新世纪学校模式[C]. 广州: 中山大学出版社, 2001: 212.

[9] 张谦. 国外特色实验学校钩玄[A]. 冯增俊, 唐海海. 新世纪学校模式[C]. 广州: 中山大学出版社, 2001: 61-68.

[10] 祝怀新. 英国绿色学校模式及特色[A]. 冯增俊, 唐海海. 新世纪学校模式[C]. 广州: 中山大学出版社, 2001: 134-138.

4. 报告及文件

[1] MANYIKA J, CHUI M, BUGHIN J, et al. Disruptive technologies: advances that will transform life, business, and the global economy [R]. U.S.: McKinsey Global Institute, 2013.

[2] UNESCO, UNESCO Institute for Statistics. International Standard Classification of Education: ISCED 2011 [R]. Paris: UNESCO, 2012.

[3] Institute of Education Sciences. The Condition of Education 2019[R]. Washington, D.C.: U.S. Department of Education, 2019: 50, 66.

[4] SCHLEICHER A. PISA 2018 Insights and Interpretations [R]. Paris: Office of the OECD Secretary-General, 2019.

[5] The National Commission on Excellence in Education. A Nation at Risk: The Imperative for Educational Reform [R]. Washington, D.C.: The National Commission on Excellence in Education, 1983.

[6] IMMS W, MAHAT M, BYERS T, et al. Technical Report 1/2017: Type and Use of Innovative Learning Environments in Australasian Schools ILETC Survey 1 [R]. Melbourne: University of Melbourne, 2017: 14.

[7] JOHNSON L, KRUEGER K, CONERY L, et al. The NMC Horizon Report: 2012 K-12 Edition [R]. Texas: The New Media Consortium, 2012.

[8] Federal Emergency Management Agency. Design Guide for Improving School Safety in Earthquakes, Floods, and High Winds [R]. Washington, D.C.: Federal Emergency Management Agency, 2010.

[9] Programme for International Student Assessment. Learning for Tomorrow's World: First Results from PISA 2003 [R]. U.S.: Organization for Economic Co-operation and Development.2004.

[10] COTTON K. Affective and social benefits of small-scale schooling [R]. Charleston, WV: Clearinghouse on Rural Education and Small Schools, 1996.

[11] National Science Board. Undergraduate Science, Mathematics and Engineering Education[R]. Virginia: National Science Board, 1986.

[12] JOHNSON L, ADAMS S, CUMMINS M, et al. Technology Outlook for STEM+ Education 2012-2017: An NMC Horizon Report Sector Analysis [R]. Texas: The New Media Consortium, 2012.

[13] Halfon Neal, Shulman Ericka, Hochstein.Miles Brain Development in Early Childhood. Building Community Systems for Young Children [R]. California: UCLA, 2001.

[14] FISHER K.Linking Pedagogy and Space [R]. Department of Education and Training, 2005: 2.01-2.02

[15] OSELAND N. Open Plan Classrooms, Noise& Teacher Personality [R]. Workplace Unlimited, 2018: 28.

[16] RAYWID M A. Current literature on small schools [R]. Charleston, WV: ERIC Clearinghouse on Rural Education and Small Schools, 1999.

［17］LIPPMAN P C. The L-shaped classroom：A pattern for promoting learning ［R］. Minneapolis, MN：Design Share, 2005.

［18］日比野拓. 自由而真实的幼儿园是什么样的? ［R］. 北京：一席, 2019.

［19］顾颉. Designing for Better Learning ［R］. 上海：北京中外友联建筑文化交流中心, 等, 2019.

［20］教育環境研究所. 30周年記念号：未来をつくる学校［R］. 東京：教育環境研究所, 2019.

［21］长泽悟. 设计未来的学习空间：从课堂转变为 Learning Pod ［R］. 上海：BEED Asia, 2019.

［22］吴奋奋. 学校建筑设计和室内设计的教育专业性［R］. 北京：中外友联建筑文化交流中心, 等, 2015.

［23］陈锋. 新技术革命与学校形态变革［R］. 广州：教育部学校规划建设发展中心, 2019.

［24］陈永平. 谈育人方式变革下的课堂教学结构创新［R］. 广州：教育部学校规划建设发展中心, 2019.

［25］陈锋. 未来学校研究与实验计划：进展与展望［R］. 重庆：教育部学校规划建设发展中心, 2018.

［26］中国教育科学研究院, 中国教育科学研究院 STEM 教育研究中心. 中国 STEM 教育白皮书［R］. 北京：中国教育科学研究院, 2017.

［27］黄春. 图书馆的教育哲学［R］. 上海：BEED ASIA, 2019.

［28］李虎. 建筑的精神［R］. 广州：华南理工大学建筑设计研究院有限公司, 2019.

［29］张一名. 比肩同行真实的学习［R］. 北京：全球教育共同体, 等, 2018.

［30］何健翔, 蒋滢. 走向新校园：高密度时代下的新校园建筑［R］. 深圳：深圳市规划和自然资源局, 2019.

［31］陈晓宇. 教育公平与中小学布局研究［R］. 北京：北京大学基础教育中心, 等, 2020.

［32］黄春. 我为什么在楼道里办公：校园里的空间设计与教育生长［R］. 上海：中外友联建筑文化交流中心, 2019.

［33］刘长铭. 教育的使命与价值［R］. 北京：北京大学基础教育中心, 等, 2020.

［34］吴林寿. 通性及差异性：两所学校分析［R］. 深圳：深圳市规划和自然资源局, 2020.

［35］朱涛. 学校中的公共空间：在地与解放［R］. 深圳：北京中外建建筑设计有限公司（深圳分公司）, 等, 2019.

［36］张咏梅. 好的学校空间如同商场, 让孩子拥有购物欲一样的学习欲［R］. 成都：蒲公英教育智库, 2019.

［37］朱竞翔. The Third Educator［R］. 深圳：北京中外建建筑设计有限公司（深圳分公司）, 等, 2019.

［38］谢菁. 新沙小学的设计"打开盒子"［R］. 深圳：深圳市规划和自然资源局, 2020.

［39］邵兴江. 广州中小学阅读空间建设专题调研报告［R］. 广州, 2019.

［40］王素, 曹培杰, 康建朝, 等. 中国未来学校白皮书［R］. 北京：中国教育科学研究院, 未来学校实验室, 2016.

［41］张一名. 大视角, 小设计——从品牌到空间［R］. 北京：中国教育学会, 2019.

［42］张佳晶. 高目设计过的 K-12［R］. 上海：北京中外友联建筑文化交流中心, 等, 2019.

5. 学位论文

［1］易斌. 改革开放 30 年中国基础教育英语课程变革研究（1978～2008）［D］. 长沙：湖南师范大学, 2010.

［2］李曙婷. 适应素质教育的小学校建筑空间及环境模式研究［D］. 西安：西安建筑科技大学, 2008.

［3］邵兴江. 学校建筑研究：教育意蕴与文化价值［D］. 上海：华东师范大学，2009.

［4］林余铭. 当代中国城市小学建筑交往空间设计研究［D］. 广州：华南理工大学，2011.

［5］王欢. 城市高密度下的中小学校园规划设计［D］. 天津：天津大学，2012.

［6］苏笑悦. 深圳中小学建筑环境适应性设计策略研究［D］. 深圳：深圳大学，2017.

［7］林闽琪. 城市中小学接送空间设计研究［D］. 广州：华南理工大学，2019.

［8］罗琳. 陕西超大规模高中建筑空间环境计划研究［D］. 西安：西安建筑科技大学，2016.

［9］刘琪. 走班制中学教学空间配置研究［D］. 北京：中央美术学院，2019.

［10］徐中仁. 20世纪80年代以来美国中小学校多样化研究［D］. 重庆：西南大学，2014.

［11］王杏彩. 美国磁石学校课程特色研究［D］. 河北：河北师范大学，2019.

［12］雷冬玉. 基础教育课程改革预期目标的偏离与调控研究［D］. 长沙：湖南师范大学，2010.

［13］张慧峰. 集团化办学模式下的委托管理研究［D］. 北京：中央民族大学，2017.

［14］张振辉. 从概念到建成：建筑设计思维的连贯性研究［D］. 广州：华南理工大学，2017.

［15］史会亭. 基于课程的视角：青岛市李沧区小学“包班制”的实践研究［D］. 济南：山东师范大学，2017.

［16］张猛猛. 内涵发展的多维探索：改革开放以来基础教育学校变革研究（1978-2015）［D］. 上海：华东师范大学，2019.

［17］朱丽. 教育改革代价研究［D］. 上海：华东师范大学，2008.

［18］林鑫. 赫曼·赫兹伯格的学校设计理念及作品分析［D］. 广州：华南理工大学，2012.

6. 其他文献

［1］FELTER K，KRASSELT C. Dry Hands Are 1,000 Times Safer Than Damp Hands［EB/OL］.（2009-09-14）［2020-02-06］. https://www.businesswire.com/news/home/20090914005155/en/Dry-Hands-1000-Times-Safer-Damp-Hands.

［2］The Francis Parker School. History of Francis W. Parker［EB/OL］.［2019-08-27］. https://www.francisparker.org/about-us-/school-history/history-of-francis-w-parker.

［3］GONZALES P，GUZMÁN J G，JOCELYN L，et al. Highlights From the Trends in International Mathematics and Science Study（TIMSS）2003［R］. Washington，DC：U.S. Department of Education，2004.

［4］MARTINEZ S L，STAGER G S. Stager.How the Maker Movement is Transforming Education-a We Are Teachers Special Report（2013-11-05）［2019-11-24］. https://www.weareteachers.com/making-matters-how-the-maker-movement-is-transforming-education/.

［5］MARTINEZ S L，STAGER G S. 8 Elements Good Maker Projects Have in Common（2013-11-05）［2019-11-24］. https://www.weareteachers.com/8-elements-of-a-good-maker-project/.

［6］Sojo Animation The Reggio Emilia Approach：in a nut shell［EB/OL］.（2016-08-20）［2020-02-17］. https://www.youtube.com/watch?v=cvwpLarbUD8.

［7］中小学校体育设施技术规程：JGJ/T 280—2012［S］. 北京：中华人民共和国住房和城乡建设部，2012.

［8］杨小微，张秋霞，胡瑶. 回望70年：新中国基础教育的探索历程［N］. 人民政协报，2019-11-06（010）.

[9] 中华人民共和国中央人民政府. 国家统计局发布报告显示——70 年来我国城镇化率大幅提升 ［EB/OL］.（2019-08-16）［2019-12-10］. http://www.gov.cn/shuju/2019-08/16/content_5421576.htm.

[10]《中国新闻周刊》杂志社. 为何清华北大高材生奔向深圳中学教师岗位 ［EB/OL］.（2019-11-10）［2019-11-10］. http://baijiahao.baidu.com/s?id=1649788387857351759&wfr=spider&for=pc.

[11] 中小学校建筑设计规范：GBJ 99-86 ［S］. 北京：中华人民共和国国家计划委员会，1987.

[12] 张烁. 坚持中国特色社会主义教育发展道路 培养德智体美劳全面发展的社会主义建设者和接班人 ［N］. 人民政协报，2018-09-11（010）.

[13] 新华网. 教育部负责人就《中国教育现代化 2035》和《加快推进教育现代化实施方案（2018-2022 年）》答记者问 ［EB/OL］.（2019-02-23）［2019-11-10］. http://www.xinhuanet.com//politics/2019-02/23/c_1124154488.htm.

[14] 新华社. 中共中央、国务院印发《中国教育现代化 2035》［EB/OL］.（2019-02-23）［2019-11-10］. http://www.gov.cn/xinwen/2019-02/23/content_5367987.htm.

[15] 中华人民共和国教育部. 深化普通高中育人方式改革 为培养时代新人奠基——教育部有关负责人就《国务院办公厅关于新时代推进普通高中育人方式改革的指导意见》答记者问 ［EB/OL］.（2019-06-20）［2019-11-13］. http://www.moe.gov.cn/jyb_xwfb/s271/201906/t20190620_386636.html.

[16] 刘轩廷. 教育部：24 个大城市义务教育免试就近入学比例达 98% ［EB/OL］.（2018-12-13）［2019-11-14］. http://www.chinanews.com/edu/shipin/cns/2018/12-13/news795897.shtml.

[17] 环球时报在线（北京）文化传播有限公司. 教育部：学校应减少考试次数 坚决禁止分班考试 ［EB/OL］.（2019-11-14）［2019-11-23］. http://baijiahao.baidu.com/s?id=1650160482667391887&wfr=spider&for=pc.

[18] 张雨奇. 教育部：学校要减少考试次数 坚决禁止分班考试 ［N］. 中新网，2019-11-14.

[19] 朱倩. 华中师范大学附属龙园学校：2019 名校办学改革创新标杆 ［N］. 南方都市报，2019-12-27（A25）.

[20] 彭红超，祝智庭. 深度学习研究：发展脉络与瓶颈 ［J/OL］. 现代远程教育研究，2020，32（1）：1-10.

[21] 中小学校设计规范 GB 50099—2011 ［S］. 北京：中华人民共和国住房和城乡建设部，2010.

[22] 向玲，等. 日常项目深度报道：海口寰岛实验学校初中部 / 迹·建筑事务所 ［EB/OL］.（2019-11-10）［2020-02-12］. https://www.gooood.cn/gooood-topic-haikou-huandao-middle-school-trace-architecture-office.htm.

[23] 深圳市普通中小学校建设标准指引 ［S］. 深圳：深圳市发展和改革委员会，深圳市教育局，2016.

[24] 黄景溢，罗西若，薛钰谨，等. 超级校园：以社团为组织线索的超高容积率教育综合体设计 ［EB/OL］.（2019-07-25）［2020-03-27］. https://www.gooood.cn/tongji-university-excellent-graduation-design.

[25] 窦平平. 创造性地应对使用 ［EB/OL］.（2019-07-23）［2019-08-05］. https://www.gooood.cn/gooood-idea-49.htm.

[26] 2018 年全国教育事业发展统计公报 ［R］. 北京：中华人民共和国教育部，2019.

[27] 基础教育课程改革纲要（试行）［R］. 北京：中华人民共和国教育部，2001.

[28] 中共中央关于教育体制改革的决定 ［R］. 北京：中国共产党中央委员会，1985.

[29] 2010 年第六次全国人口普查主要数据公报 ［R］. 北京：中华人民共和国国家统计局，2011.

［30］中国教育现代化 2035［R］. 北京：中国共产党中央委员会，中华人民共和国国家政务院，2019.

［31］中共中央、国务院关于深化教育教学改革全面提高义务教育质量的意见［R］. 北京：中国共产党中央委员会，中华人民共和国国务院，2019.

［32］国家中长期教育改革和发展规划纲要（2010-2020 年）［R］. 北京：国家中长期教育改革和发展规划纲要工作小组办公室，2010.

［33］北京市深化高等学校考试招生制度综合改革实施方案［R］. 北京：北京市教育委员会，2018.

［34］关于"十三五"期间全面深入推进教育信息化工作的指导意见（征求意见稿）［R］. 北京：中华人民共和国教育部，2015.

［35］广东省深化普通高校考试招生制度综合改革实施方案［R］. 广州：广东省人民政府，2019.

［36］教育信息化"十三五"规划［R］. 北京：中华人民共和国教育部，2016.

［37］教育部关于实施卓越教师培养计划 2.0 的意见［R］. 北京：中华人民共和国教育部，2018.

［38］中小学图书馆（室）规程［R］. 北京：中华人民共和国教育部，2018.

［39］综合防控儿童青少年近视实施方案［R］. 北京：中华人民共和国教育部，2018.

［40］教育部关于加强和改进中小学实验教学的意见［R］. 北京：中华人民共和国教育部，2019.

［41］关于在实施教育现代化推进等工程中大力推进中小学改厕工作的通知［R］. 北京：中华人民共和国教育部，2019.

［42］2019 年全国未成年人互联网使用情况研究报告［R］. 北京：中国互联网络信息中心，2020.